JN295473

現場の即戦力

前田和夫●著

はじめての半導体プロセス

技術評論社

本書は現場の即戦力となる人材を養成することを目的にした書籍であり，初学者の理解が深まるような基礎知識と，現場で役立つ実践的技術を中心に掲載しています。現場で利用する際は，必ず最新情報と，詳細，関連情報を各メーカにお問い合わせいただきますようお願いいたします。

　本文中に記載されている製品名，会社名は，すべて関係各社の商標または登録商標です。本文中にTM，®，©は明記していません。

まえがき

　半導体デバイスは半導体産業が誕生してからの過去半世紀の間，停滞することなく高集積化・高密度化・高性能化を続けてきた。その進歩を常に支え，また推進してきたのが微細加工，薄膜形成などの半導体製造技術である。本書はこの半導体製造技術のなかの半導体プロセスの領域をカバーするものである。

　半導体プロセスとは，シリコンウェハを出発材料とし，ウェハの加工工程がすべて終了して電気的特性のチェックを行うまでの過程であり，ウェハプロセス（wafer process）とも呼ばれる。半導体プロセスというと何か特殊な世界であり，また最先端技術というだけで難しいという認識が一般にはあるかもしれない。また半導体が製造されるスーパークリーンルームは閉鎖された世界であるため，その中のことはあまり明らかにされることはないという印象もある。最先端半導体プロセスに関しては最近，教科書，業界誌，セミナーなどでもしばしば紹介されるが表面的であり，その本質はあまり知られてはいないのではないだろうか。

　本書はこのような背景に対応した半導体プロセスの入門書である。しかし入門するだけではなく，VLSIデバイスの最先端分野についても現状と課題を把握できるように工夫した。半導体産業あるいは関連の分野で仕事に従事し，また半導体のプロセス，製造装置，製造材料などに技術的あるいはビジネス的関心を持つ読者に半導体プロセスのエッセンスを提供するためである。したがって，本書は単なる技術の教科書ではなく，技術推移とその最先端（leading edge）にも焦点を当て，21世紀を展望することに重点をおいた。また息抜きの意味もあって，半導体プロセスクロスワードパズルも作ってみた。パズルとしての出来はわからないが，ぜひ試してみてもらいたい。

　なお，現在の半導体製造における最先端技術についてはできるだけ最新の資料，学会報告等を用いてカバーしたつもりであるが，今日にもま

た新しい技術が開発され，提案されているというのが現状である．内容のアップデートは毎日しなければならないが，そこは読者が関心を持って本書を通読されるなかで実行していただきたいと考えている．いわば本書はそのためのたたき台である．

著　者

（本書は工業調査会で出版された『はじめての半導体プロセス』を新装版として再出版したものである．）

はじめての半導体プロセス　目次

まえがき　iii

1章　はじめての半導体プロセス　1

- 1.1　半導体プロセスとはなにか ── 1
- 1.2　半導体プロセスはなぜ重要か ── 3
- 1.3　半導体プロセス裏方論 ── 6
- 1.4　半導体プロセスの構成分野 ── 7
- 1.5　半導体プロセスと製造装置 ── 9
- 1.6　半導体プロセスの魅力 ── 10

2章　半導体デバイスの種類と構造　11

- 2.1　半導体デバイスとプロセス技術 ── 11
- 2.2　半導体デバイスの分類 ── 15
- 2.3　バイポーラデバイス構造 ── 17
- 2.4　CMOS デバイス構造 ── 18
- 2.5　BiCMOS デバイス構造 ── 21
- 2.6　SOI デバイス構造 ── 22
- 2.7　多層配線構造 ── 23
- 2.8　半導体デバイスの製造フロー ── 24

3章　半導体プロセスの技術史　30

- 3.1　技術史のメッセージ ── 30
- 3.2　IC 以前（1950 年代）── 31
- 3.3　IC 時代（1960 年代）── 32
- 3.4　LSI 時代（1970 年代）── 34
- 3.5　VLSI 時代（1980 年代）── 38
- 3.6　サブミクロン VLSI 時代（1990 年代）── 39

はじめての半導体プロセス　目次

　3.7　ギガビット時代（2000年以降） ─────── 41

4章　半導体プロセスの概要　45
　4.1　プロセス技術の区分 ──────────── 45
　4.2　基本プロセス技術と複合プロセス技術 ──── 47
　4.3　プロセス技術における前工程と後工程 ──── 50

5章　基本プロセス技術　54
　5.1　洗浄技術 ───────────────── 54
　　❶　洗浄技術のアウトライン ─────────── 54
　　❷　VLSIにおける洗浄工程 ───────────── 57
　　❸　洗浄の基本的手法 ──────────────── 60
　　❹　洗浄のケミストリー ─────────────── 64
　　❺　洗浄装置 ────────────────── 65
　　❻　今後の展望 ──────────────── 67
　5.2　熱処理技術 ──────────────── 68
　　❶　熱処理技術のアウトライン ─────────── 68
　　❷　熱処理技術の応用 ──────────────── 70
　　❸　熱酸化膜の形成プロセス ──────────── 72
　　❹　熱処理プロセスとツール ──────────── 75
　　❺　ファーネス RTP ─────────────── 77
　　❻　今後の展望 ──────────────── 78
　5.3　不純物導入技術 ──────────────── 79
　　❶　不純物導入技術のアウトライン ──────── 79
　　❷　熱拡散とイオン打込み ─────────── 81
　　❸　熱拡散による不純物導入 ─────────── 82
　　❹　イオン打込みによる不純物導入 ──────── 85

- **5** イオン打込み技術と CMOS ― 88
- **6** 今後の展望 ― 89

5.4 薄膜形成技術 ― 92
- **1** 薄膜形成技術のアウトライン ― 92
- **2** 薄膜のデバイスへの応用 ― 94
- **3** 薄膜の形成法 ― 96
- **4** CVD 法による膜形成 ― 99
- **5** PVD 法による膜形成 ― 102
- **6** 今後の展望 ― 106

5.5 リソグラフィ技術 I ― 107
- **1** リソグラフィ技術 I のアウトライン ― 107
- **2** パターンの転写方法 ― 109
- **3** ホトレジストプロセス ― 110
- **4** パターン露光プロセス ― 114
- **5** 今後の展望 ― 119

5.6 リソグラフィ技術 II ― 121
- **1** リソグラフィ技術 II のアウトライン ― 121
- **2** 半導体デバイスにおけるエッチングの応用 ― 123
- **3** ドライエッチングの基本原理 ― 125
- **4** ドライエッチングの基本的手法 ― 128
- **5** ドライエッチング装置とアッシング装置 ― 130
- **6** 今後の展望 ― 133

5.7 平坦化技術 ― 136
- **1** 平坦化技術のアウトライン ― 136
- **2** 平坦化技術の応用 ― 140
- **3** 平坦化の基本的手法 ― 141
- **4** CMP プロセス ― 143

はじめての半導体プロセス　目次

- **5** CMP 装置 ——————————————————— 146
- **6** 今後の展望 —————————————————— 147

6章　複合プロセス技術—プロセスインテグレーション—　149

6.1　アイソレーション技術 ————————————— 149
- **1** 技術のアウトライン ——————————————— 149
- **2** LOCOS 構造 —————————————————— 151
- **3** アイソレーションの新しい手法 —————————— 153
- **4** SOI 構造 ——————————————————— 155
- **5** 今後の展開 —————————————————— 156

6.2　ウェル形成技術 ——————————————— 156
- **1** 技術のアウトライン ——————————————— 157
- **2** 基本的なウェル構造とリトログレードウェル構造 —— 157
- **3** ウェル形成の具体的手法 ————————————— 159
- **4** 今後の展開 —————————————————— 162

6.3　ゲート絶縁膜形成技術 ———————————— 163
- **1** 技術のアウトライン ——————————————— 163
- **2** ゲート酸化膜の問題点と対策 ——————————— 164
- **3** ゲート酸化膜の形成方法 ————————————— 166
- **4** high k 材料のゲート絶縁膜への応用 ——————— 167
- **5** 今後の展開 —————————————————— 168

6.4　ゲート電極形成技術 ————————————— 169
- **1** 技術のアウトライン ——————————————— 169
- **2** ゲート電極材料 ————————————————— 172
- **3** ゲート絶縁膜とのインテグレーション ——————— 176
- **4** 今後の展開 —————————————————— 177

6.5　ソース／ドレイン形成技術 —————————— 178

- **1** 技術のアウトライン ———————————— 178
- **2** ソース／ドレインエンジニアリング ———————— 178
- **3** ソース／ドレインの形成手法 ————————— 179
- **4** 浅い接合形成—エクステンション ———————— 180
- **5** 今後の展開 ——————————————— 182

6.6 コンタクト形成技術 ————————————— 183
- **1** 技術のアウトライン ———————————— 183
- **2** コンタクト形成技術の推移 ————————— 184
- **3** コンタクト形成のプロセスフロー ——————— 185
- **4** セルフアラインコンタクトの形成法 —————— 187
- **5** 今後の展開 ——————————————— 189

6.7 絶縁膜平坦化技術 ————————————— 191
- **1** 技術のアウトライン ———————————— 191
- **2** 絶縁膜平坦化 —————————————— 192
- **3** PMD 平坦化の手法 ———————————— 192
- **4** 今後の展開 ——————————————— 196

6.8 コンタクトプラグ形成技術 —————————— 197
- **1** 技術のアウトライン ———————————— 197
- **2** プラグの構造とその応用 —————————— 198
- **3** 埋込み W プラグ形成法 —————————— 199
- **4** 今後の展開 ——————————————— 202

6.9 キャパシタ形成技術Ⅰ（DRAM）———————— 203
- **1** 技術のアウトライン ———————————— 203
- **2** DRAM におけるキャパシタ技術 ——————— 203
- **3** キャパシタの構造例 ———————————— 205
- **4** キャパシタ構造のプロセスフロー ——————— 206
- **5** 今後の展開 ——————————————— 208

はじめての半導体プロセス　目次

6.10　キャパシタ形成技術 II （FRAM） ── 210
- **1** 技術のアウトライン ── 210
- **2** FRAM の構造の形成 ── 211
- **3** プロセス上の課題 ── 212
- **4** 今後の展開 ── 213

6.11　Al 電極形成技術 ── 214
- **1** 技術のアウトライン ── 214
- **2** Al 電極材料 ── 217
- **3** Al 電極における信頼性の問題 ── 218
- **4** Al 電極構造の形成法 ── 219
- **5** 今後の展開 ── 221

6.12　多層配線構造形成技術 ── 222
- **1** 技術のアウトライン ── 222
- **2** 半導体デバイスと多層配線技術（ヒストリー） ── 224
- **3** 第 4 世代の多層配線技術 ── 228
- **4** 多層配線の要素技術 ── 229
- **5** 今後の展開 ── 229

6.13　低比誘電率（low k）膜形成技術 ── 231
- **1** 技術のアウトライン ── 231
- **2** low k 膜の技術ロードマップ ── 233
- **3** low k 膜とその種類 ── 234
- **4** low k 膜構造のインテグレーション ── 236
- **5** 今後の展開 ── 237

6.14　銅配線ダマシン構造形成技術 ── 239
- **1** 技術のアウトライン ── 239
- **2** デュアルダマシン構造の形成 ── 240
- **3** Cu ダマシン構造形成の要素技術 ── 242

- **4** 今後の展開 —————————————————— 245
- 6.15 パッシベーション技術 —————————————— 246
  - **1** 技術のアウトライン ————————————— 246
  - **2** パッシベーションの具体的手法 ——————— 246
  - **3** 今後の展開 ——————————————————— 249

7章 プロセス技術と装置・材料 250

- 7.1 優れたプロセス技術とは？ ————————————— 250
- 7.2 プロセス技術開発の方法論 ————————————— 252
- 7.3 プロセス開発成果としての装置化 ————————— 253
- 7.4 プロセス技術と装置の関わりの推移 ——————— 255
- 7.5 プロセス開発における材料の重要性 ——————— 256

8章 新しいプロセス技術のニーズ 259

- 8.1 なぜ新しいプロセスニーズが常に必要か ————— 259
- 8.2 どんなプロセスが期待されているのか —————— 260
- 8.3 半導体技術ロードマップの解読 —————————— 261
- 8.4 新しいプロセス開発の着想 ————————————— 264

9章 これからの半導体プロセス 265

- 9.1 半導体立国日本の落日 ——————————————— 265
- 9.2 半導体製造の核心 ―プロセス技術― ——————— 268
- 9.3 プロセス技術と量産装置技術のバランス ————— 269
- 9.4 プロセス技術における地域差 ——————————— 270
- 9.5 プロセス技術における独創性 ——————————— 271
- 9.6 プロセス技術者の役割 ——————————————— 272
- 9.7 半導体プロセスの原点 ―あとがきにかえて― ——— 272

はじめての半導体プロセス　目次

- 半導体クロスワード ——————————————— 276
- 参考資料 ——————————————————— 281
- 索引 ————————————————————— 287

―― コラム ――
- バーチャルファクトリー ————————————— 13
- 半導体プロセス考古学 —————————————— 44
- リバースエンジニアリング ———————————— 53
- エピタキシャル成長技術開発のころ ————————— 91
- 新材料ハンター ————————————————— 135
- 半導体プロセス農業論 —————————————— 190
- 装置における個体差と機差 ———————————— 238
- CMPと特許〜早すぎたデビュー〜 ————————— 258

1章 はじめての半導体プロセス

1.1 半導体プロセスとは何か

"半導体プロセス"は文字通り半導体デバイス（チップ）を製造する過程のことである。われわれ半導体産業に従事する者の間では"プロセス"といえば製造工程を示すことになっている。

本来，"プロセス"とは，"手順"，"方法"，"過程"，"道程"などの意味であり，一般的には「金儲けや結婚は結果よりもプロセスが重要」などと使ったりする。鉄鋼製品や化学製品の製造においても"プロセス"という用語はもちろん使われており，特に食品業界ではきわめて一般的に用いられている。

図1-1はスタートからゴールに至るまでさまざまなプロセスのルートがあることを示すもので，半導体チップ製造においては一般的な概念である。たとえば同じDRAMでも作り方は各社各様ということである。

半導体デバイスの製造においては，できあがったチップの特性や信頼性に差がない限り，その応用において"製造のプロセス"が客先から問われることはまずない。つまり，プロセスが付加価値を生むことは普通はない。もっとも，プロセスの相違によって価格などに差がでればまた別の話である。

また，図1-2に示すデバイスの製造フローにおける"半導体プロセス"の範囲のとおり，半導体デバイスの製造においてシリコン結晶製造やマスク製造，

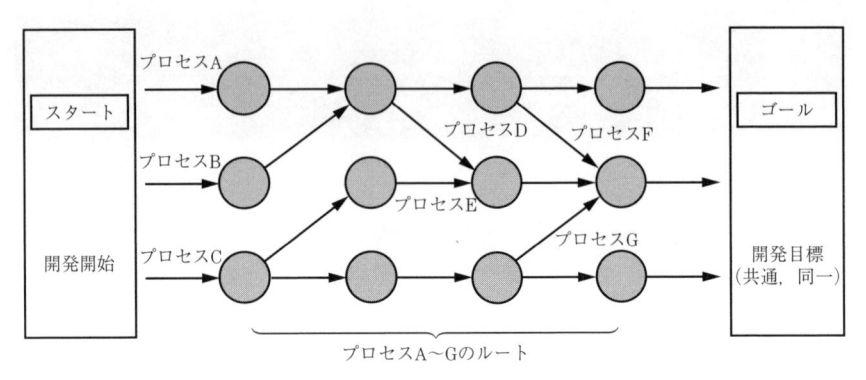

図1-1 開発目標（ゴール）へのアプローチ

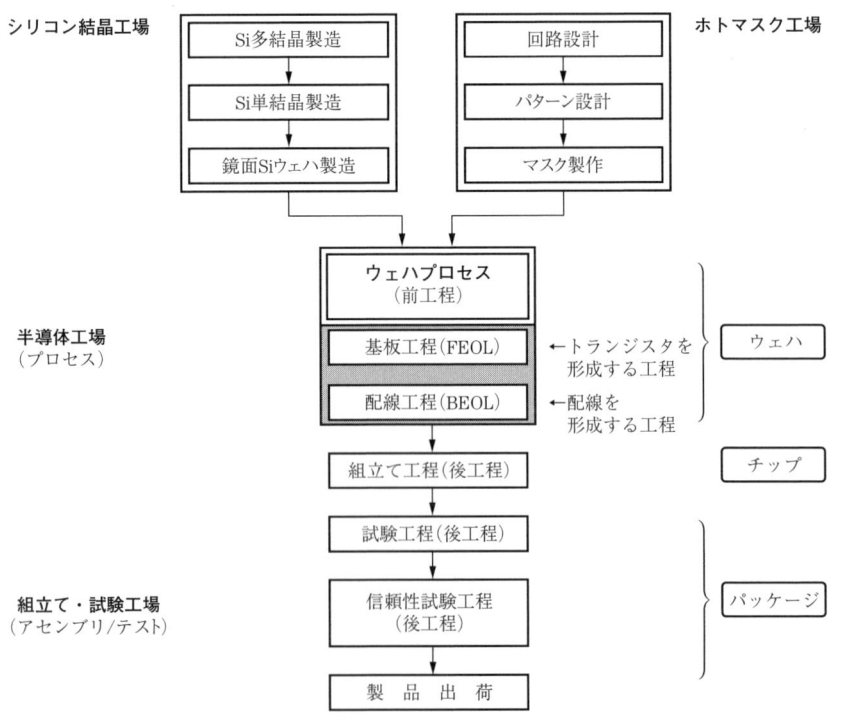

図1-2 半導体デバイスの製造フロー

アセンブリ（組立て）なども製造プロセスには違いないが，"プロセス"には含めない。"半導体プロセス"は"シリコンウェハをその状態で取り扱う加工工程"のことに限定して用いられている。

シリコンウェハをチップまたはデバイス状にするまでの処理過程ということから"半導体プロセス"は"ウェハプロセス（wafer processまたはwafer processing）"とも呼ばれている。これは1965年に発刊されたIC関連技術書の中で初めて用いられており，米Motorola社の社内用語だったといわれている。したがって"半導体プロセス"は"ウェハプロセス"と同じ意味である。

半導体プロセスはウェハを加工する過程であり，いくつかの基本的技術に区分される。筆者は以前からこれを"基本プロセス技術"と呼んでいる。

半導体プロセスのことを韓国では"工程技術"，台湾では"単元製程"と呼び，アメリカでは"wafer process"が一般的である。

また，1980年代終り頃から"プロセスインテグレーション（process integration）"，"プロセスモジュール（process module）"などという用語が登場している。これは基本的なプロセス技術を組み合わせることによって1つの完結した加工処理を行うものであり，筆者が以前から複合プロセス技術と呼んでいるカテゴリーである。

1.2 半導体プロセスはなぜ重要か

半導体プロセスはウェハを加工する過程であり，鏡面ウェハがインプットされてから，すべての工程を終え，チップに分割される直前の状態でアウトプットされるまでをいうが，この過程でデバイスの性能，歩留り，信頼性が決められてしまう。どのように微細なデバイスでも設計自体は可能であり，その性能もシミュレートできる。しかしプロセス技術の裏付けがなければ製造はできず，チップとして実現することは不可能であり，単に空想の産物にすぎない。したがって，デバイスをひきつづき進歩させるためにプロセス技術の進歩を促し，設計技術と整合させることが不可欠である。

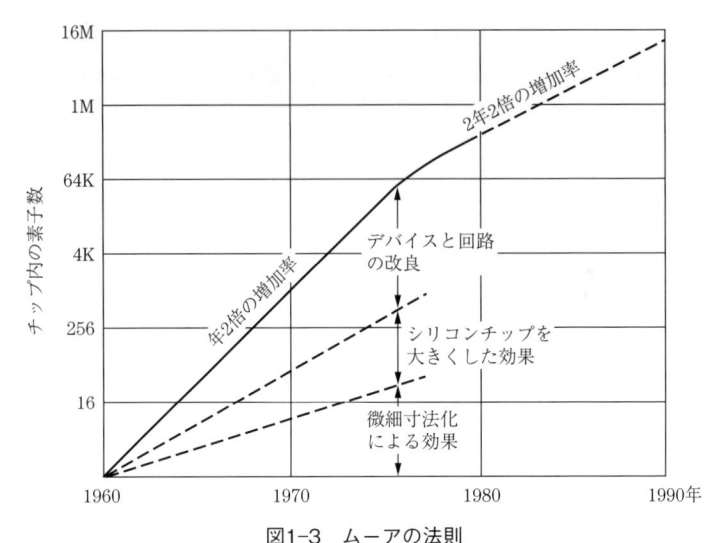

図1-3 ムーアの法則
（垂井康夫：『ICの話』日本放送出版協会，p.136（1982））

　図1-3はムーアの法則と呼ばれているもので，1970年初めにIntel社のG. Mooreが予測したデバイスの進展である。1.5年に2倍あるいは2年に2倍といった集積度の向上を予測しているが，それがほぼ現在に至っても実現されているのは，微細化をはじめとする多くのプロセス技術の進歩があったためである。われわれはこの法則を満たすための開発を行っていることに結果的になってしまった。最近，G. Mooreは「これは決して物理学上の法則といったものではない。ビジネスとか投資を考えるうえでの方向付けだ」というようなことを言っているらしい。
　ところで今後はどうなるのであろうか。表1-1は1999年11月に発表された半導体技術のロードマップの一つで，2014年までの微細化の進展などを予測している。これが達成できればムーアの法則に従うことになるのだが，技術的には最小加工寸法100nm（$0.1\mu m$）以下の領域では困難な障壁の存在を予測している。また図1-4は半導体デバイスにおける微細化と巨大化の動向を示す。これによって集積度，密度は向上し，生産性も向上してコストは低下することが理解される。

表1-1 半導体技術のロードマップ
立ちはだかった「赤いレンガ壁」への接近
―半導体技術の研究ならびに開発のための挑戦と機会作り―

生産年	1999	2002	2005	2008	2011	2014
DRAM ハーフピッチ（nm）	180	130	100	70	50	35
オーバレイ精度（nm）	65	45	35	25	20	15
MPUゲート長（nm）	140	85～90	65	45	30～32	20～22
クリティカルディメンジョンの制御（nm）	14	9	6	4	3	2
ゲート酸化膜厚（等価値 T_{ox}）	1.9～2.5	1.5～1.9	1.0～1.5	0.8～1.2	0.6～0.8	0.5～0.6
接合の深さ（nm）	42～70	25～43	20～33	16～26	11～19	8～13
メタルクラッド（nm）	17	13	10	0	0	0
配線間絶縁物誘電率 k	3.5～4.0	2.7～3.5	1.6～2.2	1.5	<1.5	<1.5

→ 赤いレンガ壁

(ITRS：International Technology Roadmap for Semiconductors (Nov., 1999))

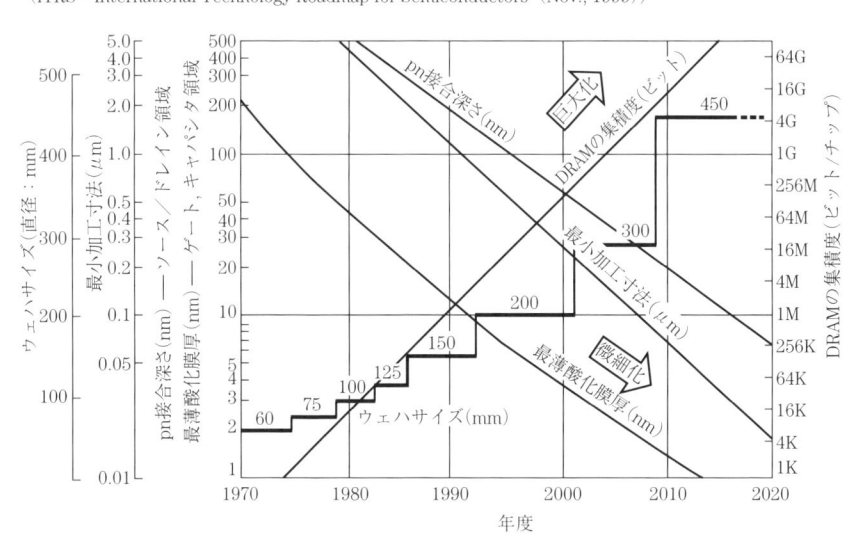

図1-4 半導体デバイスにおける巨大化と微細化の両面

このようにプロセスの開発，進歩は常に強く求められている．しかし，ただ微細化あるいは比例縮小（スケールダウン）していけばいいかというとそうではなく，デバイス性能の面でさまざまな制約が生じ，それを克服するためにまた新たな材料やプロセスの導入が必要になる．そのことは最近のCu配線，low k 膜の開発，新しいゲート絶縁膜材料の模索などに現れている．

1.3 半導体プロセス裏方論

　半導体産業においてデバイスの応用，回路，設計，ソフトウェアなどが水面上で華々しく話題として取り上げられているのに反し，デバイス製造そのものは対照的に地味であり，うまくいってもともとともいえる水面下あるいは裏方の仕事である．なかでも半導体プロセスは各デバイスメーカーの半導体工場という，外界から隔離された秘密基地の中での仕事ということで一般の目にさらされることはまれである．図1-5はそれらの位置付けをイラストで示したものであるが，最近になってこの水面下の仕事がビジネスとして大きくクローズアップされてきた．ファウンドリーと呼ばれるものがそれである．

　1980年代までは半導体デバイス製造において設計，デバイス開発，プロセス開発，生産は不可分のものだった．しかし最近ではプロセスと製造はそれだけで独立のビジネスチャンスをもつものとなった．その一つが半導体のウェハ処理工程だけを受注生産するファウンドリーメーカーである．また半導体製造装置メーカーの役割がしだいに大きくなり，これまでのデバイスメーカーのプロセスや製造の仕事は装置メーカーの役割変化のなかに埋没しそうな状況となっている．いずれにしてもプロセスの仕事は裏方で半導体デバイスの進展を支えるものといえよう．

　新型の低消費電力MPUを開発したアメリカのベンチャー企業の社長は，自分の会社を"バーチャルファクトリー"と呼んではばからない．チップの製造（ファブリケーション）は行わず，外部へ委託するということである．このようなファブレス企業の台頭はプロセス裏方論をますます強固なものとし，それ

```
舞台上または地上、水面上
```

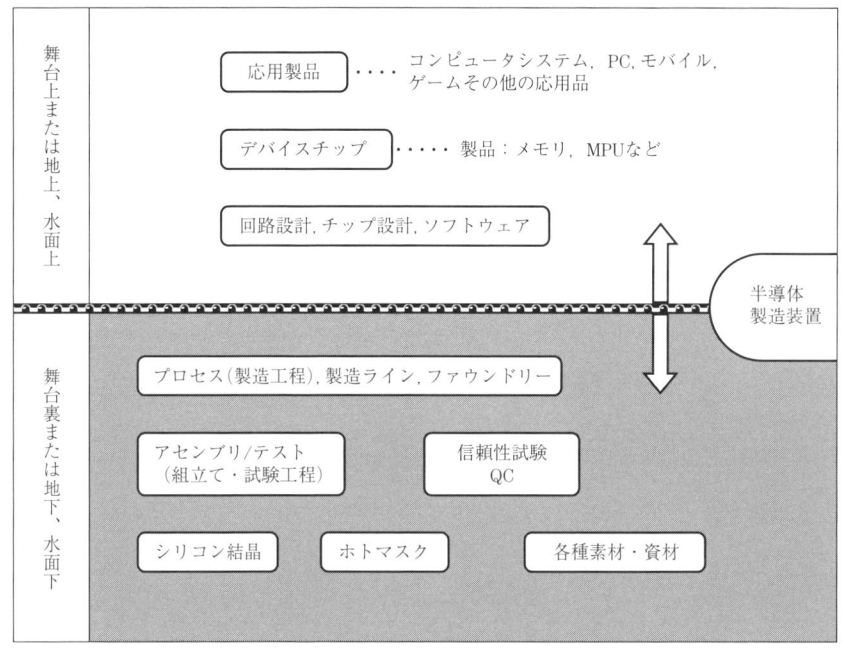

```
応用製品  ····  コンピュータシステム，PC，モバイル，
                ゲームその他の応用品

デバイスチップ  ·····  製品：メモリ，MPUなど

回路設計，チップ設計，ソフトウェア
                                            ↕   半導体
                                                製造装置
```

```
舞台裏または地下、水面下
```

```
プロセス(製造工程)，製造ライン，ファウンドリー

アセンブリ/テスト          信頼性試験
(組立て・試験工程)          QC

シリコン結晶    ホトマスク       各種素材・資材
```

図1-5　プロセス技術の位置付け―半導体関連産業における表方と裏方―

だけにファウンドリーは"半導体プロセス"の重要性と独立したビジネスとしての意味を浮き出させる結果となったといえよう。

1.4 半導体プロセスの構成分野

　半導体プロセスの仕事はどのように区分され，どのような専門分野の技術あるいは学問が必要なのだろうか。先に述べた"基本プロセス"には微細加工のためのリソグラフィ，ドライエッチング，薄膜形成のためのCVDやPVDなどがあるが，それらが基礎学問とどのように関係するかを示すのが**表1-2**である。製造装置が各基本プロセスと深く関わっていることから機械工学やコンピュータ技術はすべてに共通に求められている。これらは，いわば"半導体工

表1-2 主要プロセス技術と関連学問分野

主要プロセス技術 \ 関連学問分野	応用化学	高分子化学	物理化学	応用物理（光・真空・イオン・電磁気その他）	機械工学	金属・冶金学	材料工学	電子工学	電気工学	コンピュータ・ソフトウェア
シリコン結晶	○		○	○	○	○	○	○		○
エピタキシャル成長	○			○			○	○		○
CVD	○			○						○
PVD				○						
ドライエッチング	○			○				○		○
イオン打込み				○		○			○	
リソグラフィ（露光）		○								
ホトレジスト		○								
拡散・酸化	○		○	○			○			○
CMP	○			○	○		○			○
メッキ	○				○		○		○	○

↑すべてに関係　　　　　　　　　↑すべてに関係

学"という専門分野で横方向にくくれるものでもある。また材料工学の重要性が年々高まっていることもプロセスの特徴である。

1948年のトランジスタ発明から始まる1950年代のトランジスタ時代——トランジスタの発明者達がそうであったように——半導体の仕事は"物理学者"の仕事であった。それに製造・加工技術の面で化学者が加わり、ICの開発に至って多くの専門分野を必要とする一種の総合技術となった。

当初は一人の技術者がプロセスのすべてを理解し、実行するという形だったが、しだいに専門は分化し、拡散屋、エッチング屋などという呼称が生まれた経緯がある。現在では技術者一人一人が全体のなかで自分の仕事がどのような位置付けにあるかを理解しえないほど技術的、専門的に分化が進んでしまった。これだけ分化してしまうと、逆に全体をみることで個々の重要なポイントがみえなくなってしまうことも懸念される。単なる耳学問と化してしまうから

である。

1960年の「科学」誌10月号で武田行松氏は"半導体工業は'工業'という衣を着た固体物理"と表現されている。原子力産業には核物理，プラスチック産業には高分子化学ということと同じわけだが，現在の半導体プロセスに"固体物理"の影はほとんどない。技術の進歩による実用化は基礎学問を土台としてこの40年間にはるか先へ行ってしまったということになる。

1.5 半導体プロセスと製造装置

最近の半導体製造装置の進歩は目覚ましく，半導体工場はそれらをレイアウトして，決められたレシピどおりに稼動させることでスムーズに運用でき，半導体製品が高歩留りで生み出されるようになった。デバイスメーカーの技術者はそれを管理・保守し，指定どおりの条件で動かすことに専念すればよくなっている。

半導体製造装置という分野は半導体プロセスという分野よりもむしろ水面に近く，華々しく話題となることも多い。しかし，どんな半導体製造装置も"プロセス"がなければ，"プロセスの裏付け"がなければ機能しえないことも確かである。プロセスを実践するのが装置であり，装置にはプロセスのバックアップが必要である。つまりプロセスがなければソフトウェアのないコンピュータと同じである。

装置が製品化され，デバイスメーカーの半導体工場に導入されるまでにはプロセス開発も含めた長い期間が必要である。プロセスの開発はデバイスメーカーと装置メーカー双方で行われるが，ニーズの把握とシーズの着想という点からはデバイスメーカーでのプロセス開発が主体となるべきであろう。装置メーカーの新装置開発の動機は，ほとんどがユーザーであるデバイスメーカーからもたらされているといっても過言ではない。装置が進歩したとはいっても現実には多くの技術的問題点が存在し，デバイスメーカーのプロセス技術者が努力を重ねてそれを克服してきているのも確かである。それがまた装置メーカーの

経験の蓄積となり，それをベースに装置技術が向上したと考えられる。

現在，半導体プロセスと製造装置の関係では，"まず装置ありき"か"まずプロセスありき"かという選択が重要である。アメリカでは"まず装置ありき"からスタートしてプロセスをそれに合わせ込んで成功してきたが，わが国の場合は逆だったといえる。アメリカの装置メーカーにプロセス開発力が備わっていたからである。

日本では，かなりトリッキーなプロセスで高性能デバイスを開発するというデバイスメーカーの伝統がそれをさせなかったのではないだろうか。それはわが国の半導体産業の現状と無関係ではないだろう。プロセスと装置の関係は半導体技術全体の動向と国際競争力の変化にとって重要なパラメータの一つである。

1.6 半導体プロセスの魅力

半導体プロセスはさまざまな専門分野の総合技術であり，新しい課題，古い課題が入り組んだ出口のないラビリンスまたは奥が深い分野である。それでいて常に発展を促され，ムーアの法則の実現を求められるために進歩を続け，また自己増殖的に新しいプロセス技術や新しい材料を常に生み出している分野でもある。

新しいプロセス・材料は，また新しい関連プロセスや材料の開発を促し，また新しい製造装置の開発も刺激する。したがって，これまで半導体関連周辺産業に限られていた技術範囲はさまざまな異業種の分野にも拡張され，そこからの新たな知見と技術の導入を必要とするようになる。銅配線構造におけるメッキ技術の応用や新しい層間絶縁膜材料の開発などにその傾向がみられる。過去50年の歴史をもつ半導体プロセスは依然として新しい可能性を21世紀にももち続けている。

2章
半導体デバイスの種類と構造

2.1 半導体デバイスとプロセス技術

　半導体デバイス構造は半導体プロセス技術によって作り上げられる。それは，実際には3次元的構造であるが普通は断面構造の変化として示されることが多い。

　シリコン基板からスタートし，そこに膜形成，リソグラフィによるマスクパターンの形成，エッチング，それに引き続く熱処理などを反復することにより，複雑なデバイス構造が形成される。膜の種類，形成法，リソグラフィの技術，エッチング手法などの組合せや順序，あるいは条件などはそれぞれ半導体製造ラインの経験とプロセスノウハウの蓄積によって決められる。結果は同じであってもそれに至るプロセスはラインにより，さまざまに異なるのが普通である。パッケージに入ったチップは外部的な特性は同一であっても，中身の作り方がおのおの異なっているということである。

　したがって，同じCMOS構造を作り上げる場合でも，そのプロセスフローあるいはシーケンスは同一ではないと考えるべきである。そのラインで作りやすい，最も合理的な手順で作り上げているということになる。入れ物自体はブラックボックスなので，その外観だけで製造過程を理解することはできない。

　図2-1にプロセス技術とデバイス技術の関係を示す。個々の基本的技術（酸

基本プロセス(要素技術)

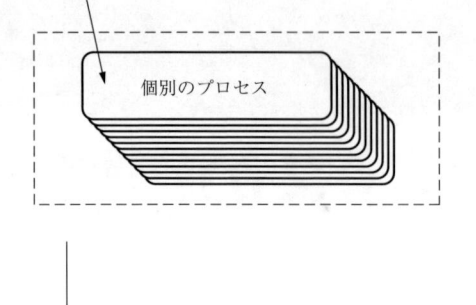

個別のプロセス　　　洗浄，酸化，リソグラフィなど

基本プロセスの集合体(複合プロセス，プロセスインテグレーション)

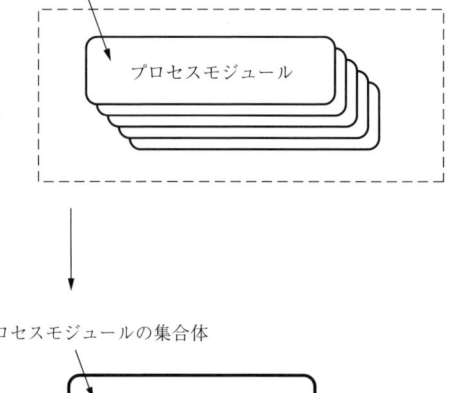

プロセスモジュール　　　アイソレーション，ゲート電極，ウェル構造など

プロセスモジュールの集合体

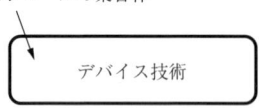

デバイス技術　　　CMOS，バイポーラ，BiCMOSなど

図2-1　プロセス技術とデバイス技術

化，CVDなど)がいくつか組み合わされて複合化されプロセスモジュールとなり，それが連続化してデバイス技術になるという考え方である。

　最近ではモジュール化の思想がしだいに浸透し，プロセス技術の選択肢が減少しつつある。つまり，多くの製造ラインでデバイス構造の作り方がしだいに統一化，標準化されるという傾向が現れつつある。これは半導体製造装置によるプロセスインテグレーションの傾向とリンクしていると考えていいだろう。

　とはいえ，プロセスの選択肢は依然として多く，デバイスメーカー，製造ラ

コラム 1
バーチャルファクトリー

　大学で応用化学を学んでいた頃，有機合成の時間に教授が黒板にある有機化合物の構造式を書き，この化合物を合成する手順を示せという課題をよく出した。原料に何と何を用い，どのような触媒を用いてどのような形式の反応で，というようなプロセスを示すことになるが，これを教授はtable synthesis（机上合成）と呼んでいた。もちろん合成実験も行ったが，このような手順を実行にさきがけて考えることは大きな意味がある。

　半導体デバイス開発においてもこのようなtable synthesisは必要である。つまり，あるデバイス構造形成の場合，どのようにプロセスを組み合せ，どのように条件を選択して作り上げるかを考える"プロセス"がまず必要である。その場合，自社のプロセスのレベル，メニューから選んだり，このようなプロセスの開発が不可欠，というような検討が行われる。ただやみくもや手探りでの開発はとても無理である。たとえばアイソレーション構造を工夫する場合など，断面構造を書きながら工程を机上で進めたりする。その机上プロセスをもとに実際にウェハ加工を行って確認あるいはフローの組み直しを行う。

　机上合成で半導体チップを作ってしまうのが"fab-less LSI company"である。アメリカに多く，プロセスやデバイスの知識をもつ回路設計技術者がデザインし，シミュレーションなどによって性能確認されたチップをファウンドリーメーカーに量産委託する。デザインする側にプロセスの知識がなければその企業を"fab-less LSI maker"とはいわないだろう。

　最近の半導体業界をにぎわした話題に，Intel社のPentiumに比べて半分以下の消費電力ですむ"Crusoe（クルーソー）"というMPUの開発がある。消費電力低減はプロセスやデバイス改善の結果ではないが，このような発想がなぜ日本では出ないのか。それは別として，Crusoeの開発を行ったアメリカのTransmeta社の社長は，"当社はバーチャルファクトリーだ。設計はやるが物は作らない。生産はファウンドリーに出す"といっている。今後このような発想の企業がますます増加すると予想される。

●下記のような構図を形成する手順を示せ

(1) Cuデュアルダマシン構造

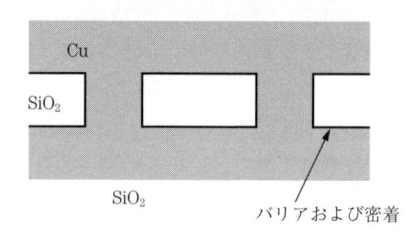

SiO_2に挟まれたCu層をCuのプラグで接続する構造
・CuとSiO_2の密着性に考慮
・Cuの拡散バリア効果をもつ膜の形成も考慮

(図中ラベル: Cu, SiO_2, SiO_2, バリアおよび密着)

(2) シャロートレンチ埋込み構造

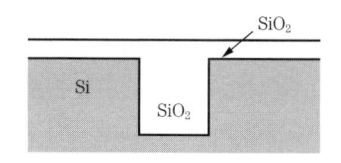

シリコン内のトレンチ溝をSiO_2で埋め，平坦化するアイソレーション構造
・埋め込みのための成膜法に考慮
・平坦化の手法に考慮

(図中ラベル: SiO_2, Si, SiO_2)

(3) サリサイド構造

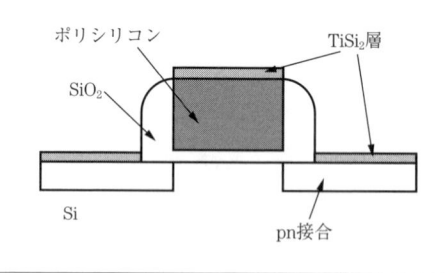

スペーサ形成および$TiSi_2$形成を含むセルフアラインシリサイド(サリサイド)構造
・スペーサの形成法に考慮
・シリサイド形成の手法

(図中ラベル: ポリシリコン, $TiSi_2$層, SiO_2, Si, pn接合)

図2-2　デバイス構造形成プロセスの演習

イン，プロセス技術者の得手不得手によってゴールに至るルートには多様性がある。それがまた興味あるところでもある。

図2-2はデバイス構造形成のためのプロセスを考えるテストである。いろいろな加工技術を用いて，机上でこのような構造を作ってみてもらいたい。そのプロセスフローの組立てがもしかすると実現されてしまうかもしれない。新しいデバイス構造の開発はこのような思考実験からスタートすることが多い。

2.2 半導体デバイスの分類

半導体デバイスにはいくつかの分類方法がある。たとえばバイポーラやCMOSといった構造的分類，メモリやロジックといった製品レベルの分類もある。ここではそれらの集大成として，集積度による分類，基板構成による分類，構造による分類，機能による分類に加え，開発形態や生産形態による分類も考えてみた。表2-1はその一覧表である。

本章で取り上げるのは，表の基板構成分類における，シリコン基板内にすべての素子を作り込むかたちのモノリシックデバイスであり，薄膜IC，厚膜ICなどのハイブリッド型デバイスは含まない。

半導体プロセスにおいて最も問題となるのはデバイスの構造的区分である。バイポーラ型とMOS型はまず基本的にプロセスフローが異なっており，BiCMOSではそれら異なるプロセスを整合化させる必要がある。

また，SOI（Silicon on Insulating substrate）構造はプロセス的には使用する基板がシリコンそのものではないというだけの相違である。

機能的分類においてメモリ，ロジックなどはトランジスタ（CMOS）への要求性能やプロセスの要求精度などに多少差はあるものの，基本的な加工技術の内容はデザインルールが同一である限りあまり変わらない。ただし，メモリにはメモリ特有の構造（キャパシタ）があり，それを作り込むプロセスフローを考える必要がある。またメモリとロジックの混載型デバイス（システムLSIまたはシステムオンチップ）では，3次元キャパシタ構造をもつが2～3層以上

表2-1 半導体デバイスの分類

集積度による分類 "トランジスタとIC"	・個別半導体：トランジスタ，ダイオードなど ・集積回路（IC） 　├ 小規模集積回路（SSI）：＜100素子/チップ 　├ 中規模集積回路（MSI）：100〜1,000素子/チップ 　├ 大規模集積回路（LSI）：1,000〜100,000素子/チップ 　└ 超大規模集積回路（VLSI）：＞100,000素子/チップ
基板構成による分類 "モノリシックと ハイブリッド"	・モノリシックIC ┬ シリコン基板 　　　　　　　　└ SOI基板 ・ハイブリッドIC ┬ 厚膜IC 　　　　　　　　└ 薄膜IC ・SOI基板によるデバイス
構造による分類 "MOSとバイポーラ"	・バイポーラ型デバイス ┬ npn構造 　　　　　　　　　　　└ pnp構造 ・MOS型デバイス ┬ nMOS構造 　　　　　　　　├ pMOS構造 　　　　　　　　└ CMOS構造 ・BiCMOS型デバイス：バイポーラとCMOSの混載
機能による分類 "デジタルとアナログ"	・デジタル用デバイス 　├ メモリ ┬ RAM：DRAM, SRAM, FRAM（FeRAM） 　│　　　　└ ROM：EPROM, EEPROM, マスクROM, Flashメモリ 　├ ロジック ┬ MPU 　│　　　　　└ 汎用ロジック 　└ メモリ・ロジック混載 ─ システムLSI（システムオンチップ） ・アナログ用デバイス ─ 民生用，産業用 ・デジタル・アナログ混載デバイス
開発形態による分類 "スタンダードとカスタム"	・標準（汎用）デバイス ─ メモリ，MPU，汎用ロジックなど ・カスタムデバイス ─ ASIC（フルカスタム仕様） ・セミカスタムデバイス ─ ゲートアレイ，PLA，セルベースICなど
生産形態による分類 "多品種少量と 少品種多量"	・多品種少量生産方式デバイス ─ ASIC，カスタムIC，ロジックIC ・少品種多量生産方式デバイス ─ メモリ，MPUなど ・受託生産方式デバイス ─ ファウンドリー

の多層配線構造をもたないメモリと，キャパシタ構造をもたないが2〜3層以上の多層配線構造をもつロジックとのプロセス整合化が求められる。

　デバイスの開発形態あるいは生産形態において重要な分類は，セミカスタム的なデバイス（ゲートアレイなど）である。このデバイスではあらかじめ基板内にトランジスタをプロセス的に完成して配置しておき，ユーザーの要求する

回路を配線工程でその上に形成し，チップ化する。基板はトランジスタを作り込んでストックしておき，必要に応じて配線を施して出荷する。

この方式ではトランジスタを形成する"基板工程"と"配線工程"とが明確に工程として分離される。半導体プロセスにおける"前工程"と"後工程"は，このデバイスにおいて明確に区分されるようになった。現在ではメモリ，ロジックを問わず，基板工程と配線工程が区分されて考えられるようになっている。

生産形態においては，ファウンドリー生産形態でプロセスのモジュール化の考え方が一層必要となっている。生産やプロセスの共通化と標準化により，コスト低減と納期の短縮が可能になるからである。

以下代表的なデバイスの構造を示すこととする。

2.3 バイポーラデバイス構造

図2-3にバイポーラデバイスの基本的な構造を示す。バイポーラ型デバイスとは，シリコン基板内に素子間を電気的に分離するアイソレーション領域を設けて，ベース/エミッタ/コレクタ領域をそこに形成した構造で，後述のMOS型に比べて複雑な構造である。

①は古典的な構造でアイソレーションにpn接合分離方式を用いている。4〜5回の不純物拡散によりトランジスタ構造を形成する。

②は酸化膜（SiO_2）をpn接合の代わりに用いた方式で接合容量を低下させ，デバイスのサイズ縮小化が可能となる。酸化膜分離にはLOCOS（Local Oxidation of Silicon）方式が用いられる。現在最先端のバイポーラLSIではこの酸化膜分離技術が用いられている。

このバイポーラ構造をもつデバイスはCMOS型デバイスと比較して電力を消費すること，製造工程が複雑なこと，性能的にCMOSとあまり変わらないことなどによりしだいに用いられる範囲はせばまっている。

プロセス技術としては不純物導入のための拡散あるいはイオン打込み工程数

①pn接合分離

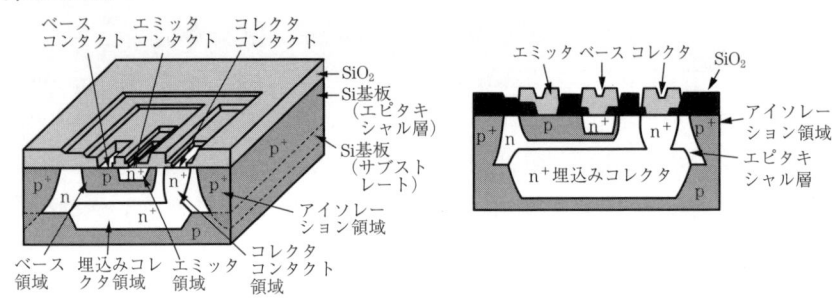

図2-3 バイポーラデバイスの構造

②酸化膜分離

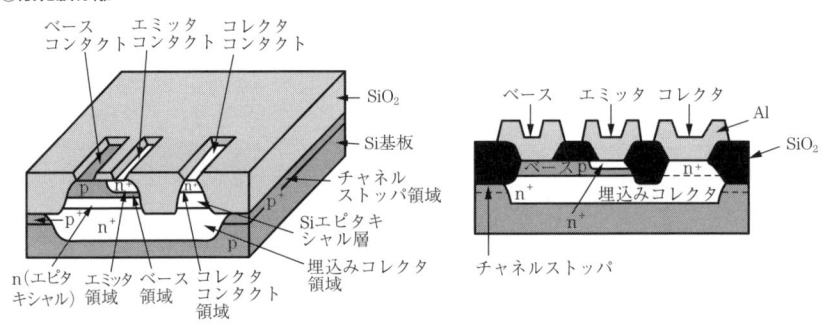

図2-3 バイポーラデバイスの構造

が多いこと，不純物の縦方向のプロファイルコントロールが重要なので，熱処理などのトータルデザインが重要なこと，また欠陥制御が完全に行われていることなどがポイントである。

2.4 CMOSデバイス構造

　MOS型構造はバイポーラ構造とは異なり，シリコン基板とその表面の酸化膜，その上の電極によるMOS（Metal Oxide Semiconductor）型キャパシタを用いるため構造的にシンプルである。CMOSはnチャンネル型MOS構造とpチ

ャネル型MOS構造を同時に有するデバイス構造である。したがってCMOS（Complementary MOS-相補型MOS）と呼ぶ。

以前はゲート電極としてAlが用いられていたが，1960年後半にシリコンゲート構造が開発され，高性能化，信頼性，サイズ縮小という点からAlゲート構造を駆逐してしまった。

プロセス技術的にSi-SiO$_2$界面が安定し，Naイオンなどの制御も十分可能となったこともあり，MOS型はバイポーラ型に置き換わり，デバイスの中心的存在となった。CMOSで構成した回路は消費電力も少ないため現在ではあらゆる分野でバイポーラに代わり応用されている。

図2-4はシリコンゲート構造のnチャネル型MOS構造，pチャネル型MOS構造を示す。前者では基板にp型シリコン，後者ではn型シリコンを用いている。このシリコンゲート構造は"セルフアラインゲート構造"とも呼ばれ，ゲートとソースおよびドレインの位置をリソグラフィの制約なしに自動的に決定できるという画期的な手法であり，現在では標準的に用いられている。この方法がなければ高密度メモリの開発もおぼつかなかったと考えられる。両者とも構造的には非常にシンプルである。

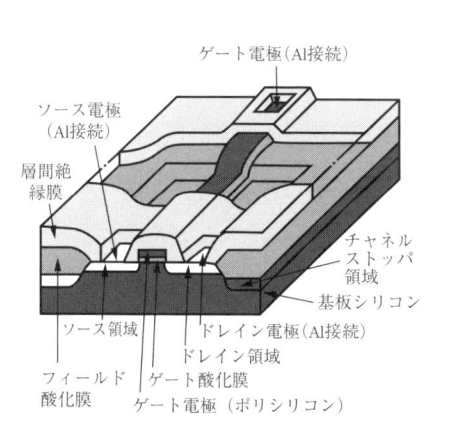

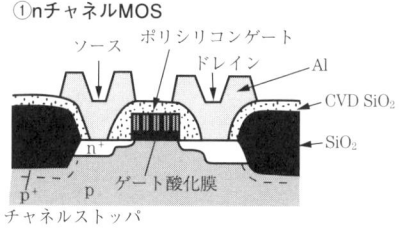

図2-4　シリコンゲートMOSデバイスの構造

2.4　CMOSデバイス構造

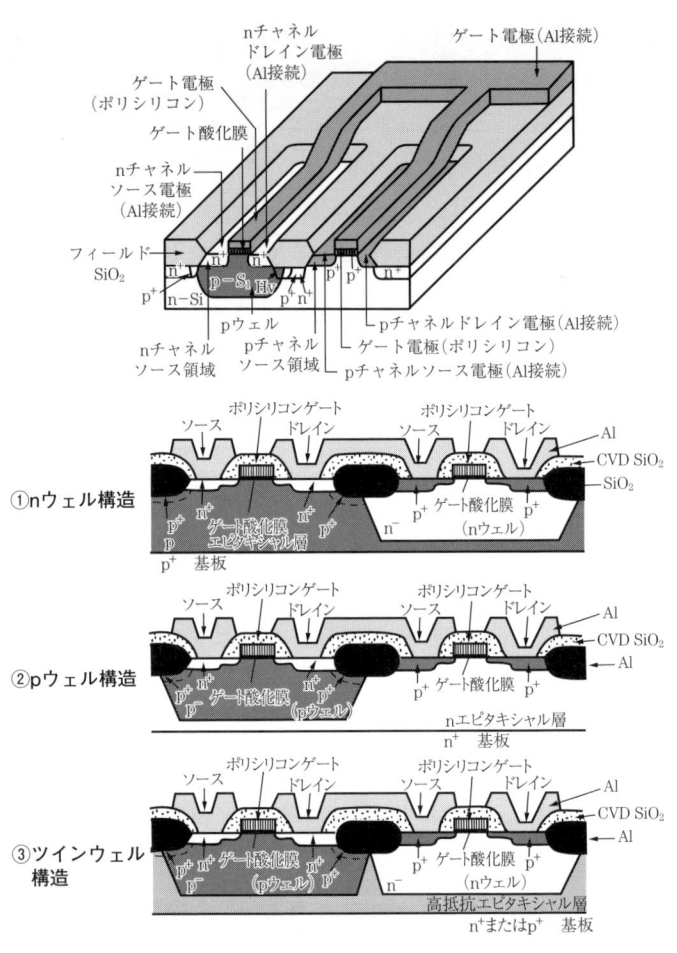

図2-5 シリコンゲートCMOSデバイスの構造

　図2-5にCMOSデバイスの構造を示す。CMOSはpチャネル，nチャネルのMOS構造を同一基板上にもつもので，構造的に①に示すようなnウェルをもつ構造，②のようなpウェルをもつ構造，そして③のような高抵抗領域内にpウェルとnウェルの両方を有するツインウェル構造とに分けられる。
　CMOS構造はウェル形成と，nチャネル，pチャネルの各トランジスタ形成のためのソース/ドレイン領域が必要なため不純物導入の回数が多くなり，ほ

とんどバイポーラデバイス並みになっている。プロセス的には清浄なゲート酸化膜の形成とポリシリコン（あるいはポリサイド）電極の形成，浅いソース/ドレイン領域の形成などが重要であり，トランジスタ微細化のための工夫も必要である。

2.5 BiCMOSデバイス構造

バイポーラデバイスの高速性とCMOSデバイスの低消費電力性を併せもつデバイスとしてBiCMOSデバイスがあり，1チップ内にバイポーラ，CMOSデバイスを同時に作り込むチップが重要視されている。MPUの製品化なども行われており，SOI基板（2.6項参照）上に形成してさらに性能を高める開発も行われている。製造フローの異なるバイポーラ型とCMOS型のデバイスを同一チップ内に形成しようとするため，両者のプロセス整合化にはかなり複雑さを必要とする。実際には工程順序や条件の最適化で対応が行われている。

図2-6はBiCMOS構造の一例である。基板上にnウェルを形成し，その中にnpn型のバイポーラトランジスタを形成している。拡散による接合の形成はCMOSとバイポーラの間でできるだけ共通化するような工夫が施され，工程の簡略化と短縮が行われている。

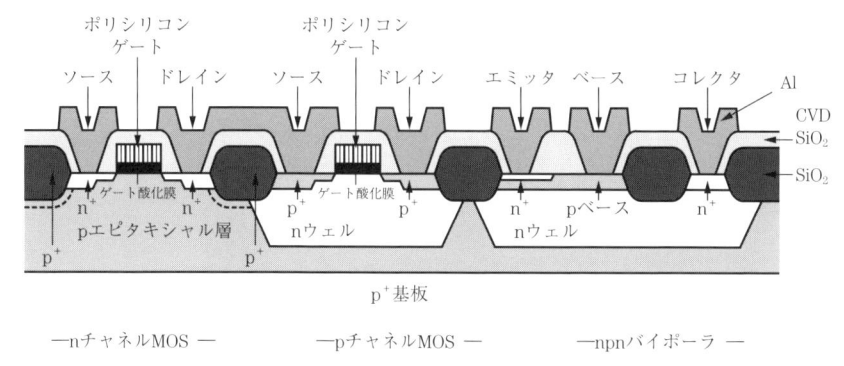

図2-6　BiCMOSデバイスの構造

現在多くのBiCMOSが製品化されているが,いずれも工程の順序や組合せは,おのおのが作りやすいように構成されており,千差万別である。

2.6 SOIデバイス構造

SOI (Silicon on Insulating substrate) とは絶縁体層の上にSi層を形成するもので,先に述べたようにSOI基板上にデバイスを形成する試みが盛んであり,一部製品化も進められている。SOI基板の使用では,シリコンウェハそのものを用いるのと比べて基板のもつ容量を無視できるため,デバイスの高性能化が可能となる。

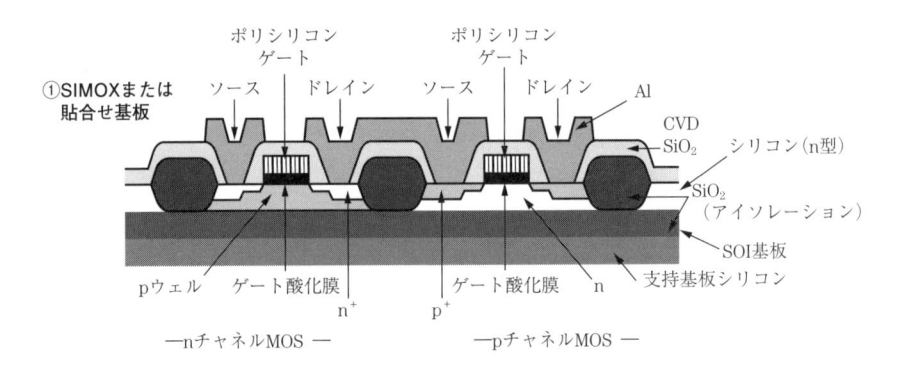

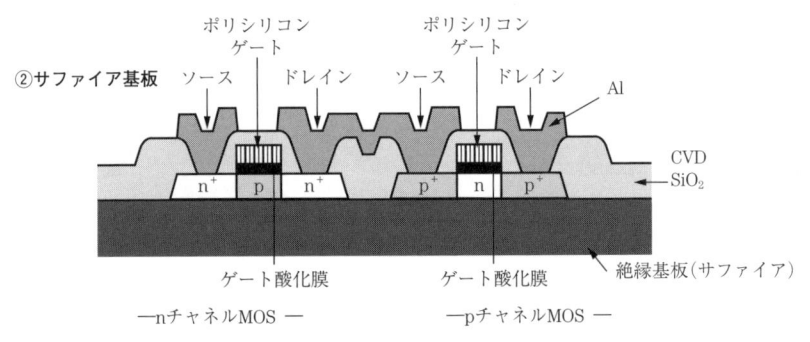

図2-7 SOI基板を用いたデバイス構造

SOI基板の作り方にはウェハの貼合せによる方法と酸素イオンをシリコン基板内に打ち込んで内部に絶縁層を形成するSIMOX（Separation by Implanted Oxygen）と呼ばれる方法とがある。これら２つの方法はそのものが複合的プロセスの産物であり，さまざまなバリエーションをもっている。1960年代後半にはすでにサファイア基板上へのシリコンエピタキシャル単結晶層の形成によってSOS（Silicon on Sapphire）デバイスの開発が試みられている。

　図2-7はSOI基板上に形成されたデバイスの断面構造である。①のSIMOXあるいは貼合せ構造ではSiO_2下のシリコンは単なる支持台であり，デバイス特性上はまったく何の寄与もしていない。したがって，②のように支持母体全体が絶縁物であっても一向に支障はない。プロセス的にはSOI基板上にどのようなデバイスを作り上げるかということであり，特にSOI基板だからということはないが，SOIであるためのプロセス条件的制約は考えられる。また，むしろSOI基板の形成こそが鍵といえる。

2.7 多層配線構造

　ここまで，バイポーラ構造，CMOS構造，BiCMOS構造などを示したが，これらは基板シリコン内に形成された素子（トランジスタ）構造である。抵抗やコンデンサ，ダイオードなどの素子も同様である。実際にはこのデバイス構造の上に配線構造が重ねられる。配線は１層のものから７〜９層にまで及ぶものまであり，これらが多層配線構造と総称され，デバイス製造工程上，基板工程（前工程）と並んで配線工程（後工程）と呼ばれるものである。

　従来，デバイスの配線はほとんどAlを用いて行われ，Alと層間絶縁膜であるSiO_2の積層によって形成されていた。それが図2-8の①で示される構造である。

　デバイスのスケールダウンが進むとステップカバレージ（Step coverage；段差被覆性）や埋込み性が問題となるため，各種平坦化技術が導入され，膜の堆積においてもさまざまな技術的進歩が必要とされた。CMP（化学的機械研

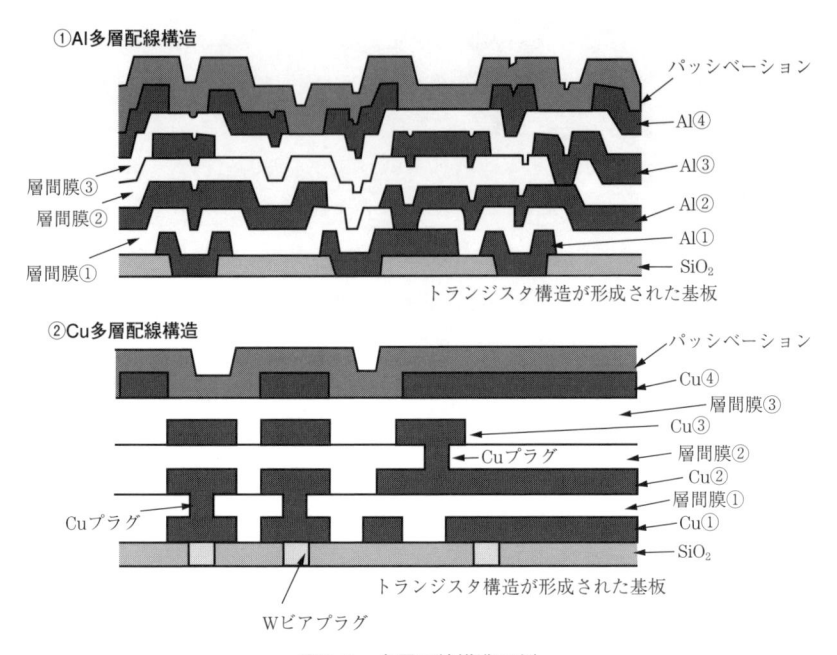

図2-8　多層配線構造の例

磨）技術の導入の動機も平坦化による歩留り向上である。

　図2-8の②は特に高速のロジックデバイスにおいて必要とされる銅（Cu）配線構造である。銅はダマシンと呼ばれるプロセスによって溝内に埋め込まれ，CMP技術を駆使して多層平坦化構造を作り上げる。ここで用いられている層間膜としては最終的にSiO_2ではなく，比誘電率がそれよりも低い"low k膜"が導入される。今後はプロセス的にも材料的にも新しい技術が多く導入される。①が第1世代の多層配線構造とすれば，②は第3あるいは第4世代の構造ということになる。

2.8 半導体デバイスの製造フロー

　ここまでに述べた各デバイス構造の製造フローの例をpn接合分離型バイポ

ーラデバイスとシリコンゲートnMOSデバイス構造およびシリコンゲートCMOS構造について示す。これらのフローにもいくつかの選択肢があり，ここであげたものが標準的な製法というわけではない。

図2-9は半導体デバイスの製造フローを総合的に示したものである。また，図2-10〜図2-12はおのおののデバイス構造形成フローである。各工程は酸化，酸化膜除去，拡散などのようにブレイクダウンされたプロセス内容で示しているが，それらをいくつかずつにくくると複合プロセス（プロセスモジュー

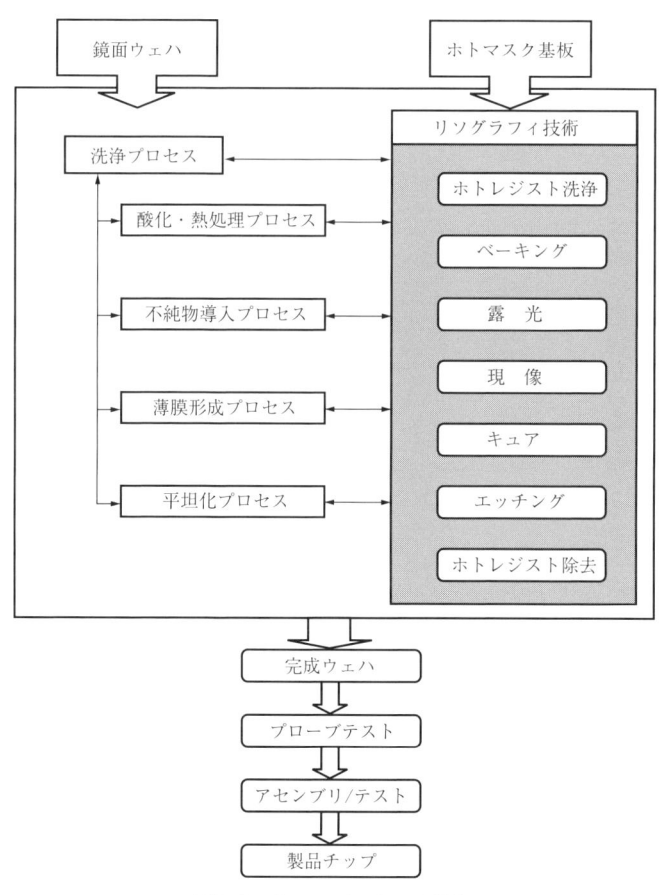

図2-9 ウェハプロセスの流れ

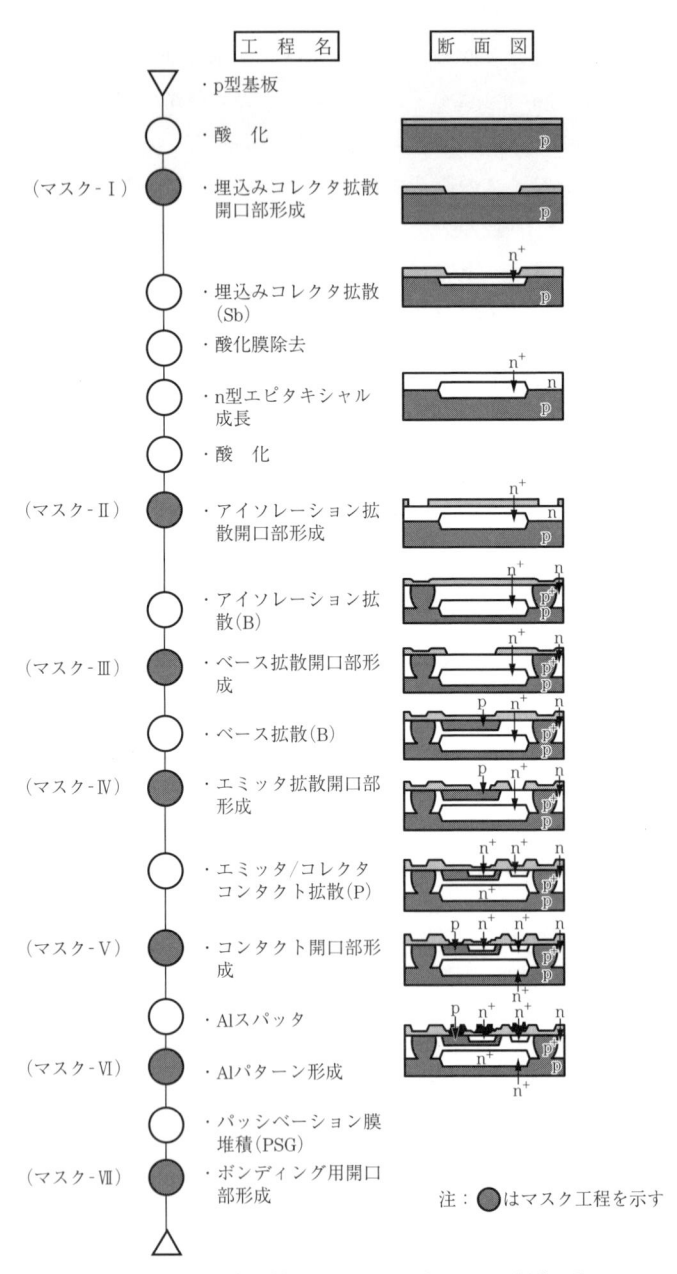

	工程名	断面図
	・p型基板	
	・酸化	
(マスク-Ⅰ)	・埋込みコレクタ拡散開口部形成	
	・埋込みコレクタ拡散(Sb)	
	・酸化膜除去	
	・n型エピタキシャル成長	
	・酸化	
(マスク-Ⅱ)	・アイソレーション拡散開口部形成	
	・アイソレーション拡散(B)	
(マスク-Ⅲ)	・ベース拡散開口部形成	
	・ベース拡散(B)	
(マスク-Ⅳ)	・エミッタ拡散開口部形成	
	・エミッタ/コレクタコンタクト拡散(P)	
(マスク-Ⅴ)	・コンタクト開口部形成	
	・Alスパッタ	
(マスク-Ⅵ)	・Alパターン形成	
	・パッシベーション膜堆積(PSG)	
(マスク-Ⅶ)	・ボンディング用開口部形成	

注：● はマスク工程を示す

図2-10　pn接合分離型バイポーラデバイスの製造工程

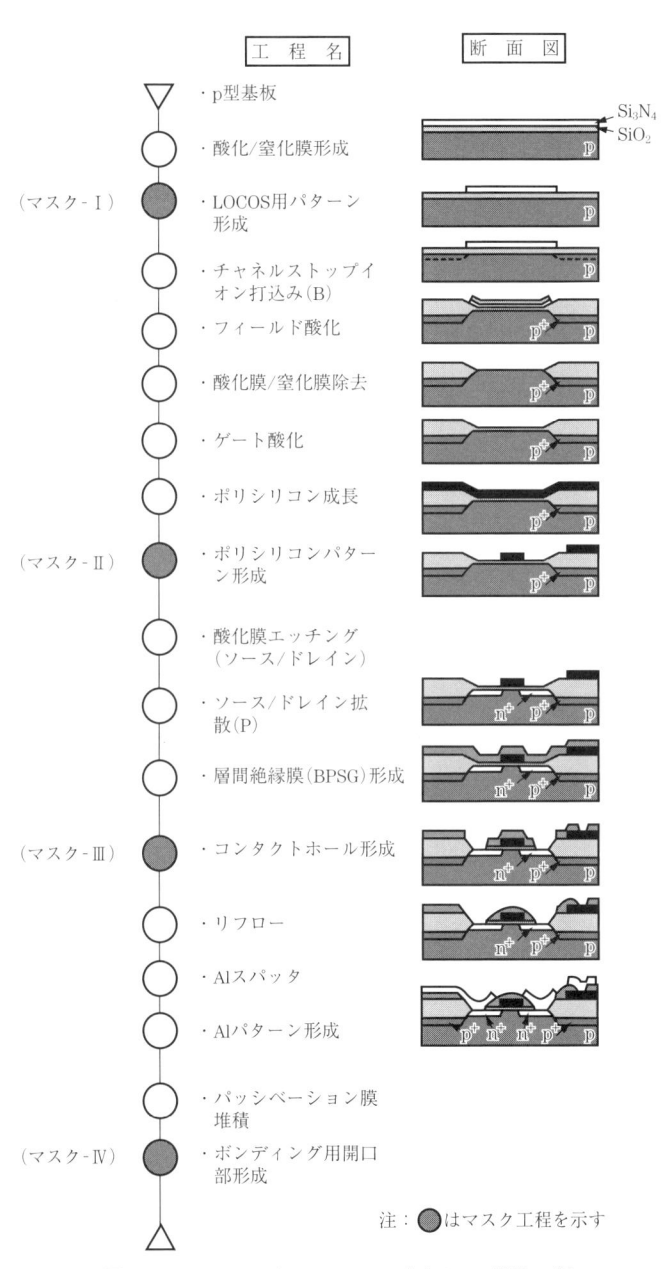

工程名	断面図
・p型基板	
・酸化/窒化膜形成	Si$_3$N$_4$ / SiO$_2$
（マスク-Ⅰ）・LOCOS用パターン形成	
・チャネルストップイオン打込み(B)	
・フィールド酸化	
・酸化膜/窒化膜除去	
・ゲート酸化	
・ポリシリコン成長	
（マスク-Ⅱ）・ポリシリコンパターン形成	
・酸化膜エッチング（ソース/ドレイン）	
・ソース/ドレイン拡散(P)	
・層間絶縁膜(BPSG)形成	
（マスク-Ⅲ）・コンタクトホール形成	
・リフロー	
・Alスパッタ	
・Alパターン形成	
・パッシベーション膜堆積	
（マスク-Ⅳ）・ボンディング用開口部形成	

注：●はマスク工程を示す

図2-11　シリコンゲートnMOSデバイスの製造工程

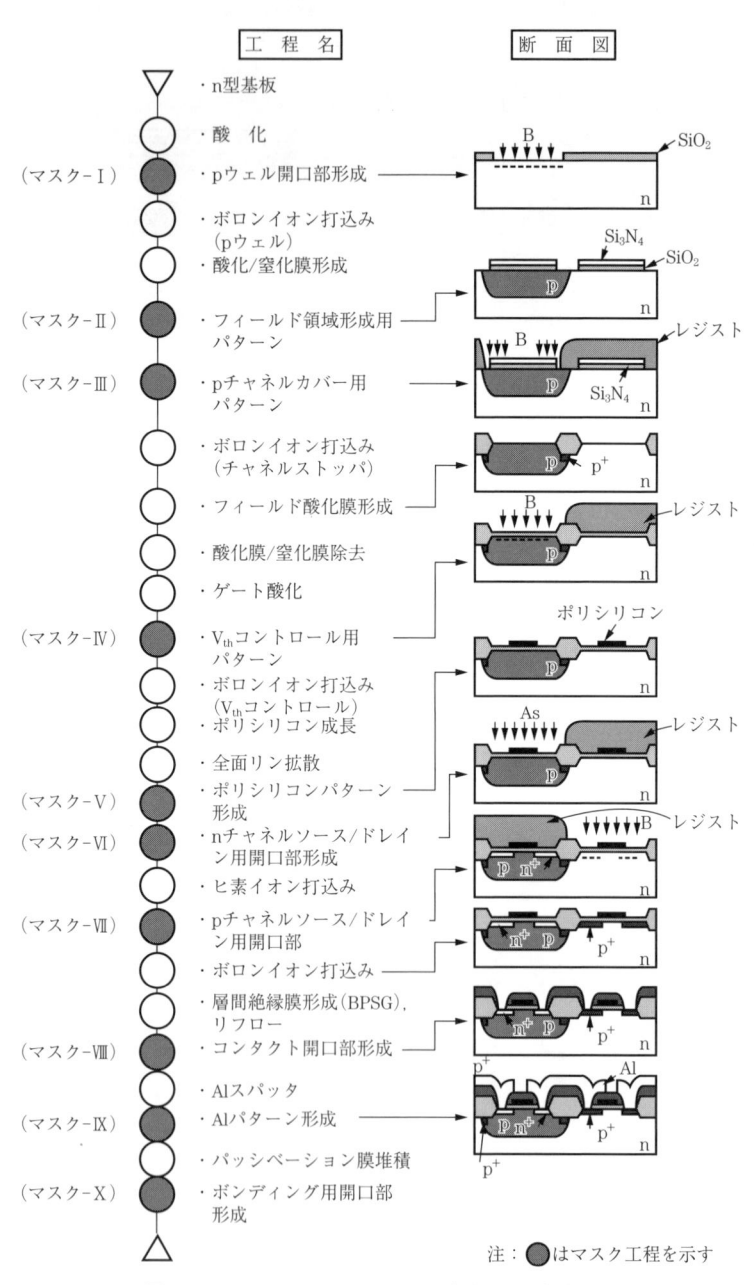

	工程名	断面図
	・n型基板	
	・酸化	
(マスク-I)	・pウェル開口部形成	
	・ボロンイオン打込み(pウェル)	
	・酸化/窒化膜形成	
(マスク-II)	・フィールド領域形成用パターン	
(マスク-III)	・pチャネルカバー用パターン	
	・ボロンイオン打込み(チャネルストッパ)	
	・フィールド酸化膜形成	
	・酸化膜/窒化膜除去	
	・ゲート酸化	
(マスク-IV)	・V_{th}コントロール用パターン	
	・ボロンイオン打込み(V_{th}コントロール)	
	・ポリシリコン成長	
	・全面リン拡散	
(マスク-V)	・ポリシリコンパターン形成	
(マスク-VI)	・nチャネルソース/ドレイン用開口部形成	
	・ヒ素イオン打込み	
(マスク-VII)	・pチャネルソース/ドレイン用開口部	
	・ボロンイオン打込み	
	・層間絶縁膜形成(BPSG),リフロー	
(マスク-VIII)	・コンタクト開口部形成	
	・Alスパッタ	
(マスク-IX)	・Alパターン形成	
	・パッシベーション膜堆積	
(マスク-X)	・ボンディング用開口部形成	

注: ● はマスク工程を示す

図2-12　シリコンゲートCMOSデバイスの製造工程

ル)のブロックのフローとして示すことができる。

　このような製造工程のフローでは,前後の関係でそのプロセスが無理なく合理的に行われること,できる限りシンプルであること,そして何よりもトリッキーでないことが求められる。このようなプロセスフローは冒頭で述べたようにあるていど机上のプランとして作り上げられる。

　いずれにしてもデバイス構造の形成は個々の基本プロセスとそれらを組み合わせたことによる複合プロセスのフローによって行われる。どのようなフローで行うかはおのおののプロセスがいかに十分に最適化され,データが揃い,準備されているかによる。したがってこれから個々のプロセスについて十分理解を深め,何がポイントかを把握することになる。

3章

半導体プロセスの技術史

3.1 技術史のメッセージ

　半導体製造はすでに50年の歴史を重ねている。この間，草創期においてトランジスタやICの開発に携わった先輩達はすでにリタイアし，当時のことを記憶している人はもうあまりいない。せいぜい1960年代の後半頃からの経験で，今，生かされている技術があるかもしれないという程度である。特許の権利もすでに消滅し，1970年代以前の学術論文を参照しようという技術者ももういないだろう。過去の技術的成果のうち，あるものは教科書に記載されていたりするが，またあるものはそのような記録からも忘れ去られている。さらに過去に開発が進められ，実用化されずに終わった技術など，陽の目をみずに埋もれてしまっているに違いない。そのような技術は今の時代にどのような意味をもつのだろうか。

　30年も40年も前にいったん開発が試みられ，事実上失敗した技術があったとする。その失敗は，もしかすると当時ではその周辺の環境が十分整えられていなかったためか，登場するのが早すぎたためということも考えられる。今その技術を実用化しようとしたら，周囲の環境はそれを容易に可能とするようになっているかもしれない。古い技術の見直しはそのような意味があり，技術史の遡上は重要なメッセージをわれわれに与えてくれる可能性がある。

半導体プロセスの歴史は次のように10年ごとのスパンで振り返ることができるだろう。

・IC以前　　　　　　　　（1950年代）
・IC時代　　　　　　　　（1960年代）
・LSI時代　　　　　　　（1970年代）
・VLSI時代　　　　　　（1980年代）
・サブミクロンVLSI時代　（1990年代）
・ギガビット時代　　　　（2000年以降）

それぞれに時代を特徴付ける新しいプロセス技術が開発され，実用化されている。

各時代ごとに埋もれてしまった技術はどうやって発掘し，現在に役立つかどうかをどう検証すればいいのだろう。技術史の影の部分にも注目して振り返りたいものである。現在脚光を浴びているプロセス技術としてのメッキやCMPなども過去の技術の復活ともいえるからである。

3.2 IC以前（1950年代）

1950年代はトランジスタの生産が開始された時代である。当時の半導体基板材料はゲルマニウム（Ge）であり，Geを加工するさまざまな技術が量産レベルで用いられた。

トランジスタは図3-1に示すような点接触型にはじまり，合金接合型，成長接合型などを経て拡散技術が導入され，シリコン（Si）へと移行する。pn接合形成のために，合金という工程から熱拡散プロセスが用いられるようになったことで，プロセスは大きく変化した。

この時代のプロセスでは表3-1に示すように炉による熱処理，汚染（コンタミネーション）の除去，エッチング，メッキなどが用いられている。特にIII，V族の元素を含む金属をメッキし，熱によって合金化を行いpn接合を形成する技術はその後の技術展開の原点ともなっている。図3-1にトランジスタの構

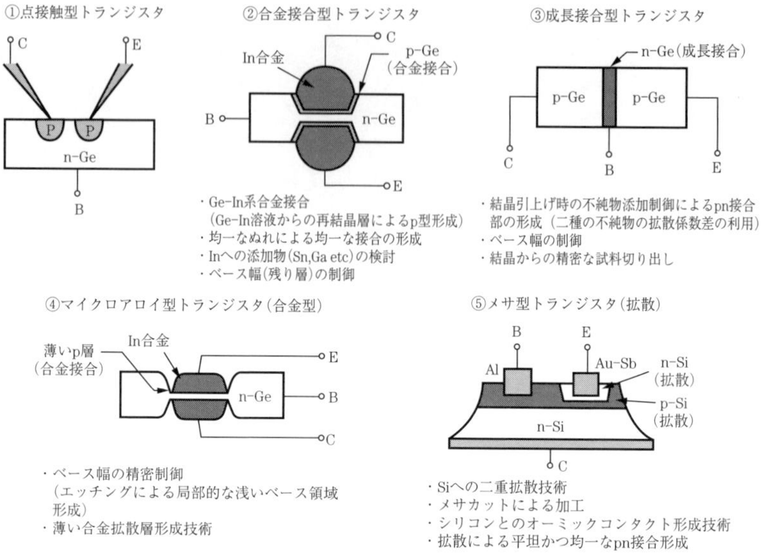
①点接触型トランジスタ
C
E
P
P
n-Ge
B
②合金接合型トランジスタ
C
In合金
p-Ge
(合金接合)
B
n-Ge
E
・Ge-In系合金接合
(Ge-In溶液からの再結晶層によるp型形成)
・均一なぬれによる均一な接合の形成
・Inへの添加物(Sn,Ga etc)の検討
・ベース幅(残り層)の制御
③成長接合型トランジスタ
n-Ge(成長接合)
p-Ge
p-Ge
C
B
E
・結晶引上げ時の不純物添加制御によるpn接合部の形成(二種の不純物の拡散係数差の利用)
・ベース幅の制御
・結晶からの精密な試料切り出し
④マイクロアロイ型トランジスタ(合金型)
薄いp層
(合金接合)
In合金
E
n-Ge
B
C
・ベース幅の精密制御
(エッチングによる局部的な浅いベース領域形成)
・薄い合金拡散層形成技術
⑤メサ型トランジスタ(拡散)
B
E
Al
Au-Sb
n-Si
(拡散)
p-Si
(拡散)
n-Si
C
・Siへの二重拡散技術
・メサカットによる加工
・シリコンとのオーミックコンタクト形成技術
・拡散による平坦かつ均一なpn接合形成

図3-1　トランジスタの構造

造とプロセス技術要素を示した。pn接合の形成とオーミック電極の形成が技術のポイントである。

GeからSiへの材料転換は1950年代末に急速に進められた。それに従ってプロセス技術も従来のGe加工技術からSi加工技術へと変わり，IC時代へと推移する。1950年代末にはSiの二重拡散メサ型トランジスタが製品化された。

ここまで技術の発祥の地はアメリカであり，わが国のトランジスタ量産はすべてアメリカのライセンス技術導入を受けて行われていた。

3.3 IC時代（1960年代）

1960年代はICの時代である。ということは，この時代からホトリソグラフィ技術（写真製版）が導入されたことになる。ホトマスクを用いたパターン転写技術がICの製造工程で導入され，もちろんトランジスタの製造においても

表3-1　トランジスタ時代のウェハプロセス要素

1. 炉による処理	1.1 酸　化 1.2 還　元 1.3 アニーリング 1.4 炭素除去処理 1.5 合金化 1.6 拡　散 1.7 はんだ付け，焼成，金熔着 1.8 真空焼付け
2. コンタミネーションコントロール	2.1 異物除去：汚染，塵埃，オイル，ファイバー，グリース，ワックスなど 2.2 可溶性物質の除去：塩類，メッキ液残渣，エッチング残渣 2.3 清浄度テスト 2.4 部品器具類の清浄保管
3. エッチング	3.1 半導体材料のエッチング 　3.1.1 選択エッチング：結晶欠陥観察用，結晶面露出用 　3.1.2 非選択エッチング：切断，研削ダメージ層の除去，厚み制御，汚染および接合劣化成分の除去 3.2 材料・部品エッチング 　3.2.1 酸化被膜除去 　3.2.2 化学研磨 　3.2.3 電気化学的研磨
4. メッキ	4.1 電気メッキ 　4.1.1 部品，材料上へのメッキ 　4.1.2 半導体へのメッキ 4.2 化学メッキ 　4.2.1 部品，材料上へのメッキ 　4.2.2 半導体へのメッキ

(F. J. Biondi: Transistor Technology, Vol III, Bell Telephone Laboratories Inc.(1957))

導入された。

　プロセス技術面からはこの時代はリソグラフィプロセスの誕生，プレーナ技術の開発，表面安定化技術（リンパッシベーションなど），バイポーラトランジスタの性能向上のためのエピタキシャル層形成技術の導入などのトピックスがある。イオン注入技術の原型もこの時代にすでに提案されている。

　リソグラフィ技術に関してはホトレジストの導入からはじまってガラスマスクを用いるコンタクトアライナが1960年末には市販されている。

　また，シリコン中へのボロン（B），リン（P）などの拡散に関してウエスタンエレクトリック社の２段階拡散法，フェアチャイルド社のプレーナ法はその

後すべてのデバイスに適用されるようになり，特許としての効果も絶大なものとなった．わが国のデバイスメーカーも使用許諾を受けなければ何もできない状態が，この後長く続くこととなる．

プレーナ法はいまだにプロセス技術の原点として用いられている．それを認識している技術者は今ではあまりいない．プレーナ法の適用により，バイポーラトランジスタあるいはICの製造工程が簡略化されると共に歩留りは向上した．図3-2はプレーナ法を用いないトランジスタ製造工程，図3-3はプレーナ法によるトランジスタ製造工程である．プレーナ法の特徴は簡単なもので，第1回目の拡散層形成時に生成されたシリコン酸化膜を2回目の拡散時に残しておいてそのまま利用するというものである．表面安定化のためにPSG（リンガラス）層が有効であることもこの時代に見い出されている．

エピタキシャル成長技術の応用はこの時代から始められた．バイポーラトランジスタのコレクタシリーズ抵抗の低減のためには不可欠のものとなり，その後バイポーラICの基板としての応用へと進む．

3.4 LSI時代（1970年代）

ICの集積度が増大し，最初のLSIと呼ばれる1KビットのMOSメモリが登場したのは1969～1970年である．したがって，1970年代はLSIの時代と位置付けられる．それまで不安定とされていたMOSデバイスが，$Si-SiO_2$界面の特性安定化のプロセスの確立によって製品化されるようになり，その流れとしてこのMOSメモリが登場した．

また，高密度・高集積化を可能にしたプロセスとしてSiゲート技術が最大のポイントとなった．Siゲート構造はそれまでのAlゲートに代わり，ゲート電極とソース/ドレイン領域の位置合せを自動的に行えるセルフアライン手法で形成されるのが特徴である．図3-4はAlゲートMOSとSiゲートMOSの比較である．SiゲートMOSはポリシリコンをゲート材料に用い，ソース/ドレイン電極はAlを用いてポリシリコンゲートと立体交差させ，一種の2層配線構造を形

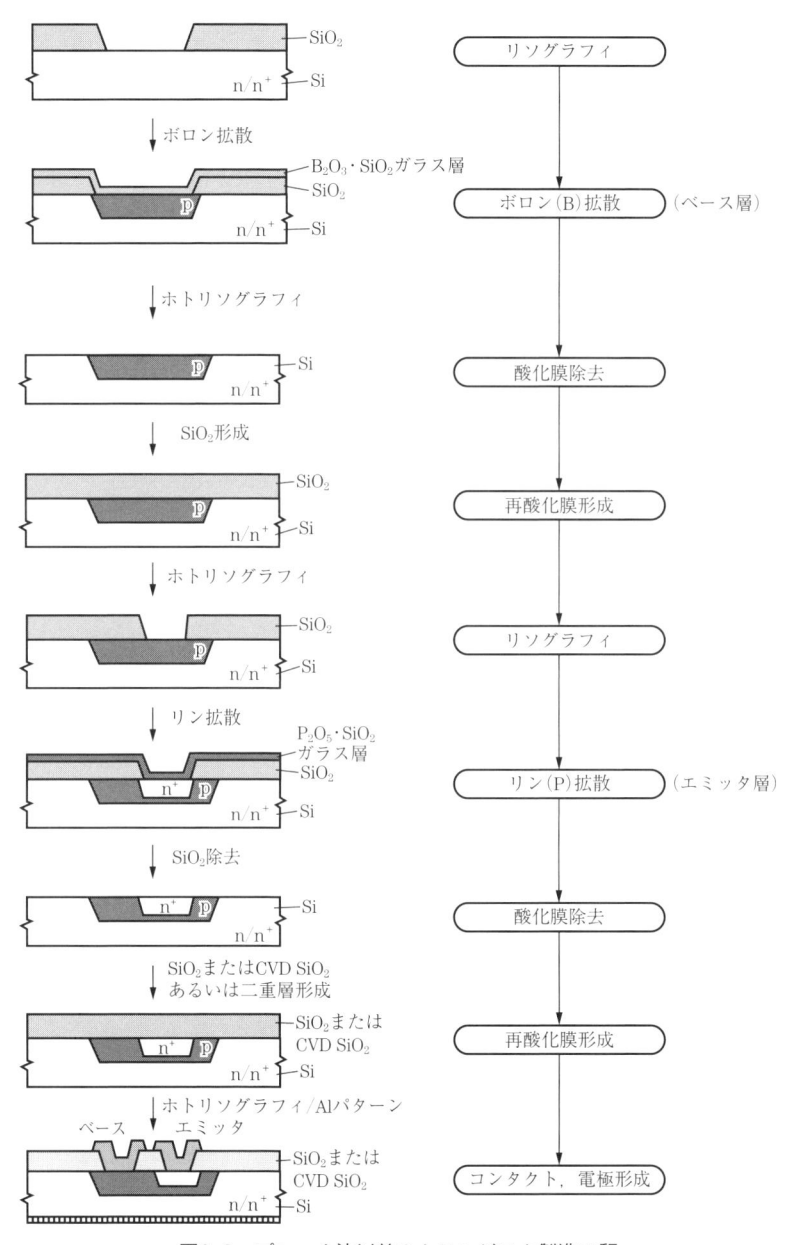

図3-2 プレーナ法以前のトランジスタ製造工程

3.4 LSI時代（1970年代）

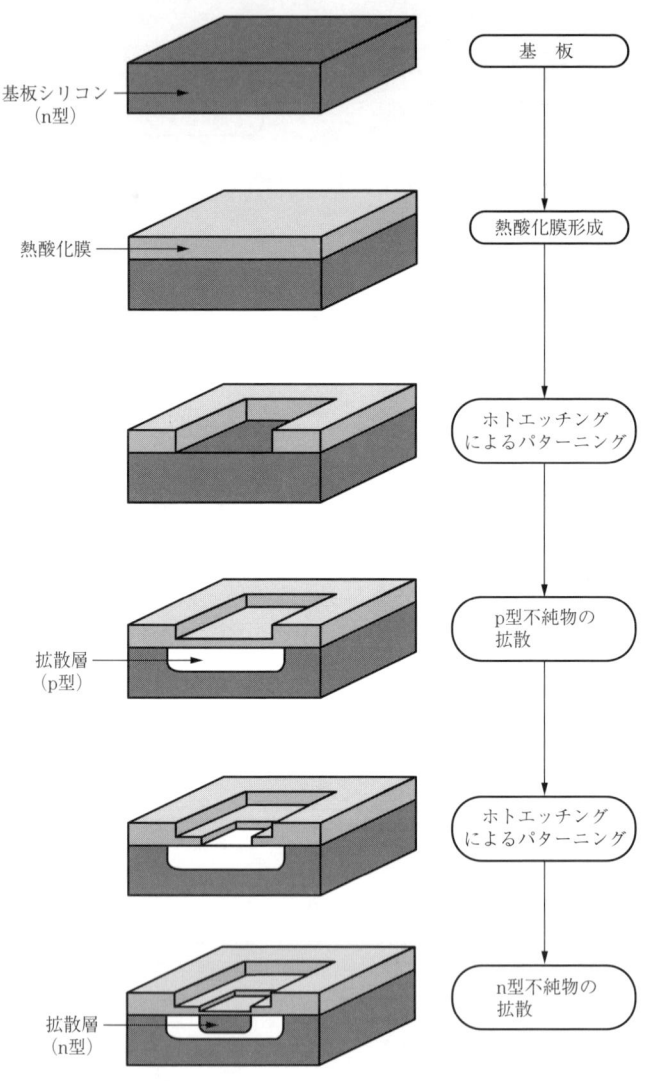

図3-3　選択拡散とプレーナ技術のプロセスフロー

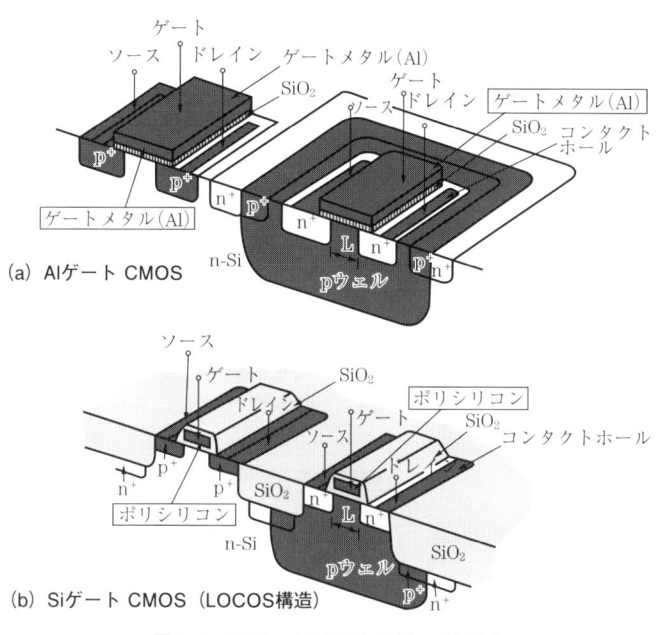

図3-4　AlゲートMOSとSiゲートMOS

成させるもので，集積度は著しく向上する。このSiゲート構造を用いた1Kビットメモリがインテル社から発表されるとわが国にも大きな影響を及ぼし，その後のDRAM展開の出発点となった。

SiゲートMOS構造ではポリシリコン膜をはじめとして堆積による膜形成が非常に重要な意味をもっている。いわば膜の堆積と加工の繰返しであり，多層配線構造形成のプロセスに近いものだった。この頃からCVD膜の重要性が増し，ホットウォールLPCVD法によるポリシリコン膜や窒化膜の形成技術が開発された。そして1970年代は半導体製造装置産業が確立された時期でもあった。

この時期に開発されたプロセス技術として注目すべきものにLOCOS（Local Oxidation of Silicon）構造がある。これは選択酸化法によるアイソレーション構造として現在も広く応用されている技術である。これも現在の半導体プロセス技術の原点ともいえる技術である。図3-5にそのプロセスフローを示す。

3.4　LSI時代（1970年代）

図3-5 LOCOS工程フロー

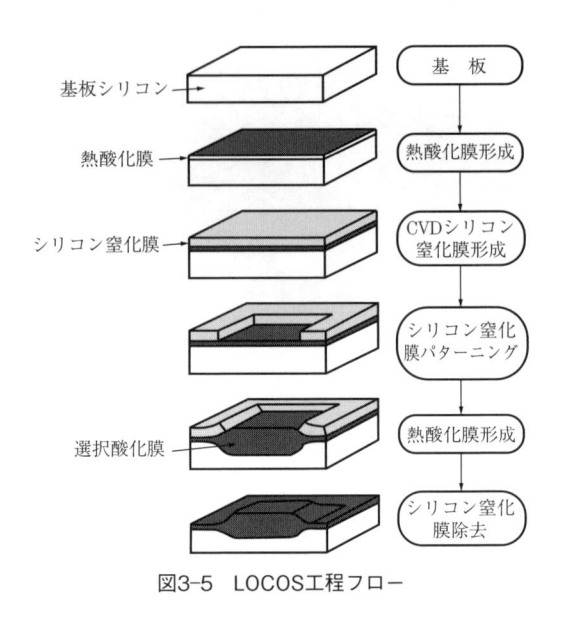

3.5 VLSI時代（1980年代）

　1980年代はDRAMの量産と高密度化の推進で日本が世界の半導体産業の歴史で最も輝いた時代といえる。半導体の生産高ではアメリカを越えてトップとなり，半導体立国日本が最盛期を迎えた時期でもある。DRAMは半導体産業におけるテクノロジードライバーといわれ，わが国の半導体製造装置産業も活性化した。特にステッパは超LSI研究組合での共同開発成果もあってわが国の光学機器メーカーで優れた装置が商品化されて全世界にも拡散していった。
　この時期にはパターンサイズは最小1μmとなり，ステッパの必要性と共にプロセスのドライ化が進んだ。特にこれまでのエッチング，アッシング技術はウェットプロセスから，プラズマを用いたドライプロセスに移行した。表3-2はウェットとドライのプロセス面での比較表である。ドライ化することにより，パターン転写の精度が上がり，再現性も向上した。ともかくウェット方式に比べてドライ方式には先端技術的イメージがあり，また実際に製造装置面で

表3-2　ウェットプロセスとドライプロセス（エッチング技術の例）

ウェットプロセス	ドライプロセス
◇技術的に古いイメージ ◇公害を発生させるイメージ ◇汚染を伴うイメージ ◇制御が困難なイメージ ◇真空を伴わない	◆最先端技術的イメージ ◆公害を発生させないイメージ ◆クリーンなイメージ ◆制御しやすいイメージ ◆真空を伴う
◇ホトレジストの密着性が損なわれる ◇反応生成物の離脱が困難 ◇溶液の制御（組成，経時変化，温度など）が必要 ◇パターンの形状制御が困難 ◇終点検出が困難 ◇加工対象物に制約がある ◇選択比が無限にとれる場合が多い ◇微細パターン形成への適用が困難 ◇ラディエーションダメージのおそれがない	◆ホトレジストの密着性が保たれる ◆反応生成物の離脱が容易 ◆ガスの制御（圧力，流量など）なのでより容易 ◆パターンのより精密な制御が可能 ◆終点検出が容易 ◆加工対象物に制約がほとんどない ◆選択比に制約が多い ◆微細パターン形成への適用が可能 ◆ラディエーションダメージやコンタミネーションのおそれがある

大きな変革をもたらすこととなった。この時期の反応性イオンエッチングによる微細パターン形成技術の進歩はきわめて著しかった。

さらに，半導体立国日本を支えるように，シリコンウェハ，ホトレジストなどの材料面でもわが国の製品の品質はきわめて高く，評価されたのもこの時期である。

デバイス技術面ではバイポーラからCMOSへと移行し，デジタル用のICおよびLSIはほとんどCMOS構造で作られるようになった。

3.6 サブミクロンVLSI時代（1990年代）

この時代，最小加工寸法は1μm以下となり，ステッパもそれに対応して解像度を高めるため，ハードウェアの進歩が続けられた。

この時代には"DRAMの日本"に対してやはり"DRAMの韓国"が台頭し，DRAMはもはや日本の一人舞台というわけにはいかなくなった。また台湾の半導体生産も急速に伸び，ファウンドリー方式を中心とし，半導体生産基

地の一つの極としての役割を果たすようになった。

　1990年代初めにはすでに半導体生産高においてわが国はアメリカに逆転されている。同時にアメリカの半導体基礎技術力の回復（実際には回復ではなく，潜在的にもっていたものだが…）は目覚ましく，セマテック社を中心としてプロセス技術面でも日本をはるかに追い抜いたという認識が広まった。日本は半導体技術立国を唱えているとはいえ，生産面，品質面，プロセス技術面でトップに位置しているとはすでにいえなくなってしまった。半導体製造装置面でも日本はアメリカに追随せざるを得なくなっており，1960～1970年代にかけての"アメリカから学習する日本"に戻ってしまった感がある。

　そうしたなかで，この時期でのプロセス技術のトピックスは，プロセスインテグレーションの思想の浸透である。これは装置そのものの設計思想とも結びつくもので，筆者は以前から複合プロセスと呼んでいるが，1990年代初めからプロセスインテグレーションあるいはプロセスモジュールと呼ばれるようになってきた方式である。

　詳細は後で述べるが，これは要するにいくつかの基本的プロセスを組み合わせて処理を行い，1つの構造を形成することであり，1台の装置内でそれを連続化することを一つの目標としている。すべてを連続化できるわけではないが，プロセスインテグレーションはウェハプロセスの標準化や共通化を促すこととなった。

　図3-6にその一例としてWプラグ構造形成のフローを示す。これは，プロセスインテグレーションの代表的な例である。CMP技術が基本プロセスの一つとして確立されたのもこの時期である。

　1990年代後半には半導体製造装置メーカーはプロセス技術も含めて製品をデバイスメーカーに提供できるようになり，プロセス技術もベンダーが開発するという傾向が出ている。それが望ましいことか問題点かは別の話である。

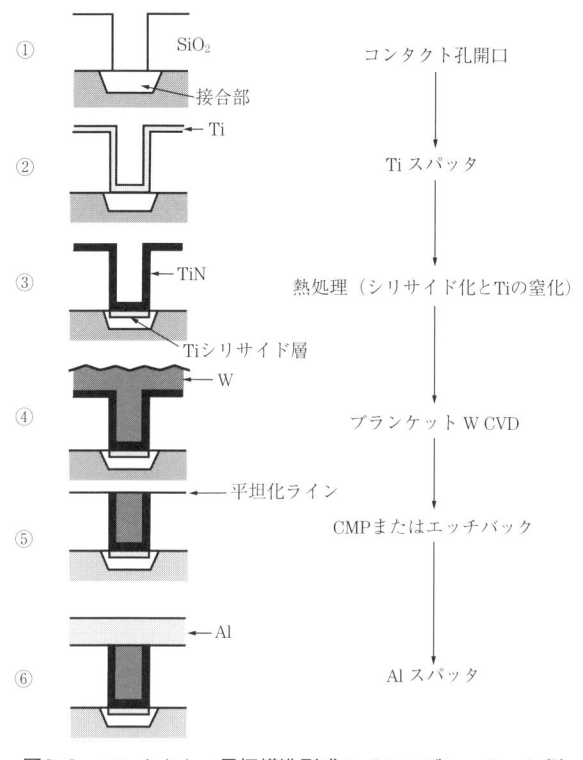

図3-6 コンタクト・電極構造形成のインテグレーション例

3.7 ギガビット時代（2000年以降）

これからのギガビット時代において，最小加工寸法は0.18μmから0.13μmへ，そしてやがて0.1μmへと移行しようとしている。寸法の表示はμmからnmへと変わり，180nm，150nm，100nmと表現するようになった。ここに至って新プロセス，新材料の導入が必要不可欠となっており，プロセス技術としてはもう一度原点に戻った態勢での開発が求められている。

新技術としては銅（Cu）配線，low k絶縁膜，強誘電体メモリ関連材料，高誘電率ゲート絶縁膜（high k）などがあげられるが，それらの開発はそれだけ

表3-3 新プロセス・新材料の導入と波及効果

Cu配線技術	CMP平坦化技術	強誘電体薄膜キャパシタ技術
(1) Cu成膜技術（CVD）・装置 (2) CuCVD用原料の開発 　（材料メーカーでの新材料合成） (3) Cuエッチング技術・装置 (4) Cu研磨（CMP）技術・装置 (5) Cu用バリアメタル技術・装置 　・より優れたバリア性 　・ステップカバレージ（特に側壁） 　・極薄膜化 (6) 低誘電体絶縁膜形成技術	(1) 量産用CMP装置 　・スループット 　・安定性 　・in-situモニタ技術 (2) CMP後の洗浄技術・装置 (3) 材料技術 　・研磨剤（スラリー） 　・研磨布（パッド） (4) 埋込みメタル，絶縁膜技術および装置 （CMPに耐え得る膜質と埋込み特性）	(1) 成膜技術・装置 　（MOCVDまたはスパッタ） (2) 成膜用原料技術 　（材料メーカー，MOCVD原料開発） (3) 蓄積用電極およびプレート電極用薄膜の形成技術・装置 　（Pt，RuO_2その他の導体膜） (4) 強誘電体薄膜および電極薄膜のエッチング技術
↓	↓	↓
・Cu成膜装置 ・Cuエッチング装置 ・低比誘電率形膜成装置	・CMP装置 ・洗浄装置 ・埋込み絶縁膜形成装置 ・埋込みメタル層形成装置	・強誘電体薄膜MOCVD装置 ・特殊電極材料成膜技術 ・強誘電体薄膜エッチング装置 ・特殊電極材料エッチング装置

にとどまらず，他の周辺プロセスおよび装置の開発も刺激するようになる。その例を**表3-3**に示す。派生的に新しい技術が要求されるようになる。

また，2000年以降は新しい構造のデバイスがつぎつぎと登場する。新プロセス，新材料，新製造装置の必要性はそれに対応するためである。**図3-7**は新材料がさまざまに用いられているデバイスの構造の例である。

これからの技術推移は果たして世界各地域の半導体業界が協力して作り上げた国際半導体技術ロードマップに従っていくのだろうか。毎年このロードマップは書き換えられ，技術的空白は埋められていくのだろうか。

ここから技術史は未来に入る。

①DRAM

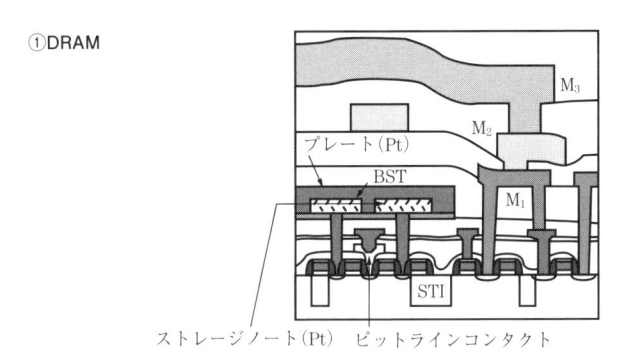

プレート(Pt)
BST
M₃
M₂
M₁
STI
ストレージノート(Pt)　ビットラインコンタクト

(K.P.Lee et al.：Technical Digest of IEDM 95, p.907(Dec.,1995))

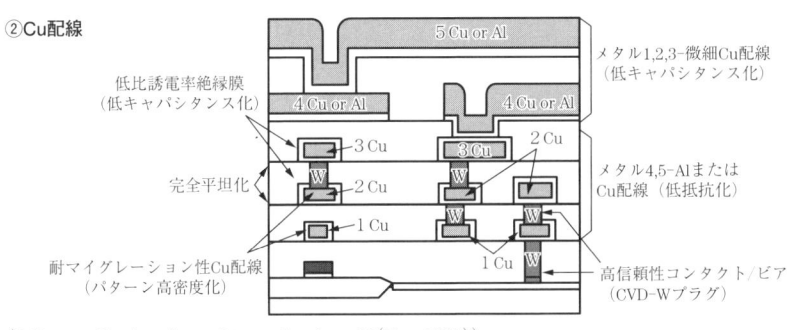

②Cu配線

低比誘電率絶縁膜
(低キャパシタンス化)
完全平坦化
耐マイグレーション性Cu配線
(パターン高密度化)

5 Cu or Al
4 Cu or Al
3 Cu
2 Cu
1 Cu
W

メタル1,2,3-微細Cu配線
(低キャパシタンス化)
メタル4,5-Alまたは
Cu配線(低抵抗化)
高信頼性コンタクト/ビア
(CVD-Wプラグ)

(P.Singer：Semiconductor International, p.52(Nov.,1994))

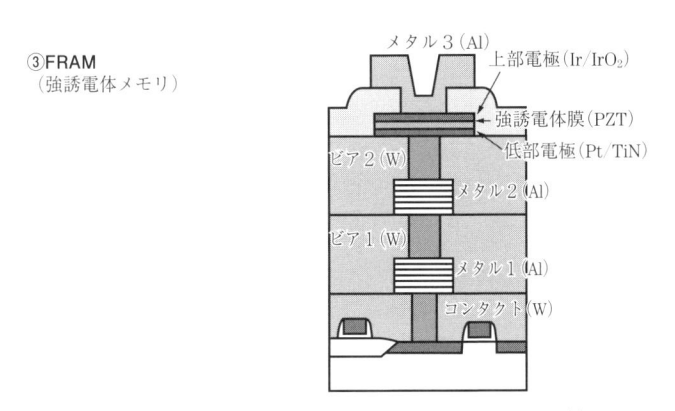

③FRAM
(強誘電体メモリ)

メタル3(Al)
上部電極(Ir/IrO₂)
強誘電体膜(PZT)
下部電極(Pt/TiN)
ビア2(W)
メタル2(Al)
ビア1(W)
メタル1(Al)
コンタクト(W)

(K.Awanuma et al.：Technical Digest of IEDM 98, p.363(Dec.,1998))

図3-7　新材料を用いたデバイス構造

コラム 2
半導体プロセス考古学

　繰返し述べているように半導体プロセスには50年の歴史がある。世界各地で50年間もひきつづきプロセス開発が行われ，その結果の蓄積は膨大になっている。現在では1980年以前の論文を引用したり参照したりすることはなくなり，特許もすでに期限切れとなったものが多い。しかしそのようないわば化石技術の中に光るものを見い出すというのが著者の考え方である。

　すべて新しい技術と思って開発した技術が，実は以前にすでに開発されていた既知の技術だったというのはよくあることだ。しかし過去の技術の参照が行われていないのでどうにもならない。そこで提案したいのは過去50年間に蓄積された技術の検索である。

　CMPやCuのメッキ技術などのように古い技術の再生という面もある。我田引水だがO_3/TEOS CVD技術は1970年前後の技術の復活が20年後に行われた例である。そのほかにも古い技術が復活した例は多い。

　以前には新しい技術として開発が試みられても周囲の環境が未成熟であったために実現されなかったり，生まれてくるのが早すぎたといった理由で，お蔵入りとなっていたが現在では問題なく受け入れられる技術もかなりありそうに思う。そのような技術を掘り出してみたい。

　一例をあげよう。現在，多層配線あるいはコンタクト形成技術においてさまざまなメタルシステムの開発が進められている。しかしこのメタルシステムについては1970年代初めの第2世代の多層配線技術において内外で徹底的に調べられ，周期律表をすべて網羅するほどのテストが行われたという経緯がある。そのときのデータは今でも活かせるのではないかと考えている。

　CSP（Chip Scale Packaging）に用いられるFlip Chip技術（バンプによるフェイスダウンボンディング）も実は新しい技術ではなく，IBMにおいて1960年代からすでに用いられている。筆者の経験ではアメリカのIBMやBell Telephone Laboratory（ベル研究所）に行き，開発成果の話をするとたいがい，"うちでは10年前からそれをやっている"という反応があった。もっともやっていないというのもいくつかあったことも確かである。

4章 半導体プロセスの概要

4.1 プロセス技術の区分

　半導体プロセスはさまざまな専門分野が関係する総合技術である．具体的には酸化，洗浄，リソグラフィといった基本プロセスに区分され，それぞれに専門の技術者，研究者が開発に従事している．また，半導体生産の現場においても専任の技術者が各分野のプロセスを担当している．各基本プロセス技術はそれぞれに深い技術的知見と経験を必要とするので，他のプロセス分野にまで担当区分を拡張することが容易ではない時代となっている．

　一方，基本プロセス技術をいくつか組み合わせて1つのデバイス構造上の処理を完結させたものが複合プロセス——プロセスモジュールまたはプロセスインテグレーション——であり，現在ではモジュール単位の開発が各デバイスメーカーでプロジェクト的に進められるようになった．つまり個々の基本プロセス技術を縦糸とすればそれを接続する横糸的な仕事が重要な意味をもつようになってきたということである．

　さて，半導体プロセスは，まず，"基本プロセス"と"複合プロセス"に区分して考えるのが扱いやすい．基本プロセスは洗浄，熱処理などといった専門的区分であり，複合プロセスはアイソレーション，多層配線といった組合せ技術である．

1996年刊のS. A. Cambellによる『The Science and Engineering of Microelectronics Fabrication』では、これをおのおの"Unit Process"、"Process Integration"と表現している。これがアメリカでの標準的な区分といえる。

表4-1 基本プロセス技術

大分類	中分類	小分類
洗浄プロセス	ウェット洗浄	薬液洗浄 純水洗浄 超音波、メガソニック、高圧ジェット洗浄
	ドライ洗浄	プラズマクリーニング UV-O_3クリーニング
熱処理プロセス	熱酸化	ファーネスとRTP ドライ酸化とウェット酸化
	アニール	結晶性回復、ゲッタリング、キュア シンタ、リフローなど
不純物導入プロセス	イオン打込み	高電流打込み、中電流打込み、低加速電圧打込み、高加速電圧打込みほか
	熱拡散	気相拡散、固相拡散など
	プラズマドーピング	—
薄膜形成プロセス	CVD	常圧、減圧、プラズマ、高密度プラズマ、光など
	PVD	スパッタ、蒸着、イオンプレーティングなど
	塗布法	—
	メッキ法	—
リソグラフィ1 (ホトレジストプロセス)	ホトレジスト処理	塗布、現像、ホトレジスト材料
	露光技術	紫外線、エキシマレーザ、電子ビーム、X線など
リソグラフィ2 (エッチングプロセス)	ドライエッチング	プラズマエッチング、反応性イオンエッチング、イオンミリングなど
	ウェットエッチング	—
	アッシング	—
平坦化プロセス	CMP	—
	エッチバック	—

また，S. M. Szeの『VLSI Technology』(1988) でも，エピタキシ，リソグラフィ，エッチング，拡散およびイオン打込み，メタライゼーションなどの工程名についで，Process IntegrationとしてCMOS，バイポーラICなどの構造名をあげている。デバイス構造形成そのものが"Process Integration"ということである。さらに，S. Wolfの『Silicon Processing for VLSI era』Vol. 2 (1990) には"Process Integration"という副題が付けられている。またJ. D. Plummerらによる『Silicon VLSI Technology』(2000) では，"Back-end Technology (配線工程)"の1章がある。

かくして現在の半導体プロセスは縦割りと横割りといった形で区分されるようになったといえる。

基本プロセス技術を大分類，中分類，小分類して示したのが**表4-1**である。大分類として洗浄，熱処理，不純物導入，薄膜形成，リソグラフィ1および2，平坦化とした。おのおのシリコンウェハを処理する場合の手法，プロセス原理に基づいている。

リソグラフィを2つに分けたのはホトレジストにマスクパターンを転写するまでと，実際のパターン形成とを処理として区別したためである。また，平坦化プロセスは加工技術として特異なものであり，1990年代後半に半導体プロセスの一技術として正式に取り上げられるべきものとなった。

以上の基本プロセス区分は現在でほとんどのプロセス関連の教科書で同様に扱われている。デバイスメーカーの組織あるいは装置メーカーの区分もこれらに基づいているといっていいだろう。

4.2 基本プロセス技術と複合プロセス技術

基本プロセスと複合プロセスの関係—言い換えれば"Unit Process"と"Process Integration"の関係は，これまで述べてきたとおりであり，基本プロセス技術を垂直統合化したのが複合プロセスである。複合プロセスはプロセスモジュールとも呼ばれているが，これを連続化すればデバイス構造が形成さ

れる。**表4-2**に複合プロセス技術がどのような基本プロセス技術から構成されているかを示す。表中の基板工程と配線工程の区別については次項で説明しよう。複合プロセスにおけるカッコ内にはそれらの一例を示した。個々の技術内容については次章以降で述べるが，デバイスメーカーにおけるプロセス開発のターゲットはほとんどこれらの複合プロセス技術である。そのために基本プロ

表4-2 複合プロセス技術（基本プロセスとの関わり）

複合プロセス (プロセスインテグレーション，プロセスモジュール)		複合プロセスの一例	基本プロセス技術						
			洗浄	熱処理	薄膜形成	不純物導入	リソグラフィ1	リソグラフィ2	平坦化
基板工程	アイソレーション技術	(LOCOS構造)	○	○	○		○	○	○
	ウェル形成技術	(pウェルまたはnウェル)	○	○		○	○	○	
	ゲート絶縁膜形成技術	(酸窒化膜形成)	○	○	○				
	ゲート電極形成技術	(ポリサイド電極)	○	○	○		○		
	キャパシタ構造形成技術-1 (DRAM)	(ONOキャパシタ)	○	○	○				
	キャパシタ構造形成技術-2 (FRAM)	(PZTキャパシタ)	○	○	○				
	ソース/ドレイン形成技術	(LDD構造)	○	○	○	○		○	
	コンタクト形成技術	(シリサイドコンタクト)	○	○	○				
	絶縁膜平坦化技術	(BPSGリフロー)	○	○	○				
配線工程	プラグ形成技術	(ブランケットW)	○		○				○
	Al電極配線技術	(積層Al電極)	○		○		○		
	Al多層配線構造形成技術	(Al, SOGを用いた第一世代プロセス)	○ ○		○ ○		○		
	低比誘電率 (low k) 膜構造形成技術	(塗布low k膜)	○	○	○				○
	Cu配線技術	(ダマシン構造)	○		○		○		○
	パッシベーション技術	(プラズマCVD SiN)	○		○				

セス技術の選択,条件最適化などが進められている.

以上のほかにも複合プロセス技術として取り上げられるべきものに,プレーナ構造形成,Siゲート構造形成,ゲッタリング,セルフアライン手法,SOI構造形成などがある.また,この表で示した複合プロセス技術は上から下に向かってモジュール化されたデバイス製造フローをも示している.

図4-1はプロセスフローのなかでみた基本プロセスと複合プロセスの関係で

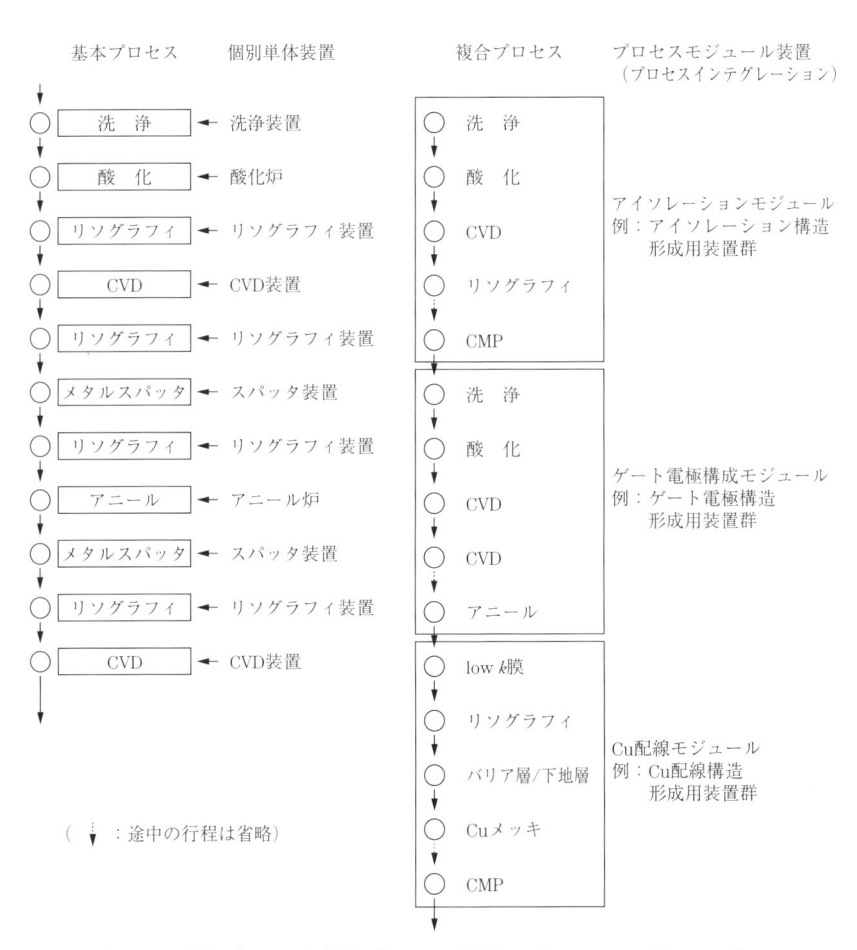

図4-1 基本プロセスと複合プロセスの関係―プロセスのモジュール化―

ある。このように基本プロセスがくくられていくと将来的にはプロセスの標準化，共通化が可能となり，半導体デバイスの生産形態や工場のレイアウトなどにも大きな変化を及ぼすと考えられる。

一方，このようなプロセス技術の最近の動向に関連して，内外の学会などでも発表内容をトピックスに分類するうえでさまざまな工夫を行っている。例えば2000年6月に開催された"VLSI Technology Symposium"では技術発表のセッションをDevice TechnologyとProcess Technologyに分け，さらに"Process Technology"では，Gate Electrode Engineering, Gate and S/D Engineering, Channel Engineering, Copper Inter-connect, High k Dielectricなどに区分している。これらはまさに複合プロセスであり，Unit Processの項目は一切設けられていない。研究開発のターゲットがこのような形になってきたということである。

4.3 プロセス技術における前工程と後工程

先にも触れたように，半導体プロセスはデバイス構造を形成するフローにおいて前半と後半に区分されるようになった。前半は前工程と呼ばれ，シリコン基板内にトランジスタなどの素子を作り込む基板工程であり，後半は後工程と呼ばれ，その基板上に電気的配線を施す配線工程である。前工程，後工程はアメリカにおいてはおのおのFEOL（Front End Of the Line），BEOL（Back End Of the Line）と呼ばれている。プロセス（ウェハプロセス）を前工程，アセンブリ/テスト（組立て・試験工程）を後工程と呼ぶ習慣とは区別しなければならない。

このようにプロセスを前半と後半に区分するようになったのは，まず，後半の工程では半導体材料としてのシリコンそのものを加工するということではないこと，またデバイスの高密度・高集積化と共に多層配線構造が多用されるようになり，後工程は前工程よりもかえって複雑化し，時間も要するようになったためでもある。6～7層配線ではリソグラフィ工程数あるいはホトマスク枚

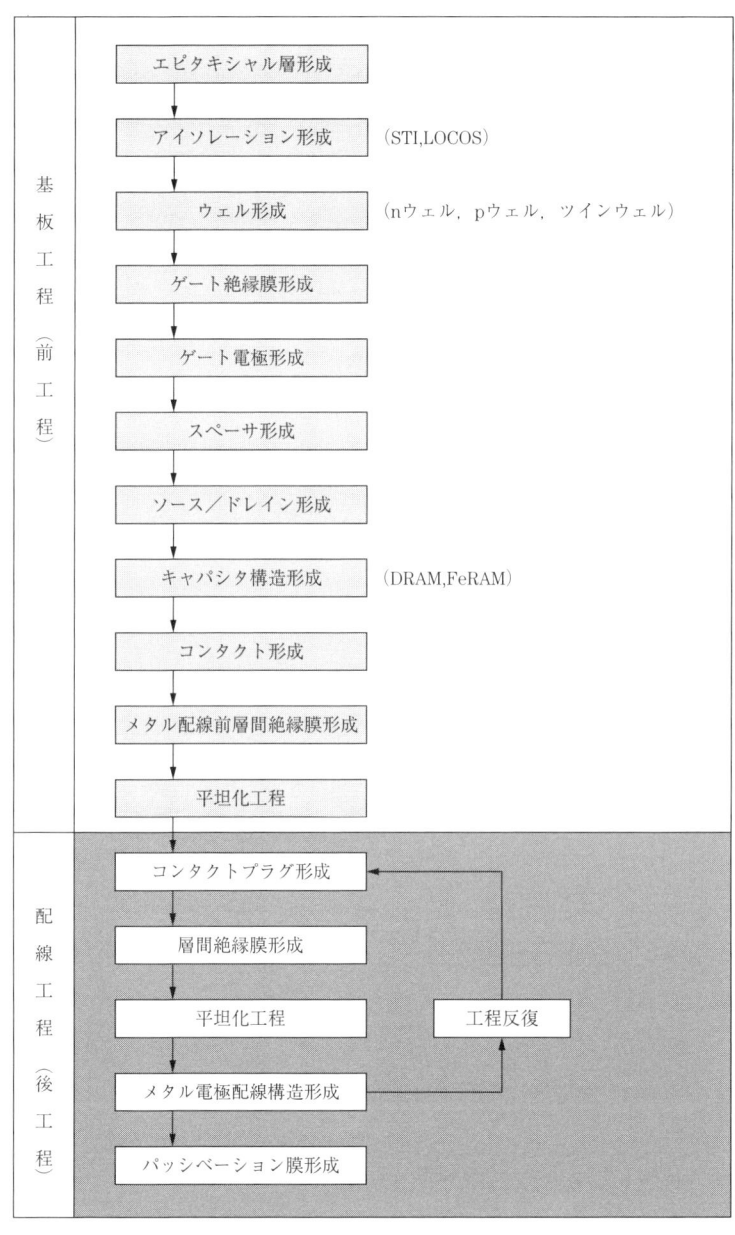

```
基板工程（前工程）
    ┌─ エピタキシャル層形成
    ├─ アイソレーション形成  （STI, LOCOS）
    ├─ ウェル形成  （nウェル，pウェル，ツインウェル）
    ├─ ゲート絶縁膜形成
    ├─ ゲート電極形成
    ├─ スペーサ形成
    ├─ ソース／ドレイン形成
    ├─ キャパシタ構造形成  （DRAM, FeRAM）
    ├─ コンタクト形成
    ├─ メタル配線前層間絶縁膜形成
    └─ 平坦化工程

配線工程（後工程）
    ┌─ コンタクトプラグ形成
    ├─ 層間絶縁膜形成
    ├─ 平坦化工程         ── 工程反復
    ├─ メタル電極配線構造形成
    └─ パッシベーション膜形成
```

図4-2 基板工程と配線工程のつながり（プロセスモジュールのフロー）

数は，前半の工程とほぼ同程度になる。

　しかしこの前工程，後工程の区分はASIC（Application Specific IC）やゲートアレイなどのデバイスを製造している工場では以前から用いられており，生産ラインもすでに分離されている。

　図4-2はAl多層配線を用いたCMOSのプロセスフローを複合プロセス（プロセスモジュール）単位で示したものである。図に示したように，コンタクトプラグ形成から工程は配線工程に入り，層間絶縁膜形成とその平坦化工程，Al電極配線構造形成を経て再びコンタクトプラグ（またはビアプラグとも呼ぶ）形成に戻り，それを配線の層数だけ反復する。最後にパッシベーション工程を経てデバイス構造が完成する。

　以上，半導体プロセスをどのように区分するかについて述べた。次章以降はこの基本プロセス，複合プロセスについての各論である。

コラム 3　リバースエンジニアリング

　リバースエンジニアリング——逆方向エンジニアリング——というのは一時かなり流行した言葉である。

　半導体産業において技術を急速に立ち上げたい場合，競合メーカーはどのような技術を用いてどのような構造のデバイスを製造しているのかをそのチップを入手して調査することがある。まずプラスチックパッケージを溶解させ，リードフレームからチップをはがし，最終パッシベーション膜を除去して，あとは1層づつ表面から回路パターンをはがす。この操作は基板工程から配線工程へと回路を作り上げる操作のちょうど逆のプロセスなのでリバースエンジニアリングと呼ばれていた。

　1枚づつ，1層づつ剥離していく過程で各層ごとの回路パターンの写真も撮影されるので，最終的にはデバイスの全体像がほとんど明らかになってしまう。また，断面構造はSEMやFIBを用いて調べられるので他社のデバイス構造，回路パターンの読み取りは，たちどころにできてしまう。以上の作業をビジネスとして行っている企業や，リバースエンジニアリングの手法を解説した書物なども出版されていた。

　たとえば家電製品やオーディオ機器では，あるメーカーが新製品を発表し，出荷すると翌日にはその製品の内容が丸裸にされてわかってしまうといわれる。半導体デバイスも同様である。目的は自社製品の差別化のためであり，そのために競合製品の内容を知る必要があるということである。

　ここまでは別に非難される行為ではない。しかし以前はこのリバースエンジニアリングを他社の製品のコピー，デザインやデバイス構造の盗用のために用いるという非合法的行為も存在した。現在では回路そのものも法的に保護されているので実質的には不可能である。コピーされているのか否かは確認できるわけだが，メーカーによってはコピー製品を作る相手の言い逃れを許さないために機能的にはまったく意味のないパターンを入れておくという話も聞かれる。

　デバイス構造や膜の種類などは容易にわかるがプロセスやその条件の詳細を知ることはかなり困難である。プロセスだけはリバースエンジニアリングというわけにはいかない。また，それがプロセス技術の価値かもしれない。

5章

基本プロセス技術

5.1 洗浄技術

洗浄プロセスは半導体デバイス製造フローのなかで何回となく繰返され，基板表面を清浄に保ち，またパーティクル，金属汚染などを効果的に除去する技術である。古典的なウェット洗浄が依然として用いられ，デバイスの微細化とともに常にレベル向上が求められている。現在ではCMP，銅配線などとの関係がホットトピックスである。

❶ 洗浄技術のアウトライン

半導体デバイス製造における洗浄の目的は，基板表面からさまざまな汚染を取り除くことである。

基板上の汚染は，それが目に見える（もちろんSEM—走査型電子顕微鏡も含めて）ものであるか，見えないものであるかを問わず，デバイスの歩留りと信頼性に大きな影響を及ぼす。デザインルール（最小加工線幅）の1/10のサイズのパーティクルまで問題になるといわれるほどである。

汚染には製造プロセスにおいてウェハのハンドリング（搬送あるいは保管の過程）で発生するものと，プロセスそのものによって発生するものとの2通りがある。ハンドリング過程で生ずる汚染は原因がはっきりしているから搬送装

置やツールを十分管理すれば未然に防ぐことはできる。しかし後者のプロセスで発生するものに関しては，なかなか難しい。プロセスの種類，条件によって千差万別であり，洗浄ではそれらすべてに対応しなければならないからである。それらを総合して，汚染にはどのような種類があり，洗浄によって何を除去しなければならないかを示すのが**表5-1**，**表5-2**である。

表5-1では，汚染をイオン性と非イオン性に分けてみた。イオン性汚染ではもちろん金属イオンが最も問題であるが，最近は陰イオンも問題とされている。基板の表面または内部においてイオンの形で存在しているので電界がかかればデバイスの電気的特性にも影響を及ぼす。アルカリ金属のみをしるしたが，他の金属もイオンとして存在する。

表5-1 VLSI製造における汚染の種類―物質からみた分類―

区　分		汚染物質	汚染例	発生原因・発生個所
イオン性汚染		金属イオン	Na^+, Li^+, K^+など （アルカリ金属）	人体からの転移，メッキ液，薬液，部材，原料からの発生
		陰イオン	F^-, Cl^-, SO_4^{--} （ハロゲンなど）	エッチング，ホトレジスト メッキ工程　など
非イオン性汚染	有機物汚染	ワックス オイル 樹脂	―	研磨工程，ホトレジスト工程 ウェハハンドリング全般 ドライエッチング残渣（ポリマー）
	無機物汚染	重金属	Fe, Ni, Cr　など	ステンレス系部材，ロボット，チャンバ ウェハハンドリング全般
		貴金属	Au, Pt, Ag　など Cu	部材，チャンバ内構造 プロセスそのものが原因，あるいは発生源となる
		その他の金属	Al Ca, Mg　など （アルカリ土類）	チャンバ材料，ハンドリング部材，クリーンルーム構造，人体
		カーボン	C	ドライエッチング工程 部材，サセプタ，シャワー　ほか CVD，PVD膜中の含有
		酸化膜 酸化物	SiO_2 シリカ，アルミナ，セリアなど	自然酸化膜，酸化膜残渣 CMP工程後のスラリー残渣

表5-2 VLSI製造における汚染の種類―汚染の状態からみた分類―

汚染の区分	汚染の内容		デバイスへの影響
コンタミネーション（スポット状，膜状汚染）	金属汚染	重金属	酸化膜耐圧（TDDB）劣化 pn接合リークの発生 ライフタイム低下
		アルカリ金属	Si-SiO$_2$界面不安定化 （V_{th}シフト）
		Cu，Auなど	ライフタイム低下
		Al	どのような影響があるか不明
	酸化膜残り，自然酸化膜		コンタクト抵抗増大 （オープン）
	ポリマー残渣		コンタクト抵抗増加
	コロージョン（Al）		オープン/ショート増加
パーティクル（粒子状汚染）	塵埃（有機，無機）		歩留り低下 （オープン/ショート）
ダメージ（見えない汚染）	プラズマダメージ（誘起結晶欠陥）		SiO$_2$のリーク pn接合のリーク
	チャージアップ		絶縁破壊，耐圧低下
	インプラント（C，Cl，Oなど）		コンタクト抵抗増加

　非イオン性の汚染には有機物と無機物がある。有機物汚染はワックス，オイル，樹脂などで半導体デバイスの製造工程上ではホトレジスト片の付着が最も大きな問題となる。また，ハンドリング全般で付着の可能性がある。無機物はここに示すように金属類，酸化物など多種にわたっている。

　表5-2には汚染の状態による分類とそれらがデバイスに与える影響をまとめた。汚染をコンタミネーション，パーティクル，見えない汚染の3つに分けているが，もちろん重複している中身もある。これらの汚染が存在する場合，デバイスに与える影響は重大である。最終的には歩留り低下，信頼性低下をもたらす。

　Naのようなアルカリ金属汚染がMOS型デバイスの製品化を遅らせたことはよく知られているが，洗浄技術の進歩はこのような汚染を除去することから始

表5-3　VLSIの製造環境

・スーパークリーン環境	・酸・アルカリ水溶液
・超純水	・有機溶剤
・超高純度薬品・ガス	・研磨材（スラリー）
・ウルトラクリーン配管	・メッキ液
・高純度石英・グラファイト・SiC	・酸化性ガス雰囲気
・金属製反応チャンバ	・還元性ガス雰囲気
・高温雰囲気	・腐食性ガス雰囲気
・高真空雰囲気	・プラズマ放電雰囲気
・紫外線照射雰囲気	・イオン衝撃雰囲気

まったといえる。

　ダメージ（見えない汚染）はプラズマが関与するプロセスにおいて生ずるもので、これを除去するには実際に表面を削って除去しなければならないことが多い。これも最近では洗浄のカテゴリーに入れている。

　半導体のデバイス製造環境は最近でも、つぎつぎと新しいプロセスが導入され、さまざまに変化し、汚染の機会が増すという厳しい状況となっている。したがって洗浄技術は微細化と共に重要性が増す。現在では最小加工寸法は0.1 μmレベルをめざしており、それに加えてCMP、メッキなどのプロセスがつぎつぎと製造工程に導入される状況にある。これらの新しいプロセス要素は新しい洗浄技術の開発を促す。表5-3はVLSIの製造環境のまとめである。

2 VLSIにおける洗浄工程

（1）ウェハの洗浄

　デバイスの製造工程のなかで洗浄工程は何回となく反復される。1つの工程の最後またはその次の工程の最初には必ず洗浄が行われるが、それは一様なものではなく、前後の工程の内容、基板の状態によってその方法や用いる薬液などを選択しなければならない。つまり、シリコン基板そのものの洗浄と、デバイス基板などのようにSiO_2やAlなどが表面に存在する場合とでは洗浄方法が異なるということである。それを間違えると必要な構造を洗浄によって破壊してしまうことにもなりかねない。

　デバイスメーカーの製造ラインでは何種類かの洗浄シーケンスをもつ洗浄シ

ステムを用意し，目的に応じて使い分けている．また，それら洗浄システムを前後の工程を行う装置と直結あるいは内蔵させて用いることも多くなった．CMP装置やメッキ装置がその例であり，内蔵させることによりそれらの工程によって発生する重大な汚染をクリーンルーム内部にもち込まないようにしている．これを"Dry-in/dry-out"などと呼んでいる．

　表5-4に，VLSIにおける洗浄工程の種類を具体的に示した．実際に洗浄しようとするときの基板の状態がどのようになっているかを知ることが重要である．

　デバイスの製造工程では，洗浄が行われるべき状態には，シリコン（Si）そのものの表面，酸化シリコン（SiO_2）とシリコンの共存する表面，AlとSiO_2とシリコンの共存する表面などさまざまな過渡的構造が存在する．

　また工程的には，初期洗浄，酸化前洗浄，CVD前洗浄というように分けられている．製造ラインにおいては酸化工程，CVD工程，スパッタ工程などの装置エリアにそれらの工程に対応するシーケンスをもつ洗浄装置がレイアウトされている．

　初期洗浄はシリコンウェハが半導体製造装置のクリーンルーム内にもち込まれるとまず行われるもので，最も基本的な洗浄である．そこではこれから開始されるデバイス製造に備え，懸念される一切の汚染をすべて除去する過程が必要である．この初期洗浄のシーケンスはASTM標準規格にもなっているが，むしろ各デバイスメーカーごとに長年にわたって保有しているノウハウによって行われている．

　洗浄工程はすべて重要であるが，シリコンとフィールド酸化膜（LOCOSとして示す）が共存するゲート酸化の工程は特にCMOSデバイスの心臓部であり，最も重要な洗浄工程の一つである．ここでは自然酸化膜の制御がキーポイントである．最先端デバイスでは5〜10nmのゲート酸化を行う必要があるが，シリコン上の自然酸化膜は1nm程度は必ず存在するからである．

（2）ウェハ以外の洗浄

　半導体デバイス製造における洗浄技術の応用はこれらの各デバイス製造段階のみでなく，他のさまざまな部分でも必要である．まずあげられるのは半導体

表5-4 VLSIにおける洗浄工程

洗浄工程	基板の状態	形状例
初期洗浄	シリコン基板の表面と裏面	
酸化前処理	シリコン基板の表面と裏面 (エピタキシャル成長前処理も共通) シリコン基板とSiO₂の共存する表面 (ゲート酸化) Si₃N₄膜とSiO₂の共存する表面 シリコントレンチ構造	
CVD前処理	ポリシリコンとSiO₂の共存する表面 AlとSiO₂の共存する表面 シリコンとSiO₂の共存する表面 高融点金属，シリサイドとSiO₂の共存する表面 その他	
スパッタ前処理	SiとSiO₂の共存する表面 AlとSiO₂の共存する表面 AlとSiO₂，Siの共存する表面	
ドライエッチングおよびアッシング後処理	副生成物，残渣，ダメージの存在する表面	
CMP後処理	SiO₂などのCMP (研磨剤および研磨片の付着) CuのCMP (Damascene)	
メッキ後処理	デバイスウェハの表面と裏面	

5 基本プロセス技術

工場で用いられるさまざまな容器類，ハンドリングツール，各装置に用いられている部品，反応管，サセプタ，電極などといったものの洗浄である。クリーンルーム内で行われる洗浄としてはウェハのキャリアやカセットボックス，ファーネスに用いられる石英チューブ，ウェハホルダなどがある。

これらはかなり高い頻度で行われ，専用装置が用いられている。ウェハは徹底的に洗浄されるのに，それを搬送する容器が汚染していたのでは何もならないからである。

特にキャリアにはホトレジスト片やシリコン片，シリカ片などが残留してウェハに転移することが懸念される。そのほか，CVDやスパッタなどの装置では "*in-situ* clean" という工程がある。"その場での洗浄" ということで，装置内を次のウェハが来るまでにガスによって洗ってしまう機能である。これも洗浄の応用の一つと考えたい。また，装置に洗浄室をもっていてその装置内で前処理または後処理を行うケースもある。例えば，酸化のファーネスには酸化前洗浄室が組み込まれる場合もある。このような装置的インテグレーションは今後さらに進展する可能性がある。

3 洗浄の基本的手法

（1） 基本的な洗浄シーケンス

以上のようにVLSI製造工程における洗浄はさまざまな形態をもっているが，各汚染をどのような方法で除去するかはほぼ手法として確立され，標準的な技術となっている。ただその組合せや順序が現場によって異なっており，用いられる薬液の種類や組成も異なっている。図5-1は基本的な洗浄のシーケンスを示すが，これが必ずこの順序で進められていくというわけではなく，汚染の内容はこのような順序で取り除くという一般的な考え方を示したと考えていただきたい。

まず，有機物の除去は薬液処理に加えて機械的な手法も取り入れられる。最先端の半導体工場では顕著な有機物汚染が起きることはまず有り得ないので，酸化性の酸で処理する程度で十分である。しかし，初期洗浄などでは一通りのプロセスが必要な場合があるかもしれない。

一般汚染・パーティクル

- 有機物除去（オイル，ワックス，指紋，レジスト残渣など）
  - 有機溶剤処理
  - 界面活性剤処理
  - ブラッシング
  - 酸化処理
  - アルカリ処理
  - プラズマ処理
- 酸化物除去（自然酸化膜）
  - HF水溶液，無水HF処理
- 金属不純物除去
  - 酸処理
- イオン性不純物除去（金属イオン・無機イオン）
  - 酸処理・水洗
- 粒子状不純物除去（パーティクル）
  - 水洗（超音波，ブラッシング，スプレー，高圧ブローなど）
  - RCA洗浄
- 酸化膜除去（自然酸化膜）
  - HF水溶液，無水HF処理
- 最終水洗浄
- 乾燥

ダメージ層

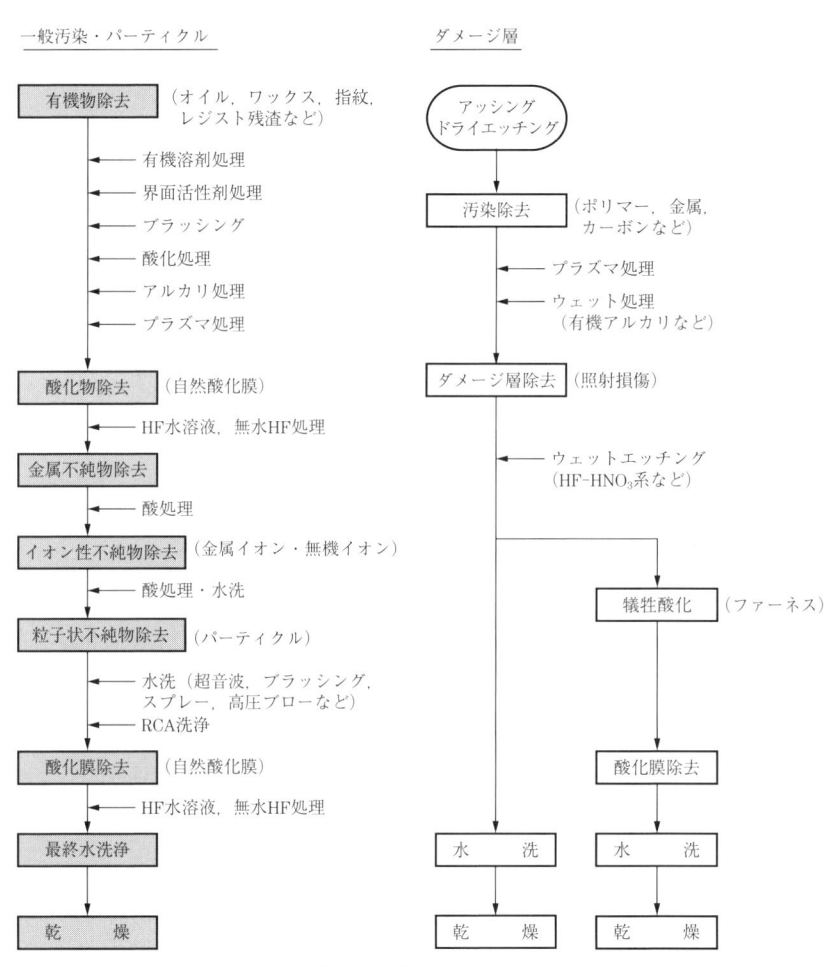

- アッシング ドライエッチング
- 汚染除去（ポリマー，金属，カーボンなど）
  - プラズマ処理
  - ウェット処理（有機アルカリなど）
- ダメージ層除去（照射損傷）
  - ウェットエッチング（HF-HNO$_3$系など）
- 犠牲酸化（ファーネス）
- 酸化膜除去
- 水洗
- 乾燥

図5-1　デバイスウェハ洗浄のシーケンス

　余談になるが，シリコンウェハは結晶メーカーで製造され，きわめて高度な洗浄を行ったあと，真空あるいは窒素パックされてデバイスメーカーに出荷される。デバイスメーカーではその梱包をクリーンルーム内ではずし，製造ラインにもち込むが，その際，初期洗浄を行うかあるいはそのままファーネスに投入してしまうかどちらだろうか。常識的には再度洗浄を行うはずだが，洗浄技

5.1　洗浄技術　61

術レベルが低いとかえって汚染させてしまうことがないとはいえない。

さて，ついで酸化膜除去であるが，これは自然酸化膜の除去のことである。シリコン表面は活性であり，大気中では必ずその表面に自然に形成されたSiO_2膜（native oxide）が存在する。また，その膜内には大気中の浮遊汚染（パーティクル）などが取り込まれているので，ともかくいったん除去したい。除去後のフレッシュな表面には，また自然酸化膜がただちに形成されてしまうが，しかし今度はよりクリーンな膜である。そして早く次の工程へと移行させる。

SiO_2を除去する薬液にはフッ化水素（HF）の水溶液が用いられる。次の金属不純物，イオン性不純物，粒子状不純物（パーティクル）の除去にはHCl系あるいはNH_4OH系の薬液を用いるのが標準的であり，これがRCA洗浄と呼ばれる方法である。その後再びHF水溶液で処理して，水洗，乾燥させる。

最後の表面はHF処理のために非常に活性であり，ただちに自然酸化膜が形成されてしまうが，それまでしばらくの間は撥水性である。したがって，SiO_2が存在するか否かは表面が親水性か撥水性かで判断できる。最後がHF処理—つまり活性表面で終了するのは危険が多いので，自然酸化膜を清浄な状態で形成させておくか，表面を水素で終端させるなどの方法がある。

洗浄工程では実際には乾燥工程が最も重要である。乾燥がうまくいかないと表面に膜状の汚染が生じ，その中にはクリーンルーム中の浮遊パーティクルなどが固定されてしまう。これがウォーターマークである。洗浄の良否はここにかかっているといってもいいだろう。表面の水分を一気に除去するスピンドライやIPA（イソプロピルアルコール）と置換しながら乾燥させる方法などが行われている。

また，図5-1にはダメージ層除去の過程も示している。実際にアッシングやドライエッチングの工程では必要不可欠であり，ごく薄く表面を除去するか，犠牲酸化などの工程が行われる。しかし，プロセス条件によっては必ずしも必要な工程ではない。

（2）　洗浄方法の分類

図5-2はVLSIにおける洗浄の基本的手法を示す。現在はウェット方式の洗浄があくまで主流であり，それに補助的手段として超音波，メガソニック，ブラ

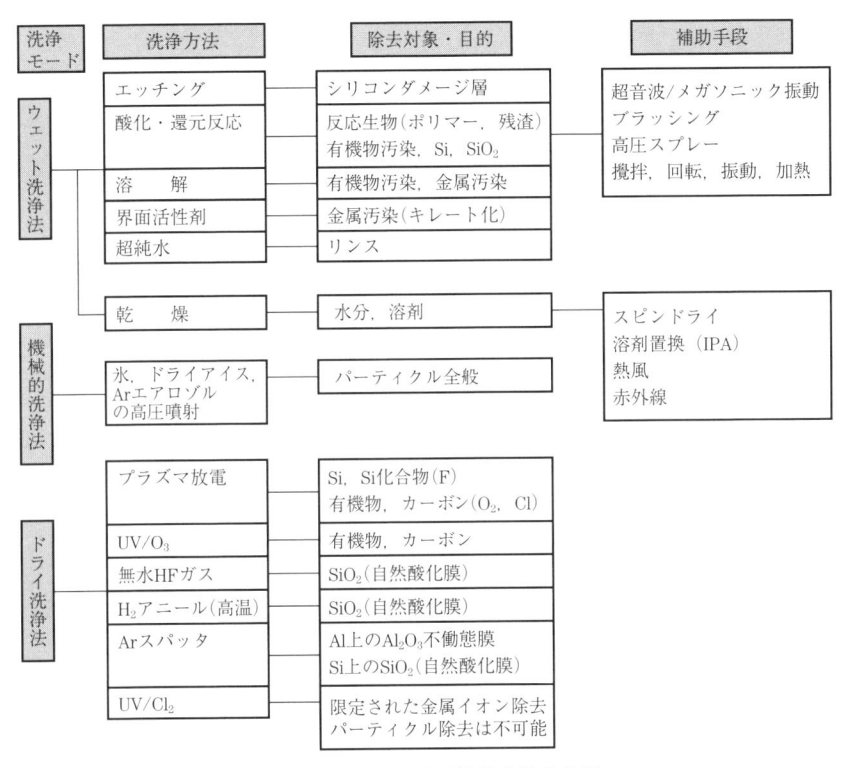

図5-2 VLSIにおける洗浄方法の分類

洗浄モード	洗浄方法	除去対象・目的	補助手段
ウェット洗浄法	エッチング	シリコンダメージ層	超音波/メガソニック振動 ブラッシング 高圧スプレー 攪拌, 回転, 振動, 加熱
	酸化・還元反応	反応生物(ポリマー, 残渣) 有機物汚染, Si, SiO_2	
	溶解	有機物汚染, 金属汚染	
	界面活性剤	金属汚染(キレート化)	
	超純水	リンス	
	乾燥	水分, 溶剤	スピンドライ 溶剤置換(IPA) 熱風 赤外線
機械的洗浄法	氷, ドライアイス, Arエアロゾルの高圧噴射	パーティクル全般	
ドライ洗浄法	プラズマ放電	Si, Si化合物(F) 有機物, カーボン(O_2, Cl)	
	UV/O_3	有機物, カーボン	
	無水HFガス	SiO_2(自然酸化膜)	
	H_2アニール(高温)	SiO_2(自然酸化膜)	
	Arスパッタ	Al上のAl_2O_3不働態膜 Si上のSiO_2(自然酸化膜)	
	UV/Cl_2	限定された金属イオン除去 パーティクル除去は不可能	

ッシング, 高圧スプレーなどが併用されている。氷, ドライアイスなどの微粒子を用いたパーティクル除去はCMP後の洗浄では有効と考えられる。

　他のプロセス分野がウェットからドライに移行したなかで, 洗浄工程は依然としてウェットが主流である。その理由は, 表5-1, 表5-2で示したような汚染の除去には, ドライ方式は向いていないからである。図5-2に示したようにいくつかのドライ洗浄法が提案され, 一部UV/O_3処理などは実用化されているが, 効果は有機物の除去のみである。無水フッ酸ガス処理での自然酸化膜除去は確かに効果的で, 一部実用化されてはいるが重金属, アルカリ金属などの除去は困難である。これらの金属には蒸気圧の高い化合物が存在しないためである。

4 洗浄のケミストリー

表5-5は一般に用いられている洗浄用薬液である。おのおの，APM，SPMなどの略称で呼ばれている。

特徴的なことは多くの薬液に過酸化水素（H_2O_2）が用いられていることであり，これはH_2O_2のもつ酸化力をそれぞれの薬液において応用しているためである。また，オゾン水はRCA洗浄に代わる新しい薬液として提案されているが，さらにそれにHFを加えたり，稀HF水溶液とオゾン水とを別個にノズルから供給してスピン洗浄する方法も提案されている。この表中のAPM，HPMはそのままRCA洗浄の薬液である。

図5-3にRCA洗浄法のシーケンスを示した。

まずアンモニア−過酸化水素系（APM）の処理では表面のパーティクルを除去する。そのメカニズムはH_2O_2によるシリコン表面の酸化とその酸化膜を除去する効果をもつNH_4OHの存在にある。表面に吸着しているパーティクルをその下地膜の表面のエッチングによって同時に取り去るという一種のリフトオフ機構である。

つぎに，塩酸—過酸化水素系（HPM）の薬液では金属付着物を除去する。これはFe，Ni，Crなどの重金属およびNa，Liなどのアルカリ金属は$HCl-H_2O_2$中で一種の錯化合物を生成するので，それを溶出させて除去するという原理である。

表5-5　ウェット処理・洗浄に用いられる薬液

洗浄液（略称）	組成・成分	目的
APM	$NH_4OH-H_2O_2-H_2O$	パーティクル除去
SPM	$H_2SO_4-H_2O_2$	有機物除去
HPM	$HCl-H_2O_2-H_2O$	金属除去
FPM	$HF-H_2O_2-H_2O$	自然酸化膜除去
DHF	$HF-H_2O$	酸化膜除去，自然酸化膜除去
BHF	$HF-NH_4F-H_2O$	酸化膜エッチング（緩衝溶液）
ホットリン酸	H_3PO_4	Si_3N_4の選択エッチング
オゾン水	O_3-H_2O	有機物の除去

（伊藤：セミコンダクターワールド，1997年9月号，p.99をもとに作成）

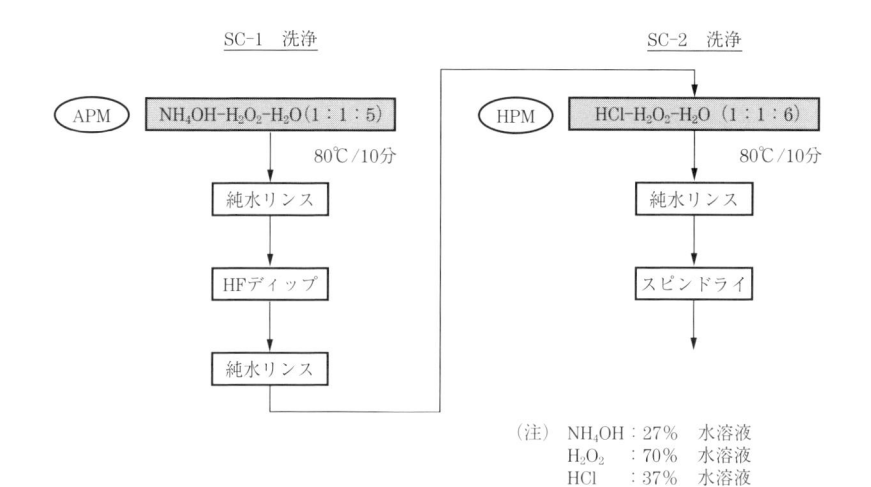

```
        SC-1 洗浄                           SC-2 洗浄
  ┌─────┐ ┌────────────────────┐     ┌─────┐ ┌────────────────────┐
  │ APM │ │NH₄OH-H₂O₂-H₂O(1:1:5)│     │ HPM │ │ HCl-H₂O₂-H₂O (1:1:6)│
  └─────┘ └────────────────────┘     └─────┘ └────────────────────┘
                  80℃/10分                            80℃/10分
                    ↓                                    ↓
               ┌─────────┐                         ┌─────────┐
               │純水リンス│                         │純水リンス│
               └─────────┘                         └─────────┘
                    ↓                                    ↓
               ┌─────────┐                         ┌─────────┐
               │HFディップ│                         │スピンドライ│
               └─────────┘                         └─────────┘
                    ↓
               ┌─────────┐
               │純水リンス│
               └─────────┘
```

(注) NH_4OH：27％ 水溶液
　　 H_2O_2　：70％ 水溶液
　　 HCl　　：37％ 水溶液

図5-3　RCA洗浄法のシーケンス
(W. Kern and D. A. Puotinen ; RCA Review, Vol.31, p.187 (1970))

RCA洗浄はその名が示す通り，1970年代の初めにアメリカのRCA社の研究所で開発され，以後30年近く使われ続けてきた技術である。このような技術の存在も半導体の最先端分野としては珍しいのではないだろうか。これまで脱RCA洗浄はいろいろと試みられてきたが，多少の改良はあっても根本的な見直しはなかなかできなかったのが現実である。優れた方法は永久に優れた方法ということだろう。オゾン水を用いる洗浄がそれに代わり得るかどうかである。

5 洗浄装置

洗浄を実際に行う装置にはバッチ方式とシングルウェハ方式がある。図5-4にそれらのシステム例を示す。

バッチ方式は，並べられた薬液槽とリンス（超純水）槽間をバッチ単位でウェハが移動し，処理が行われる。それらの各槽はシーケンスに従って配置されている。これは伝統的に用いられてきた，わが国の半導体工場の方式である。薬液は反復してある程度使用できる。②は薬液を使い捨てにするもので，これ

バッチ式洗浄

① 多槽式洗浄システム

② 集約化した多槽式洗浄システム

③ 1槽式システム

シングルウェハ方式洗浄

④ マルチヘッドによるシングルウェハ方式

⑤ 集約化したシングルウェハ方式

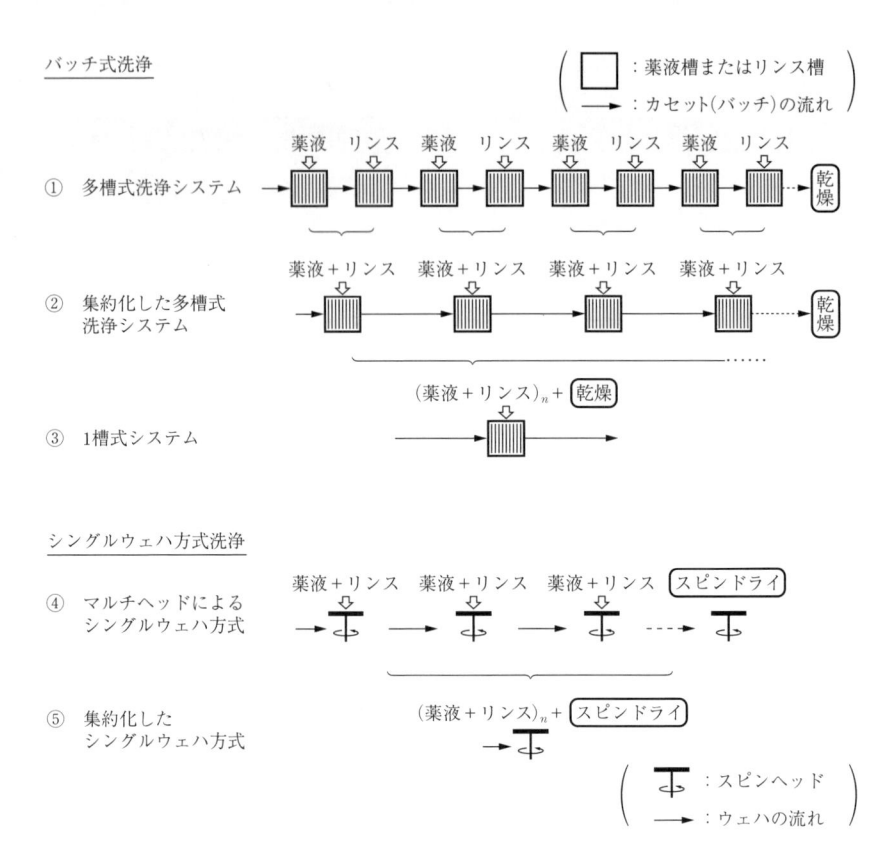

図5-4　洗浄装置のコンセプト
（伊藤：セミコンダクターワールド，1997年9月号，p.99をもとに作成）

だと槽数を減らし，装置は小型化，シンプル化できる。究極的には③のように1つの槽で薬液を入れ換え，乾燥まで行う方式が考えられる。すでにこのような市販の装置は古くから存在し，アメリカなどではかなり一般的となっている。

　経済性を考えるとウェハの大口径化とともに薬液や超純水使用量が急激に増大するので，使い捨てが果たしてよいかどうかは疑問である。また，同一槽内での薬液の交互使用はクロスコンタミネーションのおそれもないとはいえない。それよりも薬液の濃度を薄くするか，時間を短縮するかといったプロセス

レシピの見直しが必要である。

シングルウェハ方式は同様に集約化して1つのヘッドで行ってしまう考えである。シングルウェハ方式はウェハをスピン回転ヘッド上にのせ，薬液を吹き付けるもので，クロスコンタミネーションのおそれはない。しかし処理能力はバッチに比べて格段に低いため，ある特別なプロセスと直結した洗浄法として意味があるだろう。例えばCMPやメッキ工程後処理などが考えられる。

6 今後の展望

洗浄技術の今後の課題は大別して2つある。一つは300mmウェハ実用化に向けての経済性の追求であり，もう一つは銅配線，銅メッキ工程，強誘電体薄膜などに関連した洗浄技術の確立である。

前者においては，200mm径ウェハと同一の洗浄工程を組む場合，薬液の使用量は超純水も含めて莫大なものとなる。大口径化においては，面積の増加は直径の2乗できくが，槽の大きさと薬液量は3乗できくからである。前述のように薬液の濃度を低下させるか時間短縮するかといったことを工夫する必要がある。また，使用量を減らすには薬液を滴下して行うシングルウェハ方式の方がウェハ1枚あたりの経済性は確かに高い。

後者では，洗浄方法そのものもまだ確立されていない状況であり，これから量産へ向けての重要な課題となっている。例えば銅のメッキやダマシン工程のあとではクリーンルーム内に銅そのものを露出させないことが重要であり，そのための洗浄法が重要である。

洗浄は基本プロセス技術のスタートであり，最重要技術の一つと考えられるためここで多くの時間を割いた。洗浄そのものが半導体デバイスの製造工程において重要でなくなることはない。

最後に著者が，あるセミナーで出した洗浄技術関連の質問を1つ示す。

『クリーンルーム内での処理中に，うっかりウェハに素手で触れてしまった。どのようにして洗浄すればよいだろうか？』

正解はもちろん『捨てる』である。

5.2 熱処理技術

半導体デバイス製造は熱処理の反復で進むともいえる。熱拡散が主流であった頃は1200℃までの高温処理も用いられていた。現在では最高熱処理温度は900℃程度であり、低温化は着実に進んでいる。ファーネスによる熱酸化膜形成は半導体プロセスの核心であり、これがなければCMOSは作れない。その他各種の熱処理が用いられ、新しいプロセスインテグレーションの中に組み込まれている。

❶ 熱処理技術のアウトライン

　半導体プロセスにおける熱処理を2つに分ければ、一つはデバイス製造の基本となる熱酸化プロセス、もう一つは酸化と同一のツールを用いて行うさまざまな熱処理ということになる。さまざまな熱処理とは後で説明するようにイオン注入後の活性化のためのアニール、Alのシンタリング、塗布膜のキュアなどを含み、一般にアニールという項目でくくることができる。そしてこの各アニール技術は他のプロセスと組み合わされ、プロセスインテグレーションを構成する要素となる。そこでは"アニール"という現象が有効に利用される。

　現在、熱処理のツールとしては炉（ファーネス）が用いられ、これは特に熱酸化プロセスにおいては伝統的な装置である。しかし、各アニールプロセスでも同様であるが、最近のプロセス低温化、ウェハ大口径化などとの対応からRTP（Rapid Thermal Process）と呼ばれるランプ加熱方式も熱処理装置として製造ラインに導入されるようになった。これが本格化すれば熱処理技術全体は大きく変わることになる。

　図5-5は半導体プロセスにおける処理温度領域を示す。シリコンエピタキシャル成長は別とすればシリコンの熱酸化が温度域としては最も高い。しかしこれらの温度領域はデバイスの進歩とともに年々低下し、現在300mm径/0.13μmルールでは850～900℃程度になっている。この温度はさらに低下させる必要がある。

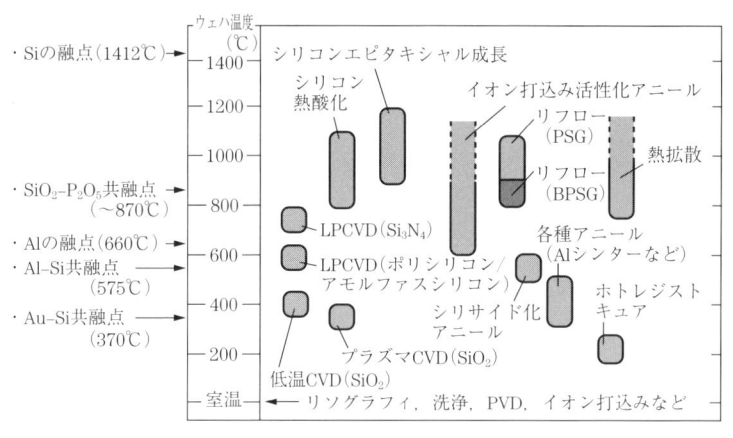

図5-5　ウェハプロセスにおける温度領域

　ウェハ処理温度を低下させる理由は浅い接合への対応と大口径ウェハでの熱歪みによる欠陥の発生を抑制するためであり，低温化のみでなく，時間的な要素を加えた"サーマルバジェット"の低減や昇降温速度の制御まで必要である。つまり時間軸における温度の積分値低減が重要となっている。

　これまでのプロセス上の最高処理温度はバイポーラデバイスにおいて用いられていたアンチモンの埋込みコレクタ拡散で，1250℃を必要とした。現在でも特殊なプロセスでは高温処理が必要である。例えばSIMOX（シリコン中への酸素注入による絶縁層の形成）用アニール，シリコンウェハの欠陥除去のための水素アニールなどでは1200℃以上が必要とされる。現在，熱酸化（ゲート，フィールドその他）が850～900℃程度で行われた後はそれ以上の温度でのプロセスは行われない。

　図5-5に示したプロセスはすべてファーネスまたはRTPで行われる。実際には90％がファーネスの応用である。しかしファーネスとRTPとは大口径化対応，サーマルバジェット低減という意味からしだいにその境界が曖昧になり，両者のメリットを併せもつようなツールが開発されつつある。これも熱処理プロセス全体に影響を及ぼすことになる。

2 熱処理技術の応用

表5-6，表5-7はそれぞれ熱酸化膜のデバイスにおける応用とVLSIにおける熱処理技術の応用を示す。熱拡散もCVD（LPCVDと呼ばれるプロセス）もファーネスの応用である。熱酸化膜はデバイスの重要部分を構成し，デバイスの特性そのものを左右する。特にCMOSにおいては熱酸化膜そのものがデバイスの心臓部である。拡散マスク，犠牲膜以外の応用ではいったん形成された膜はそのままデバイス構造として残され，製品に取り込まれる。それだけにその膜質，清浄度などは非常に重要である。酸化については次項以降で触れるとして，ここではアニールについて述べておこう。

表5-7に示した各アニール技術は半導体デバイス製造における各複合プロセス（プロセスモジュールまたはプロセスインテグレーション）にそれぞれ取り込まれている熱処理である。これらは一見処理法としてバラエティーに富んでいて整理しにくいようにみえる。しかし，これをよくみるとファーネスを用いるという点では共通であり，物理的，化学的，あるいは冶金学的に基板の表面あるいは内部，または界面を安定化させる工程であるといえる。

これらの処理の温度はさまざまであるが，シリコン結晶の製造過程で行われるゲッタリングを別とすれば，それは熱酸化膜形成温度以下である。また，言い方を換えればこれらのアニールでは熱酸化膜形成を伴うことはないか，伴っ

表5-6　熱酸化膜のデバイスへの応用

シリコン表面	—MOS, CMOSゲート絶縁膜 —フラッシュメモリのトンネル酸化膜 —アイソレーション・フィールド酸化膜 —キャパシタ —拡散マスク —犠牲酸化膜 　　　　　　　　その他	(～10nm) (～10nm) (～500nm) (～10nm) — —
ポリシリコン表面	—ポリシリコン間の絶縁 —キャパシタ 　　　　　　　　その他	— (～10nm)

（　）：膜厚範囲

表5-7 VLSIにおける熱処理プロセス (Hot Process)

プロセス		目的	内容	温度範囲	現状の装置
熱酸化		Si, ポリシリコン等の表面酸化	酸化雰囲気中での加熱処理	800〜1,100℃	ファーネス
熱拡散		Si, ポリシリコン中への不純物拡散	Ⅲ, V族元素あるいは化合物の堆積と熱的押込み拡散	800〜1,200℃	ファーネス
CVD		基板上への化学反応による膜形成	熱分解, 還元, 酸化, プラズマ放電等の反応の応用	400〜1,000℃	ファーネスおよびCVD専用装置
アニール	リフロー	層間絶縁膜平坦化	PSG, BPSG等の加熱による流動化	850〜1,100℃	ファーネスRTP
	シンタリング	Al-Siのオーミック性向上	Si上のAl熱処理による自然酸化膜の還元	〜450℃	ファーネス
	シリサイド化	Siと他金属との反応によるコンタクト形成	Si-Ti, Si-Pt等の界面熱処理	400〜600℃	ファーネスおよびRTP
	イオン打込み後アニール	結晶性の回復, キャリア活性化	イオン打込み後の熱処理による結晶損傷の回復, 再結晶化	600〜1,100℃	ファーネスRTP
	ゲッタリング	欠陥制御, 電気特性向上	IG (イントリンシックゲッタリング処理) ―無欠陥表面層形成, 欠陥の吸収のためのプログラム熱処理 EG (エキストリンシックゲッタリング処理) ―ウェハ背面への欠陥導入のための熱処理	600〜1,200℃	ファーネス
	ダメージ除去	プラズマダメージ等の除去	アッシング等のプロセス後熱処理を行ってダメージを除去, 界面特性向上を図る	〜450℃	ファーネス
	緻密化	絶縁膜の特性安定化	熱処理による膜の高密度化	〜1,000℃（用途による）	ファーネス
	キュア	塗布絶縁膜, 樹脂膜, low k膜等の安定化	熱処理による溶剤揮発と膜の高密度化	〜300℃	ファーネス
	安定化	膜質の安定化, 結晶化	Cuメッキ膜	〜400℃	ファーネス
	欠陥除去	シリコンウェハ無欠陥層形成	高温水素アニール	1,200℃〜	ファーネス

5.2 熱処理技術

てはならないということである。またイオン打込み後のアニールを除けば，不純物（B，Pなど）のシリコン中での再分布が起きない温度である。

"アニール"は金属の加工工程における"焼鈍"である。焼鈍は，拡散や再結晶，相転移，歪みの除去などを行う熱的処理であり，半導体プロセスにおけるこれらのアニールもそれにあてはまっていることが分かる。半導体プロセスでいえば，結晶性向上，界面特性向上，電気特性向上，形状改善，高純度化，欠陥除去，緻密化，安定化などを目指したものである。最近でも銅配線やlow k膜などにおける各種アニール技術が実用化されつつある。今後も，新材料の導入などと共にアニール技術の重要性は高まり，プロセスインテグレーションに取り込まれるようになる。したがって，熱酸化を含め，装置的な対応が重要となっていくだろう。これら熱処理全体を"Hot Process"としてひとまとめとする考え方もある。

3 熱酸化膜の形成プロセス

シリコンを高温酸化雰囲気中に置くと表面にシリコン自身の酸化膜であるSiO_2が形成される。この膜は非常に安定であり，下地のシリコン中への選択的不純物導入工程などに用いられてきた。それがプレーナ法によるバイポーラトランジスタである。そしてMOS（Metal-Oxide-Semiconductor）型のデバイス構造に用いられ現在に至っている。

熱酸化膜の形成技術は表面の安定化，清浄化技術と密接に結びついている。初期のMOS型デバイスでは，形成されたSiO_2膜中の汚染，特に可動金属イオンであるNa^+などのためにSiO_2-Si界面特性が不安定であった。そして多くの研究者，技術者の努力によりNa^+が不安定性の原因であるとつきとめられたために，それを徹底的に除去した結果，安定したMOS型デバイスの製品化が可能となった。清浄化技術（洗浄，プロセス材料の高純度化など）の進歩により，現在ではまったく問題ないし，過去に問題があったとも認識されていないかのようである。

高温のプロセスである熱酸化では特に"汚染"に対してきわめて厳しい制御が求められている。現在でもちょっと手を緩めれば汚染の機会はいくらでも

てきそうである。デバイスメーカーのクリーンルームは"閉鎖された超清浄環境"であり，工程途中でウェハを外部に出すということは考えられないし，また外部で処理してから，そのウェハを工程に組み込むということも考えられないのは，そのためである。万一そのような場合は，汚染チェックはきわめて厳密に行われる。

　もっとも，あまり原則にとらわれすぎると，新しいプロセスや材料のデバイスへの適用にもブレーキが掛かってしまう。余談だが，銅が配線材料としてデバイスへ応用されるにあたり，その汚染がさまざまに懸念されている。銅はSiO_2，Si中にはきわめてすみやかに拡散し，汚染としてウェハ全体，ライン全体に浸透してしまう。銅配線デバイス構造ではそれをおそれて銅を完全にSiO_2，Siから隔離する工夫を行い，メッキやCMP後の洗浄を実際に行おうとしている。銅はSi中でライフタイムキラーとして恐れられ，デバイス特性に重大な悪影響を及ぼす。しかし，最近のある学会ではウェハの裏側に銅のイオン注入を行い，デバイスを試作したが特性に悪影響はなかったと発表したシンガポールの技術者がいた。――これは何を意味するのか？

　さて，酸化に戻る。シリコンの酸化は酸化雰囲気（酸素または水蒸気）のもとで進行する。この現象の進行は，温度，時間，酸化剤の種類，酸化種のSiO_2中での拡散係数で決まり，ほとんどの教科書に"Deal-Groveの式"として示されている。ちなみに，Deal，Groveとも半導体分野では1950～1960年代からの先達であるが2人ともまだ現役である。この式によってSi上のSiO_2膜形成速度が規定され，実験データとの一致もよい。SiO_2膜形成速度は酸化種（例えば活性酸素）がSiO_2膜中を拡散する過程を律速段階としてそのB. DealとA. Groveにより次のような式が導かれている。

$$X_O^2 + AX_O = B(t+\tau)$$

ここに，X_O：酸化膜厚，t：酸化時間，A，B：酸化剤の種類，酸化条件，酸化膜中の酸化種の拡散係数などできまる定数であり，τは，初期酸化膜厚をX_iとして，

$$\tau = (X_i^2 + AX_i)/B$$

で表される時間である。X_iが0に近く，tが十分短いときは近似的に，

$$X_O = \frac{B}{A} t$$

となり，また t が十分大きいときは同様に

$X_O^2 = Bt$ となる．

これは，酸化の初期には膜厚は時間に対してリニアであり，酸化は反応律速となっているが，時間が長くなると1/2乗則に従う，すなわち SiO_2 中の酸化種の拡散によって律速されることを示している．この傾向は各所での実験データとよく一致している．

図5-6はよく知られている酸化のデータの一つである．(a)がドライ酸化で O_2 を用い，(b)がウェット酸化でスチーム（H_2O）を用いている．ウェット酸化の速度の方が一桁大きいことがわかる．これは酸化種の違いからきている．

この酸化データは当然，圧力，酸化剤の濃度，種類，流量など酸化条件によって実際の値は変わる．しかしその傾向は不変である．またこの酸化速度は他のパラメータによっても実際の値は変わる．例えば，シリコン基板の面方位，不純物の種類と濃度，また酸化剤中への他のガスの添加などである．また，高圧チャンバ内の酸化は基本的にはリニア則に従うといわれている．

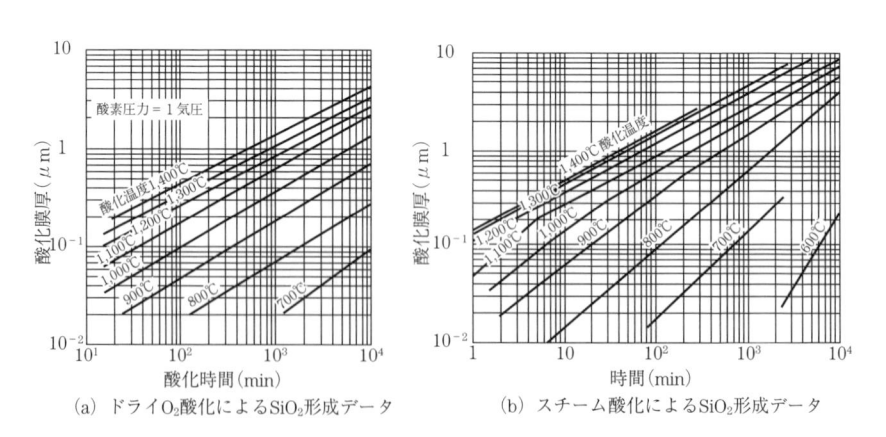

(a) ドライO_2酸化によるSiO_2形成データ

(b) スチーム酸化によるSiO_2形成データ

図5-6　シリコン熱酸化膜形成データ
(R. M. Burger and R. P. Donovan: "Fundamentals of Silicon Integrated Device Technology" Vol. 1, Prentice Hall (1967))

熱酸化膜の形成は現在ではドライ酸素あるいはH_2-O_2燃焼によって生成するH_2Oによる方法が一般的である。特にH_2-O_2燃焼法は高純度のスチームが生成でき，その濃度制御も容易であり，ゲート酸化膜形成を含めてよく用いられている。ゲート酸化膜は5～10nmときわめて薄く，その制御には酸化剤の供給量の調整が重要なためである。

4 熱処理プロセスとツール

酸化およびすべての熱処理プロセスを含めて用いられるツール（装置）は非常に重要な意味をもつ。それは処理の性能がツールによって大きく左右されるためである。現在最も安定して用いられているのはファーネスであるが大口径化，低サーマルバジェットに対応して新しいコンセプトのツールが導入され始めている。それはファーネスが本来もっている重厚長大というマイナスイメージへの脱却でもある。しかし，いまだに続いているファーネスによる支配を崩すには至っていない。ハロゲンランプ加熱によるRTP装置がその対抗馬の一つである。

図5-7はファーネスとRTPの比較である。ファーネスは300mm径ウェハ時代に至っても100枚を同時に処理するシステムが用いられており，装置の巨大化が進んでいる。一方，RTPはハロゲンランプを用いるシングルウェハ方式で装置的にはマルチチャンバ化が可能である。装置は小型化し，CVDやドライエッチングのように通常のクリーンルーム用装置というイメージがある。

ファーネスはバッチ単位で処理するため，処理速度が遅くてもスループット

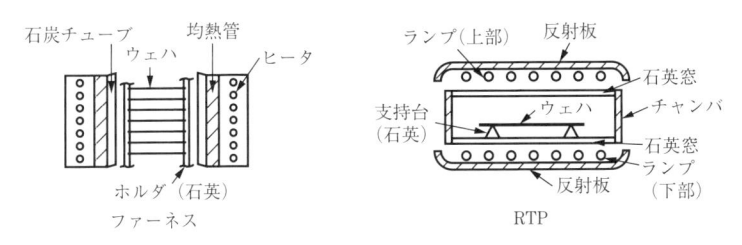

図5-7　ファーネスとRTPの比較

が十分とれるのに反し，RTPは1枚ずつの処理なので処理速度を高めないとスループットがとれない。

またRTPでは表面の温度測定が実際には困難であり，熱的には非平衡状態（non-isothermal）である。一方，ファーネスは外熱式であり，輻射と伝導によって加熱する方式であるため，熱的には平衡状態（isothermal）である。したがって，物理的には正しい温度把握ができる。ただし，熱容量が大きく，高速昇降温が困難なため，サーマルバジェット的には不利である。

RTPはその名が示す通り"rapid"が売り物であり，しかし現実にデバイスへの応用となると，いま述べたような理由で不利である。温度マージンの広いプロセスのへの適用のみに限定されている。図5-8はサーマルバジェットを説明するもので，RTPはファーネスと比べれば文字通り瞬間的加熱である。このような瞬間的処理でアニール可能なプロセスも存在するかもしれないが，一般には本来のアニール（焼鈍）の原理から考えれば"時間"ファクターは重要であり，物理的，化学的，冶金学的にみれば無理といえるだろう。拡散，溶融，再結晶，緻密化，ガラス化といった現象には時間軸の要素が必要である。

図5-9はファーネス処理とRTP処理の温度-時間の範囲を示す。これは実際に適用された条件の例であるが，RTPではファーネスに比較してスパイク的に高温度を適用して同一の結果を得ようとしている。ただ同じ結果が得られる

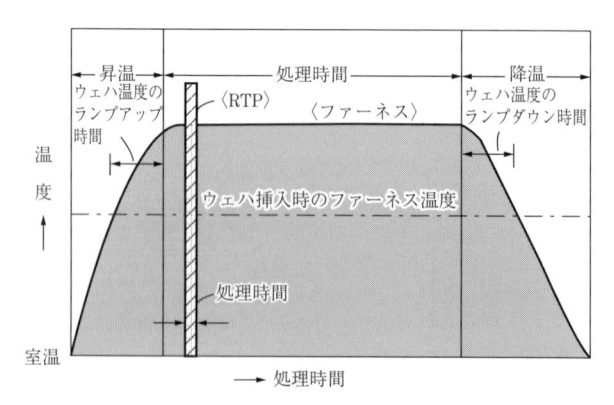

図5-8　ファーネスとRTPのサーマルバジェット─温度プロファイル─

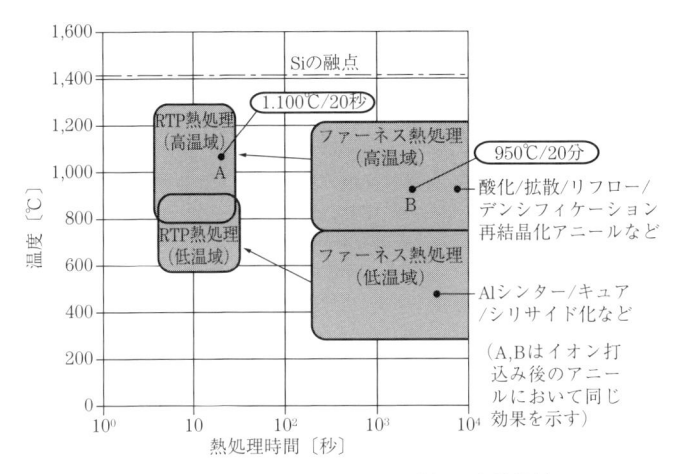

図5-9 ファーネスとRTPの設定処理条件比較

ということで比較しているわけで，温度的にこのように対応しているというわけではない。

5 ファーネスRTP

今後のファーネス対RTPを考えていくうえで，最近，新しい動向がみられるようになった。それはファーネスRTP（Furnace RTP）と呼ばれる熱処理のための装置の登場である。

ウェハ大口径化は熱処理のうえでは，かなり問題である。熱歪み発生を抑制するための低温化，サーマルバジェット低減のための高速昇降温特性，スループット維持等が矛盾なく行われなければならないからである。また，大口径化ということでシングルウェハ方式が当然のことのように議論される。そこで，
・バッチvs. シングルウェハ
・ファーネスvs. RTP
という図式ができあがる。ファーネスRTPはこれを解決するための妥協の産物ともいえる。そのコンセプトを図5-10に示す。

ウェハは1枚ずつボックス型あるいはドーム型の小型ファーネスに入り，処

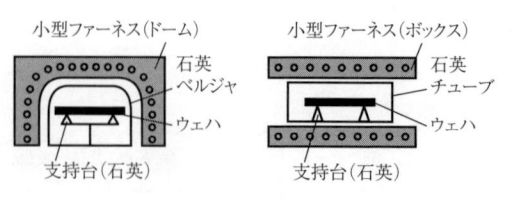

図5-10 ファーネスRTPの概念図
　　　　―ファーネスとRTPの中間的コンセプト―

理が終わると次と交代する。つまり，1枚取りのファーネスであってランプ照射ではない。さらにウェハ加熱はisothermalである。昇降温は瞬間的に行われるわけではないが，小型ファーネスであり，熱容量も小さいのでRTPほどではないとしても，時間的には短く，処理速度を上げればサーマルバジェットとしては通常のファーネスに比べて飛躍的に低減できる。

この方式では熱酸化をはじめ，ファーネスで可能なすべてのプロセスが可能といえそうである。しかしこのファーネスRTPもまだ標準的な方式とはいえず今後の技術蓄積とラインでの実績が必要である。

6 今後の展望

前項で述べたようにファーネス対RTP，大口径のためのバッチ対シングルウェハという技術は今後も続けられる。しかし"プロセスの質"は重視されなければならないと考える。したがって，一概にバッチ式やファーネスを否定することにはなっていかないだろう。1バッチ50枚，100枚というスループットはやはり魅力的である。もっともバッチ式では停電などのアクシデントでウェハを一度でロスしてしまうというリスクがある。

複合プロセスにおいてはアニールはそのインテグレーションの一つとして取り込まれる。しかしアニールそのものをどのように行うかはその目的に応じて熱処理技術として十分検討されなければならない。熱処理とは単に温度，時間，雰囲気だけが処理条件というわけではないからである。

10年ほど前に"いずれ半導体工場からファーネスは消え，RTPがそれに取って代わる"と予言した人がいたが，当分の間それはなさそうである。

5.3 不純物導入技術

不純物導入は半導体基板内にpn接合を形成するために必須な技術であるが，不純物（impurity）というのはネガティブな表現である．英語でいう"impurity doping"もネガティブである．不純物とは塵埃やコンタミネーションではなく，この場合はIV価のSiに対してIII価あるいはV価の元素を導入することであり，現在ではイオン打込み法が主流である．

1 不純物導入技術のアウトライン

シリコン基板への不純物導入において用いられるIII価の元素はボロン（B），V価の元素はヒ素（As）とリン（P）である．これらの不純物は，おのおの反対導電型をもつ基板に導入すればpn接合が形成される．III価はp型となり，V価はn型となる．これらの不純物元素は，熱拡散法あるいはイオン打込み法によってシリコン中に導入する．

熱拡散法は，不純物原子を熱的にシリコン中に拡散させるもので，この拡散現象は高濃度側から低濃度側への物質移動である．

イオン打込み法は，イオン化させた各元素を高加速電圧で衝突させ，物理的に侵入させる．その際，イオンの通過した部分のシリコン単結晶は破壊されるので，その後にアニールによって回復させる必要がある．アニール温度が高い場合は結晶性回復と同時に元素はシリコン単結晶格子に入り込み，活性化されると共に熱拡散の効果も伴って不純物濃度プロファイルが決定される．

現在，古典的な熱拡散法から"イオン打込み法＋アニール法"に不純物導入技術の中心が移ったのは，制御性のよさと低温プロセスであること，また導入する不純物原子の数をカウントできるという点にある．

不純物導入の目的はpn接合形成のためだけではない．**表5-8**は不純物導入の目的のまとめである．バイポーラおよびCMOSデバイスにおけるトランジスタ形成のためのpn接合形成に加えて抵抗（拡散の場合は拡散抵抗と呼ぶ）の形成にも用いられる．

表5-8 不純物導入の目的

pn接合の形成	バイポーラ LSI	アイソレーション領域 コレクタ埋込み領域 ベース領域 エミッタ領域 など
	CMOS LSI	ウェル形成 ソース／ドレイン形成
抵抗の形成	シリコン ポリシリコン	pn接合による抵抗 不純物制御による抵抗値制御
不純物濃度制御		チャネルストップ（フィールドドープ） 反転層形成の防止 バイポーラトランジスタの特性向上（反転層の防止） チャネルドープ（しきい値電圧—V_{th}制御）
導電性の向上		ポリシリコン中への不純物導入（ゲート，配線，キャパシタ電極）
分離層の形成		SIMOXにおける酸素の深い打込み
ウェハ分離		水素イオンの注入によるウェハの分離
ゲッタリング		Arイオンの注入によるウェハ背面へのダメージ層導入

　不純物濃度制御はpn接合形成とは異なり，SiO_2-Si界面直下のSi表面の不純物濃度を調節することであり，そこに形成されるMOS構造のしきい値電圧を制御する技術である。MOS構造のトランジスタ部ではトランジスタのしきい値電圧そのものを調整するものでありチャネルドープと呼ばれている。しきい値電圧はゲート絶縁膜直下のチャネル部分の不純物濃度で決められるからである。

　また，MOSトランジスタのフィールド部では反転層の形成を防止し，リーク発生を抑制するため不純物濃度を高める必要がある。これをフィールドドープまたはチャネルストップとも呼んでいる。バイポーラデバイスでもこのフィールドドープと同じ考え方で不純物導入を行っている。ポリシリコンへの不純物導入はゲートおよび配線の抵抗値低減のためであり，またチップ上のポリシリコン抵抗の形成にも用いられる。

　デバイス製造工程の流れとは直接関係はないが，酸素の深い打込みによるSIMOX構造の形成，水素を打込むことによりその部分からウェハを分離する

SOI構造形成なども不純物導入技術の応用である。

2 熱拡散とイオン打込み

シリコン中にpn接合を形成することに始まるバイポーラ拡散接合型トランジスタは，現在のVLSIの原点ともいえるが，1980年代初めまでは熱拡散法による不純物導入が広く用いられていた。

熱拡散は経験やノウハウ，勘などが非常に重要な技術であり，多くの拡散専門技術者を育てる結果となった。特に表面濃度と深さの制御，また濃度プロファイル制御を同時に行うためにはテクニックが必要とされた。例えばCMOSのウェル形成，バイポーラのベース拡散などは制御が困難なプロセスの典型だったといえる。そして1980年代中頃からはイオン打込み法が主役の座を占めることとなる。その理由は表5-9をみれば明らかだろう。

イオン打込み法の利点は，低温プロセスであること，打込み量（ドーピング量すなわちドーズ量）をモニタできること，それに加えてホトレジストをマス

表5-9 熱拡散とイオン打込み法の比較

熱拡散	イオン打込み
・古典的な不純物導入法 ・物理的＋化学的手法 　（置換反応，酸化還元反応） ・熱（温度）がドライブするプロセス ・元素または化合物をソースに用いる ・バッチ処理が基本 ・導入された不純物量の定量的モニタはできない ・SiO_2をマスクとした選択的導入 ・拡散は結晶面方位に依存するが，基本的には指向性は少ない ・チャネリング的効果はないが，本来存在する結晶欠陥等は関係する ・装置的には安価であり，取扱いが容易である ・スループットはバッチ処理のため大きい	・新しい不純物導入法（イメージとして新しい） ・物理的手法（加速イオンの打込み，再結晶化，不純物の活性化） ・低温プロセス ・取り出された単体元素のイオンを用いる 　（BF_2のようなイオンを用いる場合もある） ・イオンビームのスキャニング ・導入不純物の量はイオン電流の積算値でモニタする ・SiO_2，ホトレジスト等を用いた選択的導入 ・不純物の導入に指向性が強く，シャドー効果等の発生を伴う ・チャネリング効果の存在（結晶面方位依存） ・装置は高価であり，取扱いは専門的知識を要する ・スキャニング方式のためスループットはウェハサイズに依存する

クとして選択的不純物導入が可能なこととシリコン基板内の任意の深さに任意の量の不純物を導入できることである。

一方，拡散は熱でドライブされる現象であり，イオン打込みのような芸当はできない。しかし既存のファーネスを用い，バッチ方式で処理できるため経済性は高く，装置も比較的安価である。それに対してイオン打込み装置は高価格であり，イオン物理工学的産物であってデバイスメーカーのプロセス技術者が容易に手を出せるハードウェアではない。後で述べるステッパと並んでプロセス技術者にとっては装置はいわばただ与えられるだけである。

3 熱拡散による不純物導入

熱拡散法ではⅢ価あるいはⅤ価の不純物元素を熱的にシリコン中に導入する。この物質移動は高濃度の不純物源から低濃度の基板に向けて起こり，濃度差，温度，拡散係数によって移動の仕方が決まる。これが拡散現象である。

まず，一次元での拡散を考え，拡散の流れをJ，拡散係数をD，濃度をN，流れ方向の座標をxとすると，

$$J = -D\frac{\partial N}{\partial x}$$

で示される。これがFickの第一法則である。つぎに，拡散係数Dが濃度Nに依存しないとして時間による濃度変化を表すと，

$$\frac{\partial N}{\partial t} = D\frac{\partial^2 N}{\partial x^2}$$

となる。これがFickの第二法則である。これが基礎拡散方程式であり，境界条件を設定して解き，不純物の分布を予測することができる。このシミュレーションは普通実測したデータとよく一致する。

実用的には境界条件として，表面での不純物濃度が常に一定の場合，すなわち不純物量がほぼ無限と考えられる場合と，不純物量が一定の場合，すなわち有限の不純物量の場合とが考えられる。図5-11に両者の場合を比較した。(a)が前者の場合，(b)が後者の場合である。

表面の不純物濃度が常に一定（N_0）と考えられる場合では拡散方程式の解

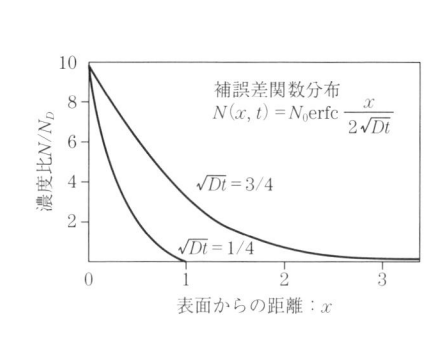

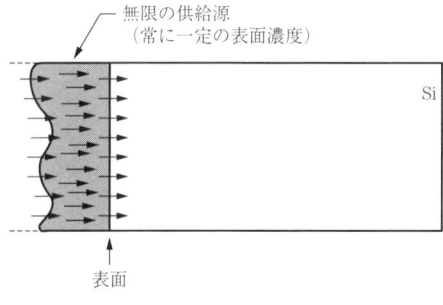

図5-11 熱拡散による不純物プロファイル

(a), (b)の分布図：R. M. Burger: "Fundamentals of Silicon Integrated Device Technology", Prentice Hall (1967)

補誤差関数分布
$$N(x, t) = N_0 \, \text{erfc} \frac{x}{2\sqrt{Dt}}$$

ガウス分布
$$N(x, t) = \frac{Q}{\sqrt{\pi Dt}} \exp\left(-\frac{x^2}{4Dt}\right) \quad (Q \equiv N_0)$$

(a) 表面濃度が一定の場合の拡散
(b) 一定量の不純物源からの拡散
(c) pn接合の形成

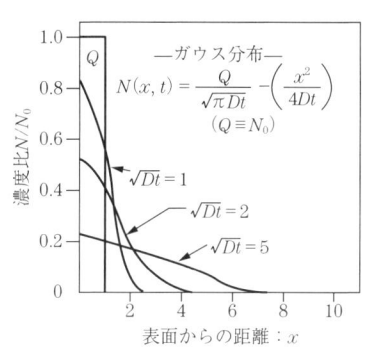

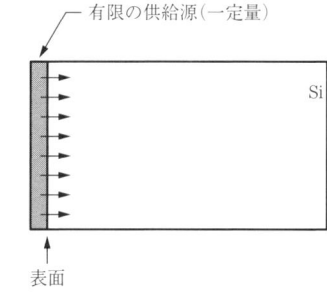

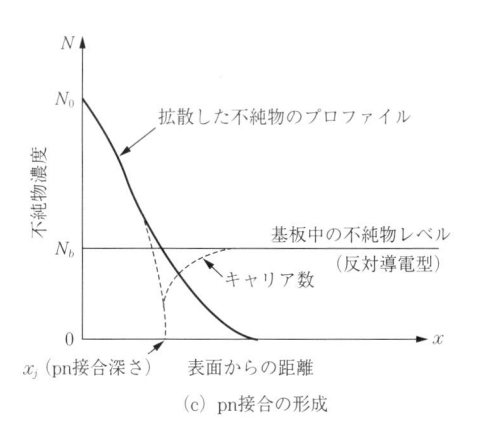

N：濃度
D：拡散係数
x：表面からの距離
Q：不純物量 ((b)の場合)

5.3 不純物導入技術

として,

$$N(x,t) = N_0\, erfc\frac{x}{2\sqrt{Dt}}$$

が得られる。$erfc$ は補誤差関数と呼ばれている。実際の計算では D, t, x, N_0 などを与えて作られた数表から求める。

次に不純物量が有限の場合にはその量を Q として

$$N(x,t) = \frac{Q}{\sqrt{\pi Dt}} = \exp\left(-\frac{x^2}{4\sqrt{Dt}}\right)$$

で表される。これは拡散された不純物が表面から内部に向かってガウス分布している状態である。これが(b)の場合である。

時間の推移とともに不純物分布の状態が変化していく様子が示されている。このようなモデルにより,拡散深さ,表面濃度,濃度プロファイルを所定の値に合せ込む。

図5-11(c)はpn接合形成のモデルである。N_b は基板(導入する不純物とは反対導電型の不純物をもつ)の不純物濃度である。双方の不純物濃度が同一であれば差し引き $N=0$ となり

$$N_b = N_0\, erfc\left(\frac{x}{2\sqrt{Dt}}\right)$$

が得られる。したがって,pn接合の位置を x_j とすると

$$x_j = 2\sqrt{Dt}\, erfc^{-1}\left(\frac{N_b}{N_0}\right)$$

となる。x_j は拡散層の深さでもある。

以上が熱拡散のモデルである。拡散によって導入されたIII族あるいはV族の元素は格子間位置あるいは格子位置に入り,おのおのp型,n型の性質を示すようになる。

この熱拡散に関しては重要な物性パラメータとして各元素のシリコン中への固溶度と拡散係数がある。それらの温度依存性を図5-12に示す。またこれらのデータは熱拡散プロセス以外の情報も多く提供してくれる。例えばNa,Liのようなアルカリ金属やCu,Au,Feなどの元素の拡散係数がいかに大きいか

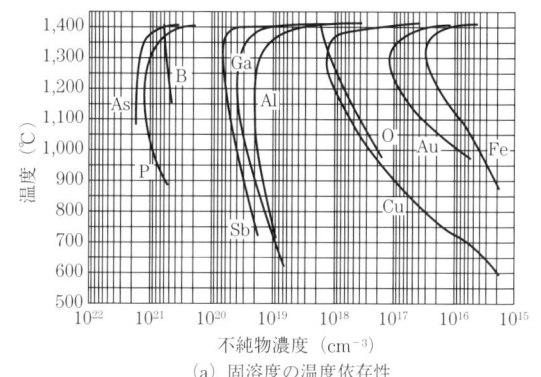

(a) 固溶度の温度依存性

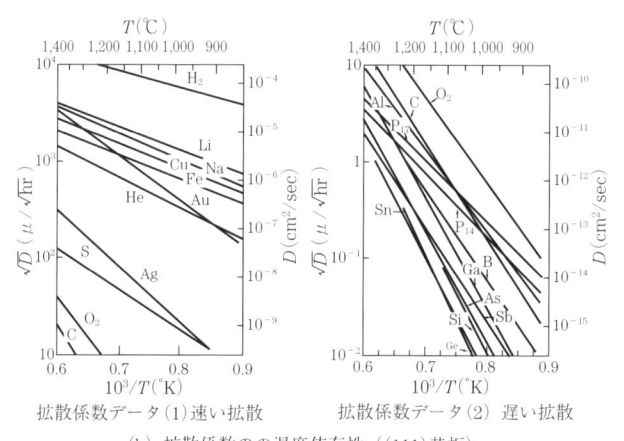

(b) 拡散係数のの温度依存性（(111)基板）

図5-12　シリコン中の不純物元素の挙動
(H. F. Wolf: "Silicon Semiconductor Data", Pergamon Press (1969))

ということなどである。

4 イオン打込みによる不純物導入

　イオン打込みは高エネルギーで加速したイオンをシリコン基板と衝突させて打ち込む方法でイオン注入ともいわれている。衝突したイオンは入射エネルギー（加速電圧），イオン種，基板の状態などによって決まるある深さまで達し，イオンの通過した経路には結晶欠陥の発生が伴う。打ち込まれたイオンは

5.3　不純物導入技術　85

シリコン単結晶の格子内を衝突を繰り返しながら進み停止する。

イオンが最終的に停止するまでの飛程（R）の投影距離（R_p）は個々のイオンについて分布をもつため，平均値（$\bar{R}_p$）をとって議論される。全打込み量をQとすれば，打ち込まれたイオンの深さ方向の分布はガウス分布，

$$N(x) = \frac{Q}{2\sqrt{\pi}\,\Delta \bar{R}_p} \exp\left[-\frac{(x-\bar{R}_p)^2}{2\Delta \bar{R}_p^2}\right]$$

で近似できる。ΔR_pは標準偏差値である。これを図5-13に示す。

(a)はガウス分布のプロファイルを示していて，N_{max}はピークの濃度である。

(b)はイオン打込み特有の現象であるチャネリングを示す。直観的に考えても結晶格子の間隙を衝突を繰り返さずに直進して通り抜けてしまうイオンはあり得るわけで，これを回避するために斜め入射打込みあるいは結晶軸をわずかにずらすといった対策がある。

(c)はイオン打込み後，アニールによってどのようにプロファイルが変化するかを示す。ボロンの場合は打込み後700℃，10分のアニールによって図のようにほぼ平坦な分布を示している。

また(d)に示すようにアニール温度が低く，ドーズ量が多い場合には打ち込まれたイオンの活性化率すなわちキャリアとしての寄与率は100%には達しない。したがってキャリア易動度（モビリティ）も低い。アニール温度800℃以上ではもはやアニールとはいえず，熱拡散要素が加わった不純物濃度分布となる。

ところでR_p（飛距離）は打込みエネルギーおよびイオン種の関数であり，これらの関係は教科書にも必ず記載されている。例えばR_pは，ボロンで60keV打込みのとき2074Å，リンが729Å，ヒ素が368Åといった数値である。この数値の大小は各不純物元素の原子半径に対応している。

結晶性回復のアニールは通常550～800℃の間で行われ，実用的なドーズ量の打込みでは800℃であれば活性化は100%完了すると考えられる。しかし今後は低温化をどのように進めるかがポイントとなるだろう。

(a) イオン打込みのガウス分布による近似

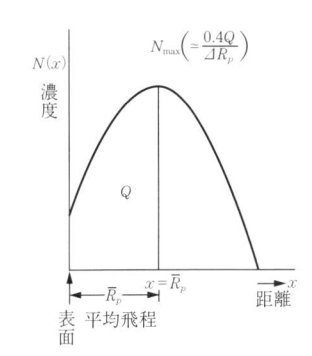

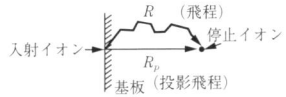

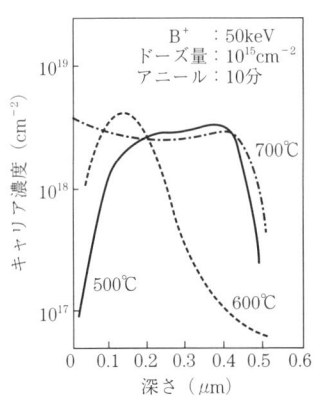

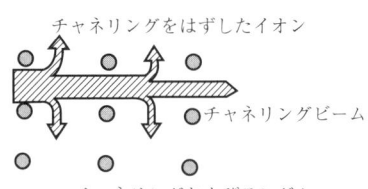

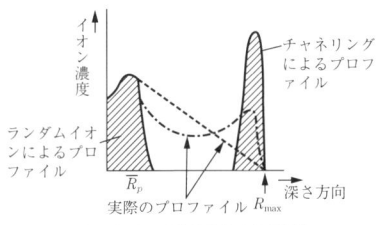

$N_{max} \left(= \dfrac{0.4Q}{\Delta R_p} \right)$

R_p：平均飛程　ΔR_p：標準偏差
N_{max}：打込みのピーク量　Q：全打込み量

$$N(x) = \dfrac{Q}{2\sqrt{\pi}\,\Delta R_p} \exp\left\{ -\dfrac{(x-\overline{R_p})^2}{2\Delta R_p^2} \right\}$$

(b) イオン打込みにおけるチャネリング

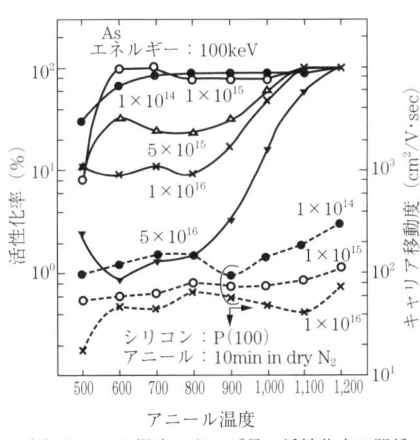

(c) アニール後の不純物プロファイルの例

B^+：50keV
ドーズ量：$10^{15}\mathrm{cm}^{-2}$
アニール：10分

(d) アニール温度，ドーズ量，活性化率の関係

As
エネルギー：100keV
シリコン：P(100)
アニール：10min in dry N_2

図5-13　イオン打込み法の原理

(a), (b)：J. F. Gibbons: Proc. of the IEEE, Vol. 56, No. 3, (1968)
(c)：青木，徳山：『電子材料工学』，電気学会 (1981)
(d)：伊藤：セミコンダクターワールド，1982年8月号，p. 38

5.3　不純物導入技術

5 イオン打込み技術とCMOS

　イオン打込み技術がどのようにCMOSデバイスに応用されているかを示すのが図5-14である。その回数だけでも10回以上にもなり，図のツインウェル構造にリトログレードウェル形成を加えるとさらに回数は増加する。これを熱拡散で代用することは不可能である。n，pチャネル構造別々にウェル形成，ソース/ドレイン形成，チャネルドープ，フィールドドープが必要だからである。また，ここにはしるしていないが，おのおのの構造でエキステンションと呼ばれる浅いソース/ドレイン接合形成とやや深いコンタクト領域形成が加えられる。

　このようにイオン打込みプロセスが多用されるようになると装置的な対応が非常に重要な意味をもってくる。おのおのの応用目的に対して必要なドーズ量と加速電圧（打込みエネルギー）をもつイオン打込み装置が選択される。現在，イオン打込み装置としては，

・中電流機
・大電流機
・高エネルギー機
・低エネルギー機

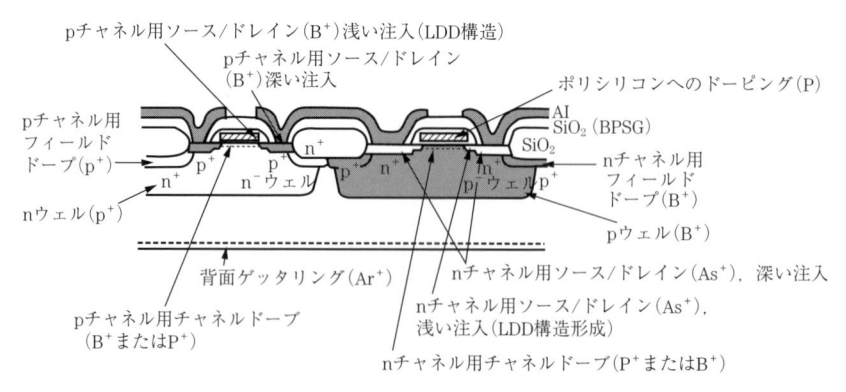

図5-14　CMOS LSIにおけるイオン打込みの応用

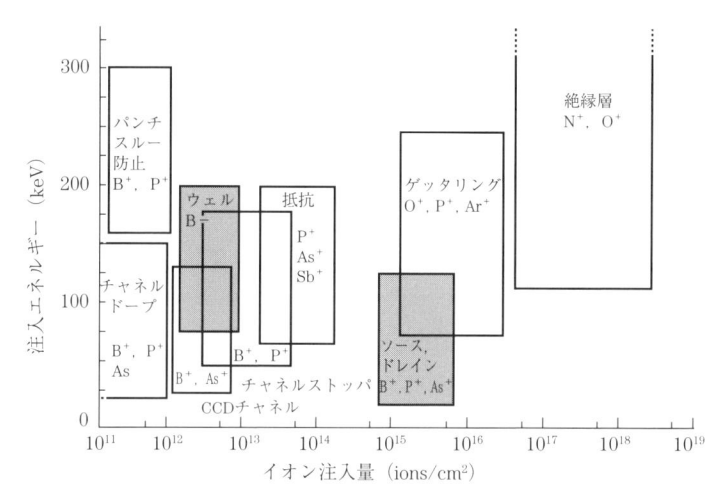

図5-15　イオン打込みの応用範囲（ドーズ量と打込みエネルギー）
（桐田：セミコンダクターワールド，1982年2月号，p.39）

の4つの形式が存在する。

図5-15は各応用において必要なドーズ量と打込みエネルギーの範囲である。絶縁層の形成，すなわち酸素の打込みなどでは高エネルギー機が必要である。また，ソース/ドレイン形成ではむしろエネルギーは低くて電流が十分とれる装置が向いている。大電流機がそれに相当する。他の応用では，ほぼ中電流機が使いやすい。低エネルギー機は今後の浅くなるpn接合対応の装置であり，R_pを十分低く，しかも十分なドーズ量が得られるものでなければならない。したがって低エネルギーであり，10keV以下が望ましいとされている。ちなみに高エネルギー機ではMeVクラスの加速エネルギーが適用される。メガボルトインプランターなどと呼んでいる。

6 今後の展望

今後の最大の課題は，いかに浅い接合形成に対応するかということである。特にソース/ドレイン接合はデバイスの微細化とともに浅くなり，0.1μmレベルの世代では30～40nm程度と予想されている。このような浅い接合を形成す

る場合，5〜10keV程度の超低エネルギー打込みが必要であり，これはほぼイオン打込み装置による限界と考えられている。

　もちろんイオン打込み装置側での改良は続けられているが，ここにきてイオン打込みによらない不純物導入技術の一つがクローズアップされている。プラズマドーピングあるいはイオンドーピングといわれているがそれで，装置的には高密度プラズマ中で活性化されたⅢ，Ⅴ族の原子を基板に堆積させると同時に低エネルギーで浅く打ち込む効果を併用した方法である。装置的には現状のような大型の加速器を用いることなく不純物を浅く導入し，pn接合を形成させることができ，経済性も非常に高い方法と期待されている（**図5-16**）。

　また，このプラズマドーピング装置はCVD装置やドライエッチング装置といったイメージであり，プロセス技術者が手の出せるハードウェアといっていいだろう。いまのところ応用は，エクステンションと呼ばれるソース／ドレイン形成に限られるとみられるが，将来の展開が期待されている。

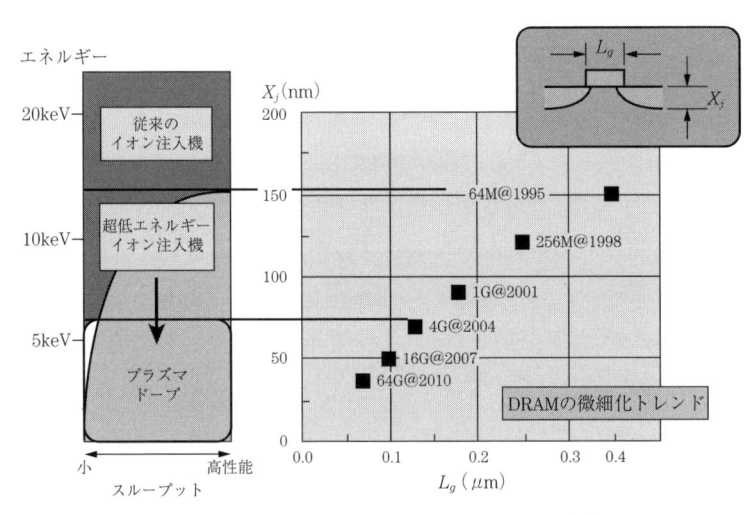

図5-16　イオン打込み・浅い接合形成技術の将来
（高瀬：セミコンダクターワールド，1997年5月号，p.84）

コラム 4
エピタキシャル成長技術開発のころ

1961年，IBM Technical Journalはエピタキシャル成長技術の特集を行った。
目的はバイポーラトランジスタのコレクタシリーズ抵抗を低減し，性能を大きく改善することにあった。この発表以来，日本の各デバイスメーカーは一斉にエピタキシャル成長実験に取り組み始める。著者もこの仕事の担当となった。当時はこの技術の将来性の高さから部門間，担当者間でテーマの取り合いもおきたことがある。

当時の実験は楽しいものだった。石英チューブにグラファイトの板を入れ，周囲に銅のパイプを巻いて高周波誘導加熱を行う。グラファイトは発熱体およびサセプタとなり，その上にウェハが乗せられる。石英チューブ内は水素還元雰囲気とし，$SiCl_4$, $SiHCl_3$等の原料を蒸発させて送り込み，ウェハ上で，

$$SiCl_4 + 2H_2 \rightarrow Si + 4HCl$$

のような還元反応によってSiが堆積される。これらの手順で行うための装置は当時はまったくなく，配管，流量計，蒸発器，水素精製装置などすべて手作りで組立てなければならなかった。しかしそれはまるで大学の化学実験室の設備のようなものであった。そして何か改造，変更が必要となればそれは自由にできた。多少の危険もあったが少なくともプロセス開発過程で技術者自身が装置に手を加えたり，原料を自由に選択したりできた時代である。トラブルがあれば流量計や圧力調整器まで分解掃除をした経験がある。IBMやベル研究所の発表をトレースしているとはいえ，そこから新しい要素を生み出す努力をし，技術の確立を目標にしていた。

今はどうだろうか。安全性や管理上の問題もあるが現在では大学の研究室ですらこのように自前で装置を組上げて用いることが不可能になってしまった。

デバイスメーカーの技術部門となるとちょっとした実験でもきちんとした量産装置（ということは高価な市販装置）を用いなければならない。条件の変更やちょっとした装置の手直しさえ不可能である。実験装置が整備されているといえばいいのだが，創造力とか好奇心を刺激する雰囲気があるとはいいがたい。

古き良き時代——などというのは現役のいうことではないが……。

5.4 薄膜形成技術

薄膜形成技術は，熱酸化膜のように半導体基板そのものを変質させるのではなく，外界から膜を堆積させる技術である。外界からの堆積なので汚染を取込む可能性があり，高純度シリコン基板や電気特性への影響がずっと懸念され続けてきた。この技術が本格的に導入され，半導体プロセスとして不可欠となったのはMOS LSI時代からであり，1970年代初めからCVD技術を中心に急速に進歩した。特に多層配線工程は薄膜の積層化で作り上げられており，この技術は新デバイスの開発の鍵である。

1 薄膜形成技術のアウトライン

半導体プロセスにおける薄膜（うすい膜）の定義としては，ほぼ1 μm以下の膜厚をもつものと考えてよい。例えば層間絶縁膜あるいは電極メタルなどは最先端デバイスにおいてその程度の膜厚である。また，キャップ層，シード層，ライナなどと呼ばれる膜は数10nm程度であり，DRAMのキャパシタとして用いられるシリコン窒化膜は数nmレベルである。これが最も薄い膜厚といえる。

ここでいう薄膜とは，シリコン基板上に外界からもたらされるものであり，堆積というのはそういう意味である。例えばシリコンの熱酸化膜などは堆積ではない。薄膜には基板シリコンを変質，あるいはそれと何らかの反応を起こすことによって形成される膜は含まれない。ただし，シリコンとの直接置換反応によって，

$$WF_6 + \frac{3}{2}Si \rightarrow W + \frac{3}{2}SiF_4$$

のようにW（タングステン）膜を形成する反応は，CVDであり，選択W膜形成に応用されている。

堆積による薄膜の形成には大別するとCVD，PVD，塗布法，メッキ法がある。その詳細は次項で述べるとしてそれらの手法を用いて形成される薄膜にど

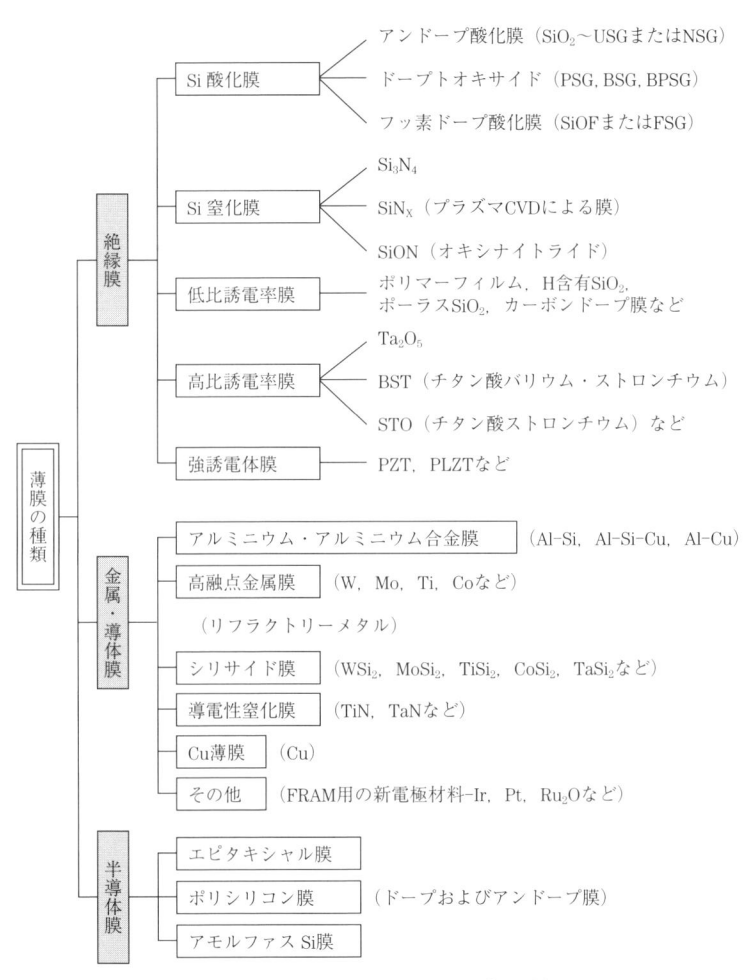

```
薄膜の種類
├─ 絶縁膜
│   ├─ Si 酸化膜
│   │   ├─ アンドープ酸化膜（SiO₂～USGまたはNSG）
│   │   ├─ ドープトオキサイド（PSG, BSG, BPSG）
│   │   └─ フッ素ドープ酸化膜（SiOFまたはFSG）
│   ├─ Si 窒化膜
│   │   ├─ Si₃N₄
│   │   ├─ SiNₓ（プラズマCVDによる膜）
│   │   └─ SiON（オキシナイトライド）
│   ├─ 低比誘電率膜 ── ポリマーフィルム，H含有SiO₂，
│   │                  ポーラスSiO₂，カーボンドープ膜など
│   ├─ 高比誘電率膜
│   │   ├─ Ta₂O₅
│   │   ├─ BST（チタン酸バリウム・ストロンチウム）
│   │   └─ STO（チタン酸ストロンチウム）など
│   └─ 強誘電体膜 ── PZT，PLZTなど
├─ 金属・導体膜
│   ├─ アルミニウム・アルミニウム合金膜 （Al-Si, Al-Si-Cu, Al-Cu）
│   ├─ 高融点金属膜 （W, Mo, Ti, Coなど）
│   │   （リフラクトリーメタル）
│   ├─ シリサイド膜 （WSi₂, MoSi₂, TiSi₂, CoSi₂, TaSi₂など）
│   ├─ 導電性窒化膜 （TiN, TaNなど）
│   ├─ Cu薄膜 （Cu）
│   └─ その他 （FRAM用の新電極材料-Ir, Pt, Ru₂Oなど）
└─ 半導体膜
    ├─ エピタキシャル膜
    ├─ ポリシリコン膜 （ドープおよびアンドープ膜）
    └─ アモルファス Si膜
```

図5-17　VLSIに応用される薄膜の種類

のような種類があるかを示すのが，**図5-17**である。半導体デバイスへの応用からみると絶縁膜，金属・導体膜，半導体膜に区分すると便利である。

絶縁膜はSiO_2ベースの膜が最も広範囲に用いられており，B_2O_3やP_2O_5などをドープした酸化膜に加え，最近ではFやCH_3などを構造の中に含むSiO_2がlow k（低比誘電率）膜として応用されている。次に多く用いられるのがシリコン窒

化膜である。OとNとが混合したようなSiON（OとNの比率は可変である）膜も応用されている。その他，この絶縁膜のカテゴリーは各種のlow k 膜（ポリマーなどを含む）やhigh k などといわれる高比誘電率膜あるいは強誘電体膜が含まれる。

　金属・導体膜としてくくったのは単体金属ではない窒化物（ナイトライド）の膜，ケイ化物（シリサイド）の膜で導電性を有し，電極材料として用いられている例があるからである。半導体デバイスにおいて最も古くから応用されている金属はAlおよびAl-Cu，Al-Si-Cuなどの合金である。p型，n型シリコンに対してもよいオーミックコンタクトがとれ，SiO_2 との密着性などの相性が優れているためである。高融点金属（リフラクトリーメタル）と呼ばれるW，Mo，Ta，Tiなども応用されており，それらのシリサイド，ナイトライドも最近注目されている。

　銅の拡散バリアとしてのTaNの応用は最近特に重要視されている。銅がAlに代わる，あるいはそれと併用される電極配線材料として実用化が進みつつあるのはよく知られているが，Au，Agなどは抵抗値がAlより低くても使われていない。その物性が半導体プロセスに向いていないためである。

　半導体膜としては，単結晶（エピタキシャルシリコン），多結晶（ポリシリコン），無定形（アモルファスシリコン）と３つの形態の膜が用いられている。半導体プロセスとしてはポリシリコン膜が最重要である。加工性が高く，SiO_2 膜との相性がよく，例えばポリシリコンゲートのようなデバイスの心臓部に用いられている。また，DRAMの３次元キャパシタ構造の構成要素および電極としても不可欠である。

　そのほか，未知の電極材料，キャパシタ材料までが薄膜として今後も登場してくるだろう。

❷ 薄膜のデバイスへの応用

　図5-18は半導体デバイスへの薄膜の応用を示す。(a)は配線工程であり，(b)は基板工程である。配線工程はすべて薄膜の堆積から成り立っており，薄膜形成の間にはビアホールの形成とCMP平坦化が繰り返される。この場合はAl配

⟨ ⟩：熱酸化膜の応用
ディメンジョンの比較は無視

(a) Al多層配線構造（BEOL）

- SiN（パッシベーション膜-2）
- SiO₂（パッシベーション膜-1）
- SiO₂（層間絶縁膜）
- TiN, α-Si など（反射防止膜）
- TiN（バリア, 密着層）
- W（プラグ）
- AlまたはAl合金（配線）
- TiN（バリア膜）

FEOL基板

(b) MOSトランジスタ構造（FEOL）

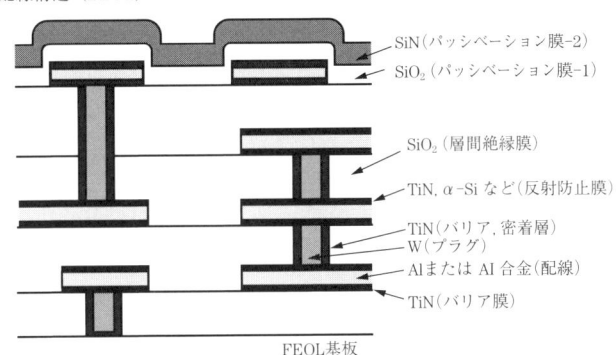

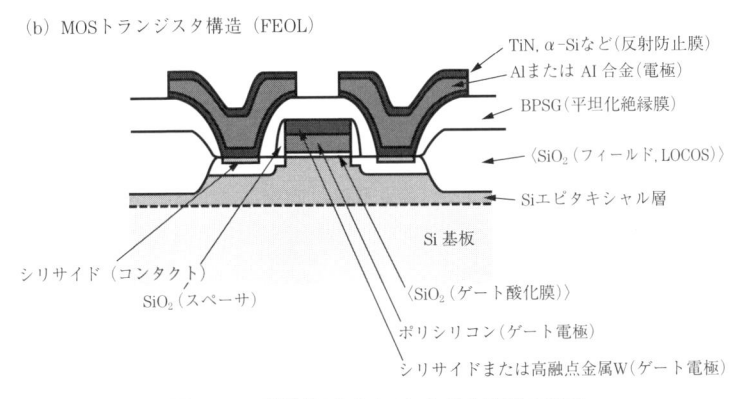

- TiN, α-Siなど（反射防止膜）
- AlまたはAl合金（電極）
- BPSG（平坦化絶縁膜）
- ⟨SiO₂（フィールド, LOCOS）⟩
- Siエピタキシャル層
- Si基板
- シリサイド（コンタクト）
- SiO₂（スペーサ）
- ⟨SiO₂（ゲート酸化膜）⟩
- ポリシリコン（ゲート電極）
- シリサイドまたは高融点金属W（ゲート電極）

図5-18　半導体デバイスにおける薄膜の応用

線構造として示してあるが，銅配線ともなると薄膜の種類と層数はさらに増加する。

　基板（MOSトランジスタ）工程でもゲート電極構造，平坦化絶縁膜構造などの堆積による薄膜が必要であり，ここにはしるしていないがLOCOS構造形成のための選択酸化マスク用シリコン窒化膜，アイソレーション埋込み用酸化膜などがある。スペーサも堆積による膜である。

　この(a)構造が(b)構造の上に形成されてデバイスが完成する。

このほか，DRAMのキャパシタ構造やFRAMのキャパシタ構造もすべて堆積による膜とその加工によって作り上げられる。このような薄膜応用の原点はシリコンゲートMOS構造にある。

3 薄膜の形成法

これらの薄膜形成はどのような方法で行われているのだろうか。またどのような方法であるべきだろうか。まず，配線工程における薄膜の形成はその下のデバイス（トランジスタ）の特性を劣化あるいは変化させないようになるべく低温下で行われる。アニール処理なども含めて工程の進行とともに処理温度はそれ以前の工程を一般に上回ってはならない。

薄膜形成の方法は図5-19に示すようにCVD法(Chemical Vapor Deposition, 化学気相成長)，PVD法（Physical Vapor Deposition），塗布・コーティング法，電気メッキ法に区分される。CVD法とPVD法はこれまでも多く実用化されてきたが，そのほかの2つの薄膜形成法は半導体プロセスとしては新しい。

まず塗布・コーティング法はその実際の手法からSOG（Spin-on Glass），ゾル・ゲル（Sol-Gel）法などとも呼ばれている。最近ではlow k膜の形成に応用

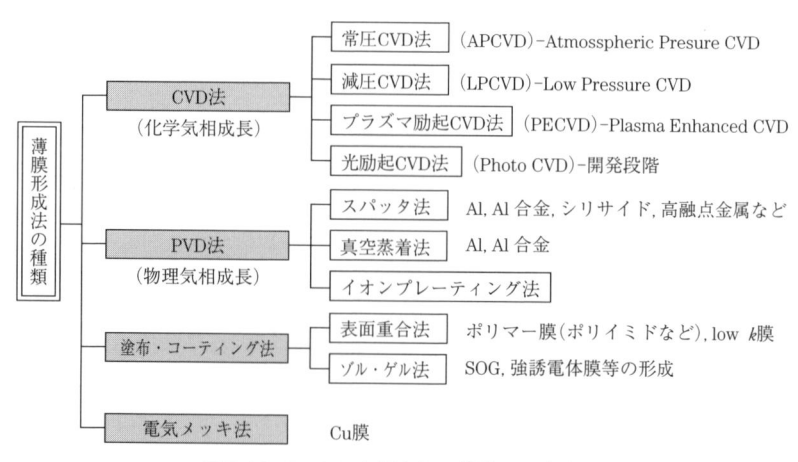

```
薄膜形成法の種類 ─┬─ CVD法          ─┬─ 常圧CVD法      （APCVD）-Atmosspheric Presure CVD
                  │ （化学気相成長）  ├─ 減圧CVD法      （LPCVD）-Low Pressure CVD
                  │                  ├─ プラズマ励起CVD法 （PECVD）-Plasma Enhanced CVD
                  │                  └─ 光励起CVD法    （Photo CVD）-開発段階
                  ├─ PVD法           ─┬─ スパッタ法      Al, Al 合金, シリサイド, 高融点金属など
                  │ （物理気相成長）  ├─ 真空蒸着法      Al, Al 合金
                  │                  └─ イオンプレーティング法
                  ├─ 塗布・コーティング法 ─┬─ 表面重合法   ポリマー膜(ポリイミドなど), low $k$膜
                  │                      └─ ゾル・ゲル法 SOG, 強誘電体膜等の形成
                  └─ 電気メッキ法    Cu膜
```

図5-19 VLSIに応用される薄膜の形成方法

されるようになった。塗布形成される膜が有機ポリマーの場合もあり、ガラス膜とはいえないので総称してSOD（Spin-on Dielectrics）ともいわれている。また、PZTなどの強誘電体薄膜形成手段としても有効であり、半導体プロセスのなかでは急速に広まっている技術である。

一方、電気メッキ法は主としてCu膜の形成に用いられるようになり、半導体プロセスの一技術として注目されている。また、プロセスと実装技術とのちょうど境界技術として重要なバンプの形成にもこのメッキ法が用いられている。この方法はECD（Electrochemical Deposition）あるいはECP（Electrochemical Plating）などと略称されている。

表5-10にこれら4つの手法の比較を示す。おのおの、基本原理、形成可能な膜、半導体デバイスに応用されている膜、および開発段階の膜が含まれている。

CVD法では2, 3の例を除いて、ほとんどの種類の膜は形成可能であり、実用化されている例も多い。PVD法でも同様にほとんどの種類の成膜が可能であるが、実際に用いられているのはAl、Al合金や導電性の膜である。塗布法ではスピンコート（回転塗布）をはじめ、ディップやスプレーでのコーティングがあり、low k膜、ポリマー膜、強誘電体膜などの実用化を目指して新しい技術や装置が盛んに開発されている。

ただし塗布膜の場合は、原料を溶解または分散させてある溶液を原料として用いるため、溶剤の除去、塗布物の緻密化あるいは安定化のためにアニールが必要である。このアニールではそれぞれの膜に応じて温度とそのプロファイルなどが最適化されなければならない。また、塗布とアニールを複数回反復させて安定な膜を形成されるといったテクニックも必要である。

メッキ法では基板前面に導電性の膜をPVDなどで形成し、その上にCuの薄い下地層を、やはりPVD法あるいはCVD法で形成し、そこに電極を取り付けてCuメッキを行う。これはメッキという電気化学的反応の応用であり、基板が配置された陰極上にプラスのCuイオンが到達すると基板表面近傍で、

$$Cu^{++} + 2e \rightarrow Cu$$

のようにCuが析出する現象である。これは基本的には陰極表面で起きる反応

表5-10 各成膜方法の比較と形成可能な薄膜（半導体デバイス応用）

成膜方法		CVD法	PVD法	塗布法(SOG/SOD*)	メッキ法（ECD**）
基本的な手法		化学気相反応の応用（励起方法…熱，プラズマ，光など）	物理的現象の応用（蒸着，スパッタ，イオンプレーティングなど）	液体の塗布とキュア（スピンコート，ディップコート，スプレーコートなど）	電気化学反応の応用（電気分解-陰極での金属イオンの還元）
形成可能な薄膜の種類	絶縁膜	SiO_2, doped oxide Si_3N_4, Ta_2O_5, Al_2O_3, 強誘電体膜，low k 膜，その他	SiO_2, Al_2O_3, SiN, 強誘電体膜など（ターゲット材の選択によるスパッタおよび反応性スパッタ）	SiO_2, doped oxide 強誘電体膜，low k 膜，ポリマー膜など（Sol-Gel法）	—
	金属・導体膜	高融点金属(Mo, W) Al, Cu シリサイド(WSi_2など) ナイトライド(TiNなど) その他	Al，Al合金 高融点金属 シリサイド($TiSi_2$など) ナイトライド(TaNなど) その他ほとんどすべての金属膜	Cu（微粒子を溶剤に分散させスピンコートする方法）	Cu, Au，その他パッケージング工程では多く用いられる。(PbSn-ハンダ, Ni, Crなど)
	半導体膜	シリコン（エピタキシャル層）ポリシリコン アモルファスシリコン（α-Si）	—	—	—
コメント		・原料として蒸気圧がある程度あればほとんどの種類の膜が形成可能。（熱的反応が困難な場合はプラズマアシストで活性化エネルギーを低下させる。）	・ターゲットを選択または組合せればほとんどの金属，絶縁膜が形成可能。（スパッタおよび反応性スパッタ）	・コーティングと溶剤を除去する工程，アニールの工程を含む。溶剤中には分散か溶解かの2つの手段で含ませる。	・無電界メッキも可能 ・Cuのメッキは，アセンブリ，プリント基板にも用いられている。 ・Al, Wのメッキは電気化学的に不可能

*SOD：Spin on Dielectrics
**ECD：Electrochemical Deposition

（開発段階の膜も含む）

表5-11 CVD法とPVD法の比較

PVD法	CVD法
・物理的手法（蒸着，スパッタ） ・基板は通常室温，加熱も可能 ・主として金属・導体膜の形成，膜の種類に制約がある ・真空装置を用いる ・膜は堆積であり，基板上への密着性は優れている ・膜は緻密であり，ストレスは大きい ・バルクに近い膜質が得られる ・段差被覆性は悪い ・組成の制御は一般に困難である	・化学的手法（化学反応） ・基板は加熱される ・膜質は温度によって左右される ・絶縁膜，金属・導体膜，半導体膜などすべてに適用される ・プラズマCVD，減圧CVDの場合は真空を用いる ・膜は堆積および表面反応によって形成される ・密着性はパラメータにより変わる ・膜の緻密性は温度によって決まり，ストレスは制御可能である ・段差被覆性はPVDよりも優れている ・組成の制御はガスの制御により可能

であり，膜の埋込み性とステップカバレージは優れているはずである。

このメッキ法にはもう一つ無電気メッキ法がある。これは下地にあらかじめ形成した他の金属膜とメッキしようとする金属との間で電気化学的置換反応を起こさせ，電界を加えることなく金属イオンを含む溶液に浸すだけで金属のコーティングを行う方法である。"無電気メッキ"あるいは"無電界メッキ"と呼ばれるのはそのためである。この方法は実現すれば薄膜形成法としての利点は多い。

表5-11は薄膜形成法におけるCVDとPVDの比較である。この両者は半導体プロセスの歴史のなかで相互に改良を繰り返しながら競合してきた技術である。

現状ではCVD法の応用が先行しており，また現在PVD法で堆積している膜であっても将来はCVD法への転換が期待されている膜は多い。特に狭いギャップ内のカバレージが要求されるTiNなどの膜，強誘電体膜などがその例である。CVD法のステップカバレージと生産性，制御性のよさのためである。

4 CVD法による膜形成

図5-20にCVD法による膜形成原理を簡単に示す。A，Bは反応ガスでありチ

- CVDチャンバ内での反応

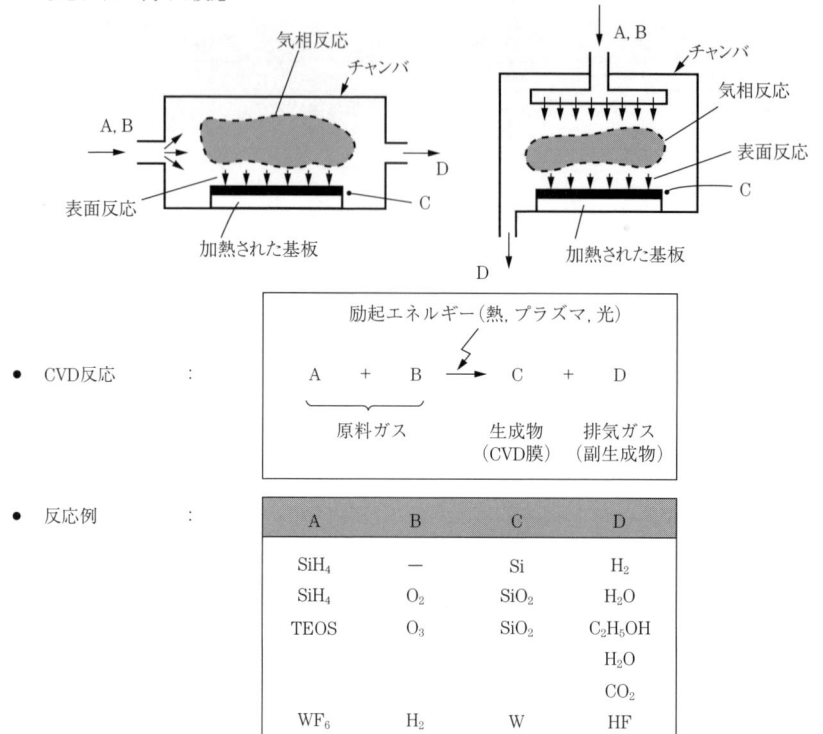

A	B	C	D
SiH$_4$	—	Si	H$_2$
SiH$_4$	O$_2$	SiO$_2$	H$_2$O
TEOS	O$_3$	SiO$_2$	C$_2$H$_5$OH
			H$_2$O
			CO$_2$
WF$_6$	H$_2$	W	HF
TiCl$_4$	NH$_3$	TiN	NH$_4$Cl

- CVD反応 : A + B →(励起エネルギー(熱, プラズマ, 光)) C + D
  - 原料ガス / 生成物（CVD膜）/ 排気ガス（副生成物）

- 反応例 :

図5-20 CVD膜形成の原理

ャンバに送り込まれると気相中での反応あるいは表面，表面近傍での反応により生成物としてのCが膜として形成される．原料ガスの組合せとそれによる生成物の例を図中に示した．

このような反応が進行するにはA＋Bが活性化エネルギーの障壁を越える必要があり，熱がその推進力となる．プラズマ放電中ではこの活性化エネルギーは低下し，A＋Bの反応が進行しやすくなる．つまり反応を励起するエネルギーとなる．

気相反応は熱的な対流あるいは輻射によってチャンバ内の空間で起こり，あ

る場合はそれは中間反応的であるが,ある場合にはそこで最終反応のようなことが起きてしまう。しかし望ましいのは最終反応の完結が表面で起こることであり,それによって膜質,カバレージ,パーティクル発生などの状態が左右される。

CVD膜形成は化学反応としてみた場合,

- ・熱分解反応　　　　　　　($SiH_4 \rightarrow Si + 2H_2$)
- ・酸化反応　　　　　　　　($SiH_4 + 2O_2 \rightarrow SiO_2 + 2H_2O$)
- ・還元反応　　　　　　　　($SiCl_4 + 2H_2 \rightarrow Si + 4HCl$)
- ・加水分解反応　　　　　　($2AlCl_3 + 3H_2O \rightarrow Al_2O_3 + 6HCl$)
- ・アンモニアとの反応　　　($3SiH_4 + 4NH_3 \rightarrow Si_3N_4 + H_2$)
- ・酸化反応　　　　　　　　($2WF_6 + 3Si \rightarrow 2W + 3SiF_4$)

などに分けられる。カッコ内は反応例を示す。CVD膜形成にはこれらのうちのいずれかの反応型式を用いている。

反応の進み方としてはA＋Bあるいは中間的生成物が拡散によって基板の表面に到達し,吸着,反応を起こす過程をたどる。これが表面から離脱して系内から排出されないと次の吸着が起きないからである。それを厳密に行う手法としてALCVD（Atomic Layer CVD）と呼ばれる方法が提案されている。これは1原子層ごとに成膜し途中で系内を元の状態にリセットして再び1原子層を形成するという"layer-by-layer"あるいは"Digital CVD"といった発想である。カバレージが優れ,膜質も良好であることを特徴とし,Al_2O_3膜などの結果が報告されている。

図5-21にCVD法を方式的にさらにブレイクダウンして示す。また,図5-22は生産に用いられているCVD装置の諸方式を示す。熱処理装置同様シングルウェハ方式とバッチ方式が共存しているが,後者は主として熱処理と同じファーネスを用いたホットウォールLPCVD装置である。シングルウェハ方式にはマルチチャンバ化され,生産性を高める工夫と同時に他の種類のチャンバをドッキングさせてプロセスインテグレーションを行う装置もある。

```
                  ┌─ エピタキシャル成長装置 ［エピタキシャル層形成のみに用いられる］
                  │
                  ├─ 常圧CVD装置        ［主として400℃程度での低温熱CVDSiO₂膜形成に用いられる］
                  │  （APCVD装置）       ［(SiH₄-O₂系, TEOS-O₃膜)                              ］
                  │
                  │                     ┌─ コールドウォールLPCVD装置 ┌主としてメタル膜, シリサイ┐
                  │                     │                            │ド膜のCVDに用いる（500～ │
                  │                     │                            └600℃）                 ┘
                  │  減圧CVD装置        │                            ┌主としてポリシリコンSi₃N₄,┐
 C                ├─ （LPCVD装置）      ├─ ホットウォールLPCVD装置   │SiO₂膜形成に用いる（500～ │
 V                │                     │                            └600℃）                 ┘
 D                │                     │
 装                │                     ├─ HTO装置 （SiH₄-N₂O, SiH₂Cl₂-N₂O, TEOS系SiO₂膜）
 置                │                     └─ LTO装置 （～450℃）(SiH₄-O₂系SiO₂膜)
                  │
                  │  プラズマCVD装置    ┌─ コールドウォールPECVD装置
                  ├─ （PECVD装置）      └─ ホットウォールPECVD装置
                  │
                  ├─ 高密度プラズマCVD装置 ［ECR,ICP,ヘリコン波などの各方式］
                  │
                  ├─ 光CVD装置          ［光励起によるCVD膜形成-研究開発段階］
                  │
                  ├─ レーザCVD装置      ［研究開発段階］
                  │
                  └─ RTPCVD装置         ┌RTP = Rapid Thermal Processor.              ┐
                                        │ハロゲンランプによる加熱方法（サセプタを用いない直接加熱）│
                                        └を利用したCVD装置の名称                      ┘
```

図5-21　CVD法の分類

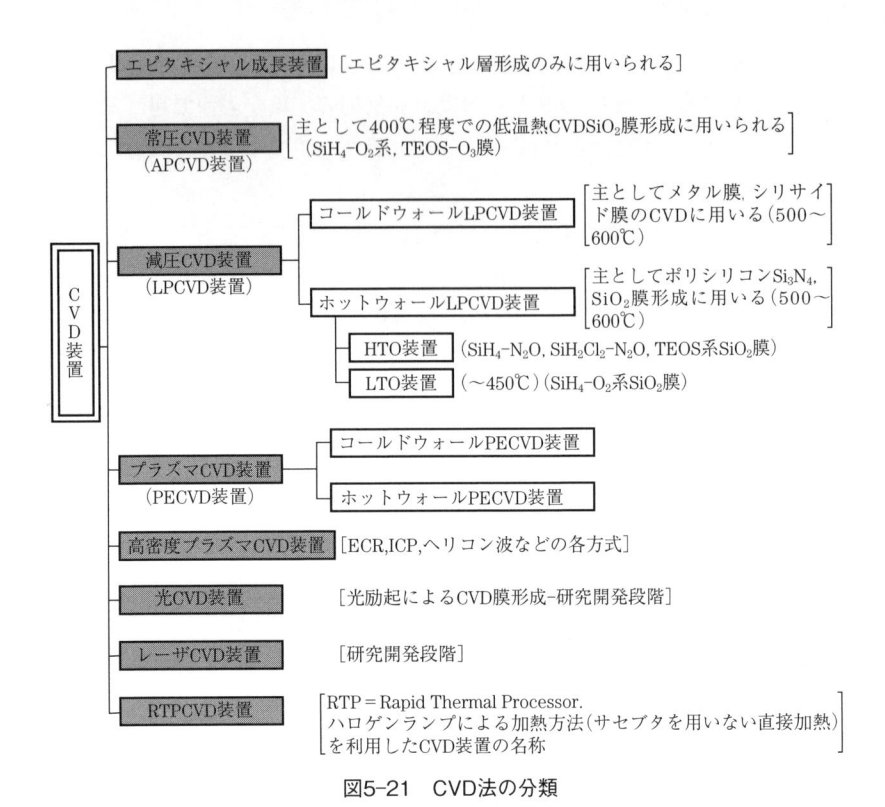

5 PVD法による膜形成

　PVD法による膜形成には**図5-23**に示すように蒸着，スパッタリング，イオンプレーティングがある．蒸着ではソースの蒸発方法として抵抗加熱と電子ビーム加熱を挙げてある．蒸着法は現在では半導体プロセスとしてはほとんど用いられず，イオンプレーティングもその実用例がないので，デバイス製造に用いられる方式はスパッタリング法のみである．

　スパッタリング法は，高真空中でターゲットに衝突したアルゴンイオンがそこからターゲットを構成する原子をスパッタリング現象によってたたき出し，対向している基板上に堆積させる方法である．

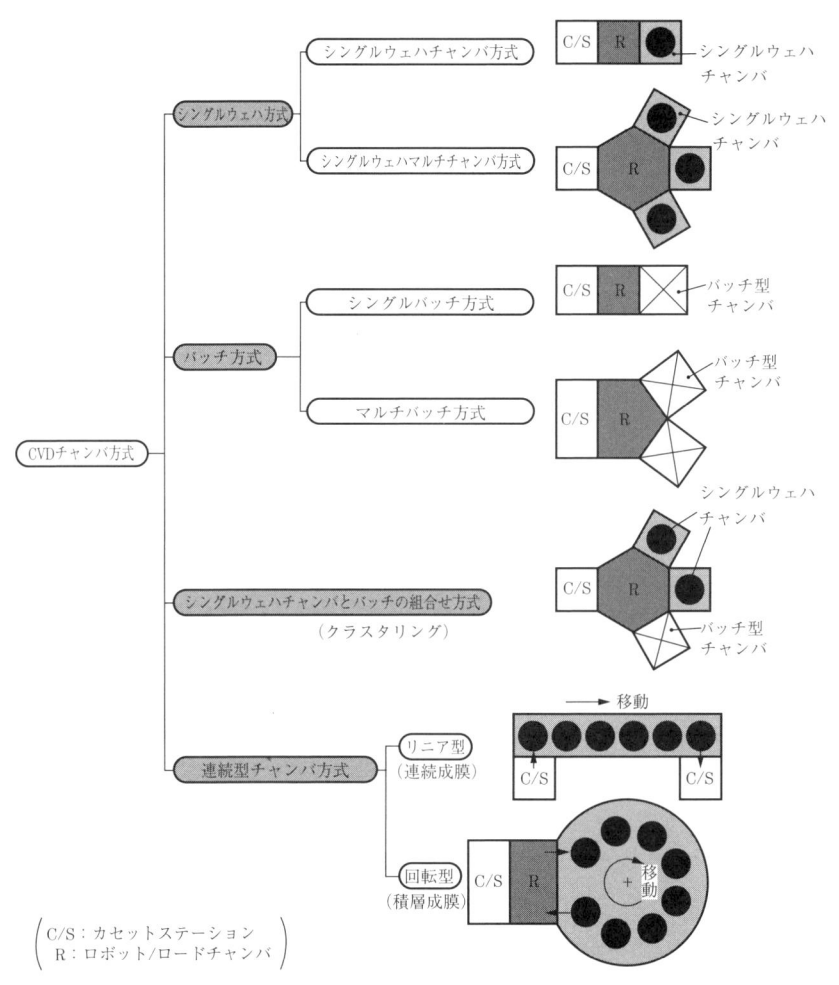

図5-22 CVD装置の諸方式

ターゲット材としては，Al膜の場合は高純度Alをターゲットとして用い，SiO_2膜の場合は石英板をターゲットに用いる。またTiN膜の形成の場合にはTiNそのものからなるターゲットを用いる方法と，Tiターゲットを用いてN_2ガスを含む雰囲気中でのスパッタリングにより形成させる方法（反応性スパッタ

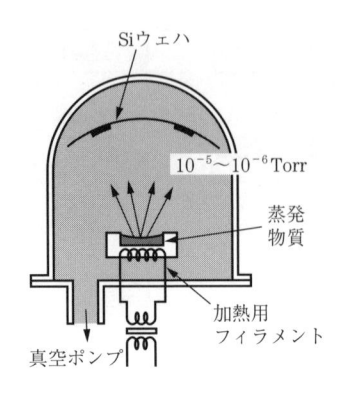

(a) 抵抗加熱式真空蒸着

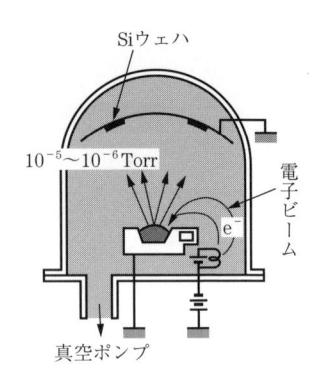

(b) 電子ビーム蒸着

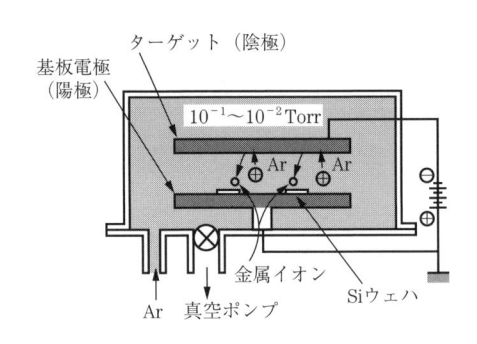

(c) スパッタリング

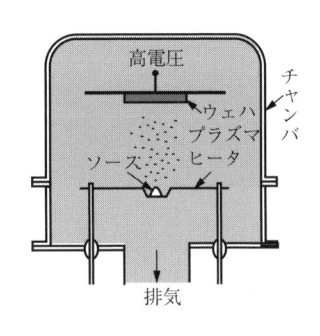

(d) DCイオンプレーティング

図5-23　PVD膜形成の原理
((a), (b)；山口，武藤：電子材料, p.133 (1978.11))
((c), (d)；早川，和佐：『薄膜化技術』，共立出版 (1983))

リング）とがある。したがって，その考え方を適用すればPZTなどの複合酸化膜もターゲット材と雰囲気の選択により自由に形成できる。

図5-24はPVD装置の分類である。現在ではDCマグネトロンスパッタが主流である。マグネトロンを使用することによりプラズマをターゲット近傍に閉じ込めてスパッタリング効率を高めている。

装置的にはシングルウェハチャンバを複数配置した方式が主流であり，積層

```
PVD装置 ─┬─ 真空蒸着装置 ─┬─ 抵抗加熱蒸着
         │               ├─ 電子ビーム加熱蒸着  ┐
         │               ├─ 高周波加熱蒸着      ├ メタル,合金薄膜形成
         │               └─ レーザビーム加熱蒸着┘
         │
         ├─ スパッタ装置 ─┬─ DCスパッタ ─┬─ 二極スパッタ
         │               │             ├─ 多極スパッタ        ┐ メタル,合金
         │               │             └─ マグネトロンスパッタ ┘ 薄膜形成
         │               │
         │               ├─ RFスパッタ ─┬─ 二極スパッタ
         │               │              ├─ 多極スパッタ        ┐ 絶縁膜形成
         │               │              └─ マグネトロンスパッタ┘
         │               │
         │               └─ バイアススパッタ ──── 平坦化絶縁膜形成
         │
         └─ イオンプレーティング
```

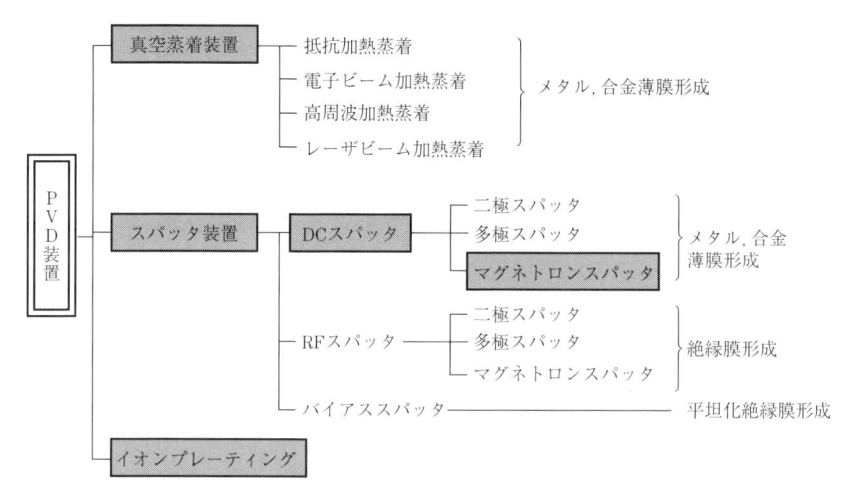

図5-24　PVD法の分類

メタル構造の形成においてチャンバ外にウェハを出すことなく連続処理してしまう．例えば，

| Tiスパッタリング | → | TiNスパッタリング | → | Al-Cuスパッタリング |

あるいは，

| Tiスパッタリング | → | ランプアニール(N_2中) | → | Al-Cuスパッタリング |

といったシーケンスである．

現在は，デバイスの微細化が進み，コンタクトあるいはビアホールへのメタル埋込みが特に厳しくなりつつある．Al, Wなどのプラグ形成前のTi, TiNなどのスパッタリングでは微細かつ高アスペクト比のホール内に膜が均一に付着しないばかりかボトム部に十分な厚みがとれなくなる．これはスパッタリングによる粒子が深い領域に到達できないためで，技術的改善が必要である．そこで工夫されたのが，

・コリメータを用いて垂直成分のみを取り出す——コリメートスパッタ
・ターゲットと基板の距離を長くし，入射角を小さくすることにより深いボトムにも粒子が到達できるようにする——長距離スパッタあるいはロングスロースパッタ

5.4　薄膜形成技術

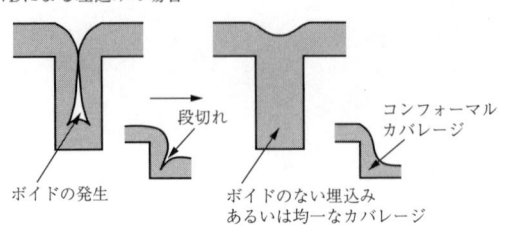

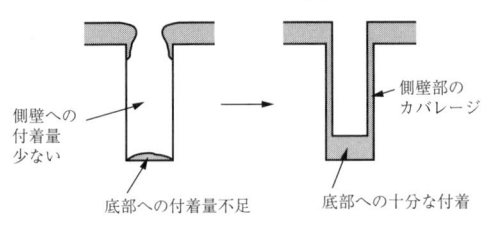

図5-25　CVD，PVDにおけるステップカバレージ改良

などである。両者とも一長一短がある。

　最近ではスパッタされた粒子をイオン化して垂直に加速して基板に衝突させ，ボトム部の付着量をさらに増加させる方法が採用されるようになった。ICP（Inductive Coupled Plasma）などの高密度プラズマを用いる。この方法はイオン化スパッタと呼ばれ，I-PVDあるいはIPDなどと呼ばれている。PVDではこのボトムカバレージの問題は今後も厳しさを増すと考えられ，CVDとの優位性比較が議論されるようになるだろう。

　図5-25ではCVDとPVDにおけるステップカバレージの改善の方向を示した。PVD法でボトムカバレージが向上しても側壁部分への付着はどうなるだろうか。CVDでのボイドレス埋込みは本当に可能だろうか。

6 今後の展望

　薄膜技術は膜の種類，成膜法，応用ともに非常にバラエティに富んでいて広範囲の知識が必要な分野である。また，今後もさまざまな新材料が開発されると考えられる。特にlow k，high k（高比誘電率膜および強誘電体膜），新しい

電極材料（IrO$_2$，Pt，RuOなど），Cuおよびバリアメタルなどに関しては成膜方法のみならず，測定評価，洗浄，エッチングなどについてもまだ不明の点が多く，技術的な標準化も遠い。これらの問題点の解決も薄膜技術における今後の重要課題である。また，薄膜形成技術では用いる原料（CVD法では原料化合物，PVD法ではターゲット材）の問題が非常に重要であり，純度あるいは操作のしやすさが決め手となるだろう。

　また，今後は各種の膜形成においてCVD，PVDがこれまで以上に競合するようになると思われる。さらにCVD膜vs. 塗布コーティング膜，CVD膜vs. メッキ膜という競合もさかんにみられるようになる。しかしいずれかが残るというのではなく，それぞれの特徴を活かして住み分けられていくに違いない。

5.5 リソグラフィ技術 Ⅰ

　リソグラフィ技術は写真製版技術であり，マスクを用いて回路パターンをホトレジストに転写─現像し，エッチングを経て完了する。この工程は場所によってはホトリソ工程，ホト工程，リソ工程などと略称される。パターン露光に用いられるステッパは半導体製造装置のなかでも最も高価格であり，高度な超精密光学機器である。デバイス製造において20〜30回繰り返されるステッパでの露光を含むこのリソグラフィ工程は半導体プロセスの中枢である。

◼ リソグラフィ技術Ⅰのアウトライン

　リソグラフィ工程は，図5-26のように基板上へのホトレジスト塗布に始まり，露光，現像，エッチングを行い，使用済みのホトレジストを除去する一連のプロセスである。ここではそれを前半と後半に分け，リソグラフィⅠとリソグラフィⅡとする。Ⅰではホトレジスト膜への回路パターンの転写，すなわちホトレジスト処理の工程を行い，Ⅱではそのホトレジストパターンを用いた下地膜の加工を行う。後半の工程はエッチングとホトレジスト除去である。図5-26はリソグラフィ工程のフローおよびこの前半と後半の区分を示す。

```
・ホトレジスト塗布工程          前処理      （洗浄，乾燥）
        │                      │
        │              密着性向上剤塗布処理  （HMDS-Hexamethyldisilazane）
        │                      │
        │              ホトレジスト塗布
        │                      │
        │              プリベーク（ソフトベーク）  （溶剤の除去）
        │                      │                                    ┐
・パターン露光工程          露　光      （ステッパ）                  │
        │                      │                                    │〈リ
・ホトレジスト現像工程      現　像      （感光部分の除去-ポジ型レジスト）  │ソ
        │                      │                                    │グ
        │              ポストベーク（ハードベーク）  （レジストの硬化）  │ラ
        │                      │                                    │フィ
        │              UVキュア    （UVによるレジストの硬化）            │Ⅰ〉
        │                      │                                    ┘
・パターンエッチング工程    パターンエッチング  （ホトレジストをマスクと
        │                      │              した下地膜のエッチング）  ┐
・ホトレジスト除去工程      ホトレジスト除去  （不要になった               │〈リソグラフィⅡ〉
        │                      │              レジスト膜の除去）         │
        │              最終洗浄                                        ┘
        ↓                      │
                          〈次工程〉
```

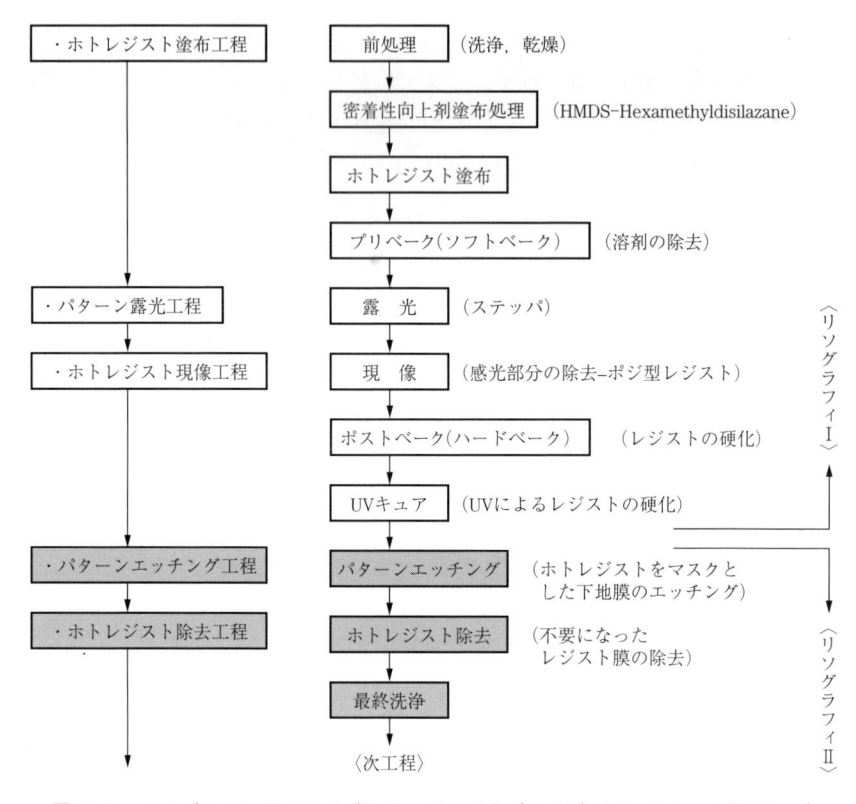

図5-26　リソグラフィⅠとリソグラフィⅡの区分（リソグラフィのトータルフロー）

　リソグラフィ技術Ⅰは，写真製版工程でいえば現像までであり，最終的にホトレジストに回路パターンが焼付けられるまでである。回路パターンはホトマスクから露光装置によってホトレジスト上に選択的に紫外線照射され，ホトレジスト内部の光化学反応によりパターンが潜像としてできあがる。それを現像によってイメージとして顕在化させる。

　現在の露光装置は1960年代半ばから幾多の技術的革新をへてステッパ（縮小投影露光装置）の時代となった。パターンの微細化の進行とともにその性能も向上し，光源として用いる紫外線の波長も遠紫外域（Deep UV）に入っている。ステッパは光学機器メーカーが提供する半導体製造装置であり，照明系，

表5-12 ホトレジストの性能比較

パラメータ	ネガ型ホトレジスト	ポジ型ホトレジスト
化学的安定性	安定	やや不安定
感度	比較的高い	比較的低い
解像度	やや低い	高い
現像許容度	大	小
酸素の影響	大	小
塗布膜厚	解像度の関係で厚くできない	厚く塗布可能
ステップカバレージ	不十分	十分
レジスト除去（パターン形成後）	やや困難	容易
耐ウェットエッチング性	良好	不十分
耐ドライエッチング性	やや劣る	良好
SiO_2への密着性	良好	不十分
機械的強度	強い	弱い

ことになる。

表5-12はネガ型レジストとポジ型レジストの比較である。ネガ型では残すべきレジストパターン（露光部分）が現像液で膨潤して解像度を低下させる。このため，安定性や定着性，取扱いが微妙で困難な点はあっても，高解像度が得られることからポジ型が用いられる。要するに現像時の特性，露光部と未露光部の溶解度差（コントラスト）をシャープにする必要がある。

図5-29に一般的に用いられているネガ型とポジ型ホトレジストの化学構造と原理を示す。ネガ型は感光特性をもつビスジアジド系化合物と環化ゴム系の樹脂が有機溶剤中に含まれるもので，光照射により図のように架橋が起こり，重合して硬化し，現像液として用いられるキシレンなどに不溶となる。すなわち，露光部と未露光部の溶解度に差が生ずることでパターンが現像できる。

ポジ型は感光性材料（キノンジアジド系化合物）とフェノール系樹脂が有機溶剤中に含まれるもので，アルカリ不溶性である。しかし光照射によって分解してアルカリ可溶性となる。したがって，アルカリ溶液を用いればパターンの現像が可能な状態となる。

ホトレジストはステッパの光源の短波長化（g線からi線）とともに改良が進められている。エキシマレーザ短波長光源の採用においても，KrF用およびArF用のホトレジストが開発されている。しかし，まだ材料としての完成度は

あり，基板上には回転塗布によって膜付けする。装置はスピンコータやベーキングオーブンなどをインライン化した"ウェハトラック"と呼ばれる方式が用いられる。

　ホトレジストにはネガ型とポジ型の2種類があるが，現在では解像度の点からポジ型が主流となっている。ホトレジストプロセスにおけるネガ型とポジ型は図5-28のように定義される。ネガ型では露光された部分が重合して硬化し，現像によって未露光部が溶出して露光部による像ができあがる。一方ポジ型では露光部が解重合するか，あるいは現像液に対して可溶性の構造に変わり，現像によって未露光部分を残す。したがって同一の下地膜パターンを形成する場合，ネガ型とポジ型では白黒反転のパターンをもつホトマスクを用いる

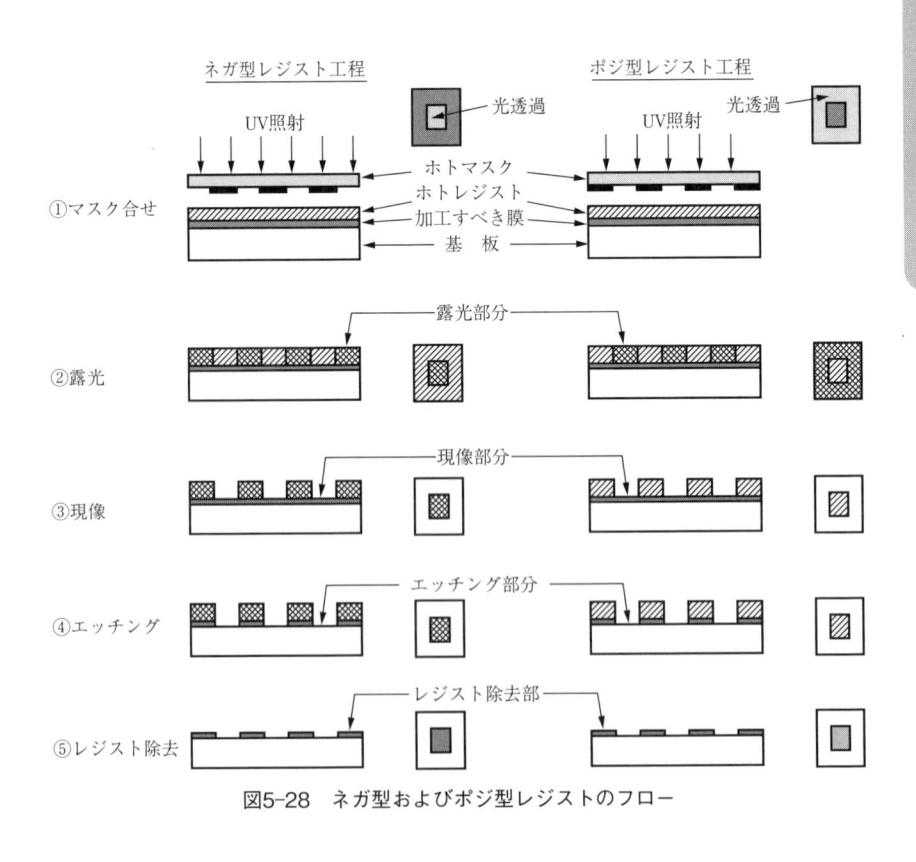

図5-28　ネガ型およびポジ型レジストのフロー

5.5　リソグラフィ技術　Ⅰ　111

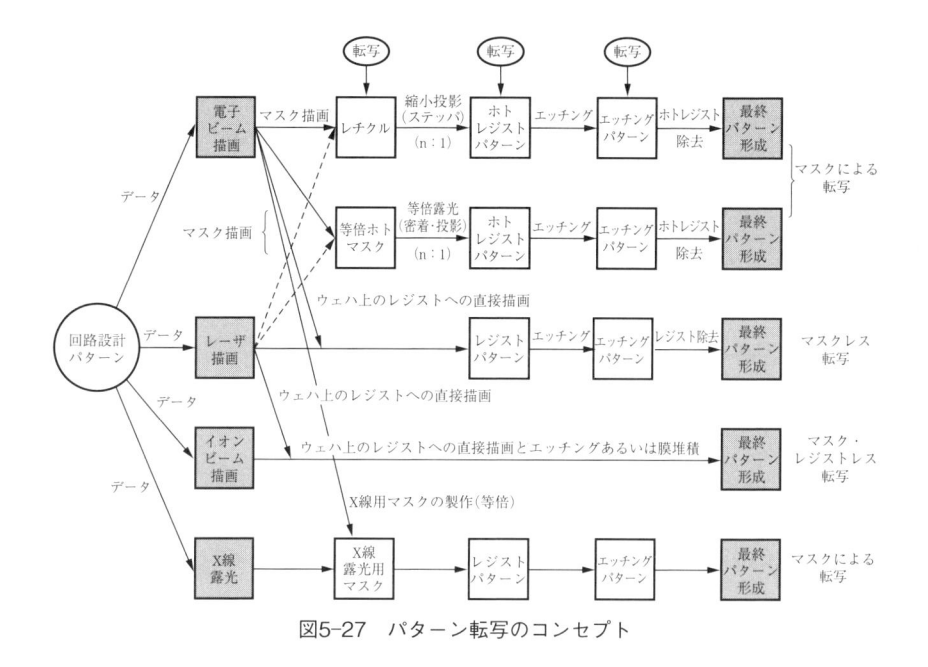

図5-27 パターン転写のコンセプト

てホトレジスト膜への縮小投影露光を行っているが、レチクルを用いず、電子ビームで基板上に直接描画させる"電子ビーム露光法"が将来の光限界以降のリソグラフィに用いられると予測されている。この場合は転写の回数は1回減少する。

さらにイオンビーム描画法が将来導入されるとすれば、イオンビームの走査によって基板表面の材質を直接エッチング除去し、そのままパターンを形成させることも可能となる。また、ビーム走査で選択的デポジションを行うことも不可能ではない。レーザ描画でも同様である。したがって、この場合はマスクレス・レジストレスとなり、転写は1回のみである。将来このような方式が用いられることは十分期待できる。X線露光もポストUV露光の候補の一つであるがこの場合には今のところ等倍マスクの使用が必要である。

3 ホトレジストプロセス

ホトレジスト材は、通常、感光性樹脂成分を有機溶剤中に溶解させたもので

レンズ系，精密移動ステージからなる高度な製品である。これは半導体製造技術ロードマップに従った明確な技術目標設定のもとに対応する製品の開発が行われるといった分野であり，デバイスメーカーのステッパメーカーに対する依存度はほぼ100%である。

ホトレジスト（感光性樹脂）は化成品のメーカーが提供するもので，各世代ごとに用いられる紫外線の波長に対して十分な感度をもち，高い解像度が得られるような感光性ポリマー材料開発の成果である。金属汚染やパーティクルの管理が厳重に行われ，ロット内，ロット間の均質性が問われる材料であり，精密化学（fine chemistry）の産物である。一般的な材料でありながら，VLSI用としての付加価値はきわめて高い。

光源の短波長化と同時にホトレジスト特性に対する要求も厳しくなり，ベーキングや現像条件などで高い管理レベルが必要である。特にKrF，ArF光源によるリソグラフィ用の"化学増幅型レジスト"ではその取り扱い，たとえばベーキング時の温度管理などはこれまでとは格段に異なる厳しさが必要といわれている。デバイスの高密度化，微細化はプロセス的には可能であっても，その条件の許容範囲（ウィンドウ）がますますせばまるマイナス効果も大きい。

2 パターンの転写方法

半導体プロセスにおけるリソグラフィはパターン転写の繰返しである。まず，ホトマスク基板（ステッパの場合レチクルと呼んでいる）を通して基板上のホトレジスト膜に縮小投影露光を行う。これが最初の転写である。ついでホトレジストを現像し，露光部と未露光部を分離する。これは現像条件によっては寸法的に最初のホトマスクパターンとまったく同一というわけにはいかず，また厚み方向の形状プロフィールも存在する。したがって第2の転写ということになる。このホトレジストパターンを用いた下地の加工もまた次の転写である。転写の回数が多いほど最初の設計寸法との誤差は拡大することになる。ホトマスクそのものもパターンの転写によって作られている。

図5-27にパターン転写のコンセプトを示す。

現在のリソグラフィでは，電子ビーム描画によって作られたレチクルを用い

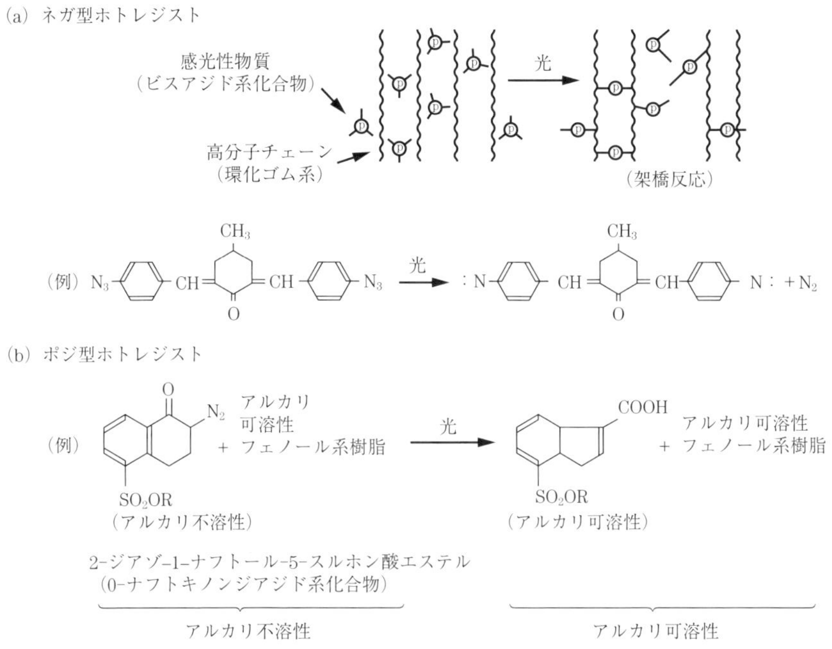

(a) ネガ型ホトレジスト

感光性物質
（ビスアジド系化合物）

高分子チェーン
（環化ゴム系）

（架橋反応）

（例） N_3—⟨ ⟩—CH=◯(CH₃)(=O)=CH—⟨ ⟩—N_3 →光→ :N—⟨ ⟩—CH=◯(CH₃)(=O)=CH—⟨ ⟩—N: + N_2

(b) ポジ型ホトレジスト

（例）〔構造式：N_2基をもつナフタレン系化合物、SO_2OR〕　アルカリ可溶性 + フェノール系樹脂　→光→　〔COOH基をもつインデン系化合物、SO_2OR〕　アルカリ可溶性 + フェノール系樹脂

（アルカリ不溶性）　　　　　　　　　　　　　　　　（アルカリ可溶性）

2-ジアゾ-1-ナフトール-5-スルホン酸エステル
(O-ナフトキノンジアジド系化合物)

アルカリ不溶性　　　　　　　　　　　　　　　　　　アルカリ可溶性

図5-29　ホトレジストの感光による反応の原理

高いとはいえない。従来ポジ型レジストはそれらの短波長域の光を吸収して分解しにくくなる傾向があるためといわれている。

これに対応して最近，化学増幅型ホトレジストのコンセプトが注目され，KrF，ArFエキシマレーザ光対応材料として実用化が進んでいる。このホトレジストを用いれば短波長光での高感度の解像が可能になる。化学増幅型レジストは有機溶剤中に酸発生剤と溶解抑止剤を含み，露光によって酸を発生させる。加熱するとその酸が溶解抑止剤に作用して，それを分解させ，アルカリ性現像液に不溶な構造に変化させるというものである。この反応は酸による一種の触媒反応である。したがって，触媒の拡散などの制御が重要である。また，化学増幅型レジストでは触媒反応を起こさせるベーキング（加熱）過程において温度，雰囲気，時間などを厳しく管理しなければならない。

短波長紫外線露光の場合のホトレジストは以上のように化学増幅型へと移行

5.5　リソグラフィ技術　I　113

しつつあるため,装置的にも従来とは異なる厳しい管理条件が求められる。

ホトレジストプロセスのフローをもう少し詳細にみると**図5-30**のようになる。用いられる装置類も同時に示す。

4 パターン露光プロセス

パターンの焼付けはレチクルの縮小投影露光によって行われる。ステッパによる逐次パターン形成（ステップアンドリピート——ステッパの語源）である。ステッパは縮小投影のための光学レンズ系，照明系（光源），ステップアンドリピートのための精密駆動X-Yステージ，系全体の安定性を保つための環境チャンバで構成される。

ステッパの性能要素は，縮小投影レンズの性能とアライメント（位置合せ）精度，X-Yステージ精度などであり，これらの向上により年々パターン解像度の改良が進められている。縮小投影レンズおよび光源の進歩による解像度向上のアプローチとしては，

・NA（レンズ開口数）の向上

・光源の短波長化

があげられる。

光源の短波長化により，現在では0.15μmまでのパターン形成にはKrF光源（249nm），0.10μmまでのパターンにはArF（193nm）が用いられるとみられている。0.10μm以降はさらに短波長のF_2（157nm）などが検討されている。

このようなNAの増大，光源の短波長化が進行するときに問題となるのが焦点深度（DOF：Depth of Focus）である。

レンズの解像度（R：μm）と波長（λ：nm），焦点深度（D：μm）の間にはNAをレンズの開口数，k_1,k_2をプロセスの実力で決まる定数とすると次のような関係が知られている。

$R = k_1 \cdot \lambda / NA$

$D = k_2 \cdot \lambda / (NA)^2$

したがって，解像度を高く（つまりRを小さく）するには，NAを大きくし，λを小さく（すなわち短波長化）することが望ましい。しかしこれは同時に焦

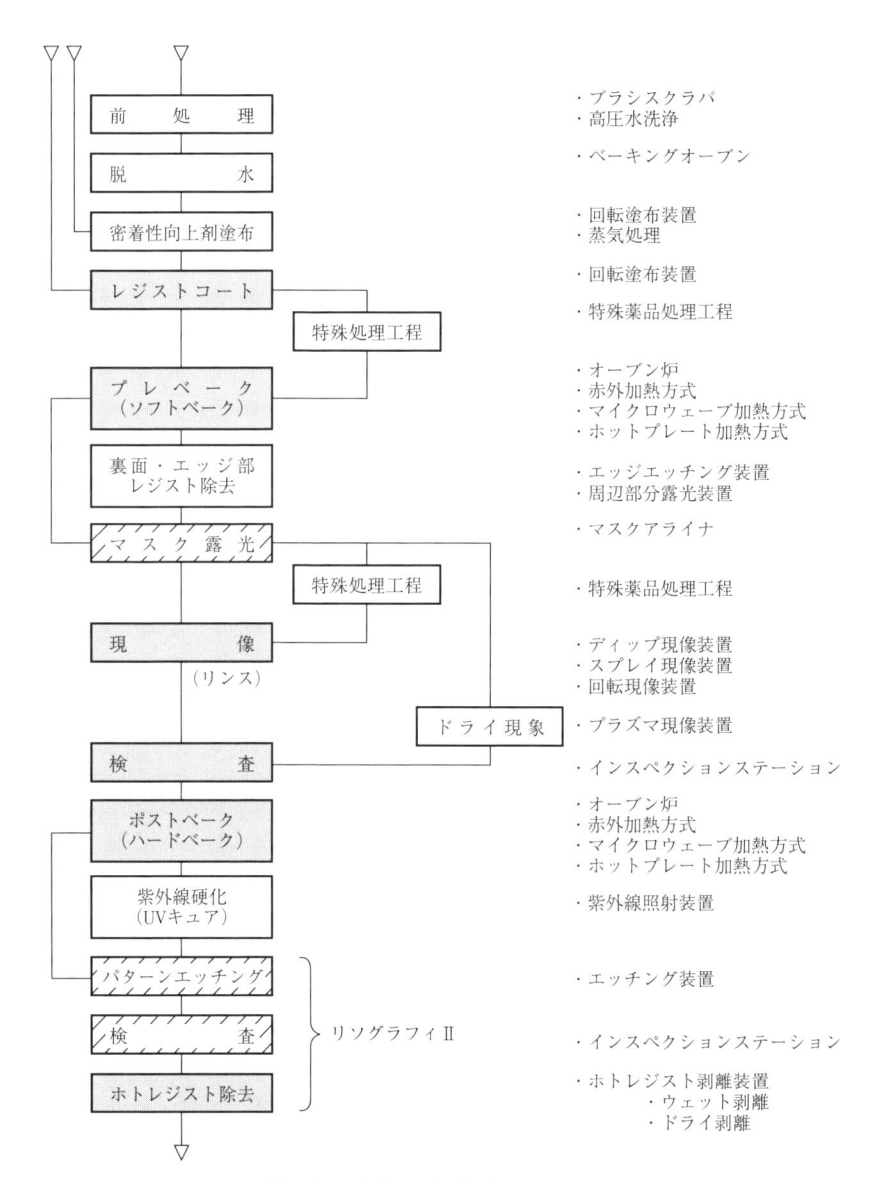

```
前処理          ──  ・ブラシスクラバ
                    ・高圧水洗浄

脱水            ──  ・ベーキングオーブン

密着性向上剤塗布 ──  ・回転塗布装置
                    ・蒸気処理

レジストコート  ──  ・回転塗布装置

     ┌ 特殊処理工程 ──  ・特殊薬品処理工程

プレベーク      ──  ・オーブン炉
(ソフトベーク)      ・赤外加熱方式
                    ・マイクロウェーブ加熱方式
                    ・ホットプレート加熱方式

裏面・エッジ部  ──  ・エッジエッチング装置
レジスト除去        ・周辺部分露光装置

マスク露光      ──  ・マスクアライナ

     ┌ 特殊処理工程 ──  ・特殊薬品処理工程

現像            ──  ・ディップ現像装置
(リンス)            ・スプレイ現像装置
                    ・回転現像装置

     ┌ ドライ現象 ──  ・プラズマ現像装置

検査            ──  ・インスペクションステーション

ポストベーク    ──  ・オーブン炉
(ハードベーク)      ・赤外加熱方式
                    ・マイクロウェーブ加熱方式
                    ・ホットプレート加熱方式

紫外線硬化      ──  ・紫外線照射装置
(UVキュア)

パターンエッチング ──  ・エッチング装置  ┐
                                        │ リソグラフィⅡ
検査            ──  ・インスペクションステーション │

ホトレジスト除去 ──  ・ホトレジスト剥離装置
                        ・ウェット剥離
                        ・ドライ剥離
```

図5-30 ホトレジストプロセスフロー

5.5 リソグラフィ技術 Ⅰ 115

5 基本プロセス技術

図5-31 ステッパにおける解像力・NA・波長・焦点深度の相関
(笠間：『電子材料別冊 1993年版 超LSI製造・試験装置ガイドブック』，工業調査会，p.8（1992））

点深度（D）の減少をもたらす。したがって，焦点深度以上の凹凸のある表面への露光では，式で決められるような解像度が得られないことになる。すなわち解像度と焦点深度はトレードオフの関係にある。

　以上の関係を示すのが図5-31である。たとえばKrF光源で0.2μm以下の解像度を得ようとするとかなりのDOF低下を覚悟しなければならない。kの値はホトレジスト工程などの実力で決まり，0.5～0.6程度が標準である。現在，NAはトップレベルで0.6～0.7に達している。

　さて，解像度を高めようとするとDOFが浅くなるので表面の凹凸は避け，常に平坦な表面に露光をできれば，設計どおりの高解像度が得られることになる。そのための有効な方法として多層レジスト技術がある。その例を図5-32に示す。この考え方は，下地の凹凸に関係なくホトレジスト表面を平坦にし，その上に薄いSiO$_2$膜（または他種のホトレジスト膜）の高解像度パターンを形成した後，RIE（反応性イオンエッチング）により下の厚いホトレジスト膜の異方性エッチングを行う方法である。そうすると下地に無関係に高解像度のホトレジストパターンが形成されることになる。これが多層レジストプロセスの

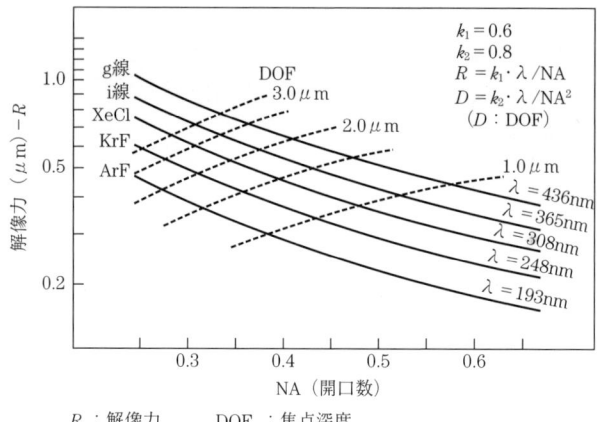

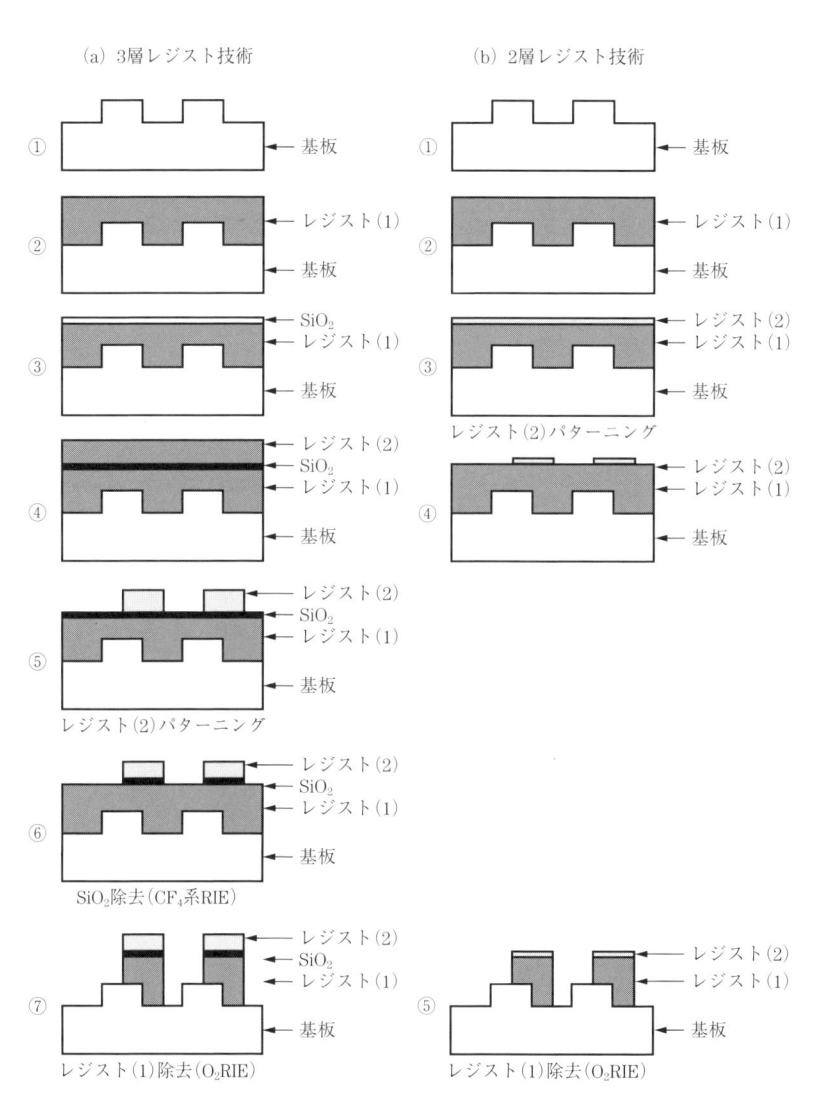

(a) 3層レジスト技術　　　(b) 2層レジスト技術

図5-32　高解像化のための多層レジストプロセスの例

コンセプトである。

　図5-33はパターン露光装置の分類を示す。光露光装置においては密着露光，プロキシミティ露光などの歴史的な方式も存在した。ステッパではKrF光

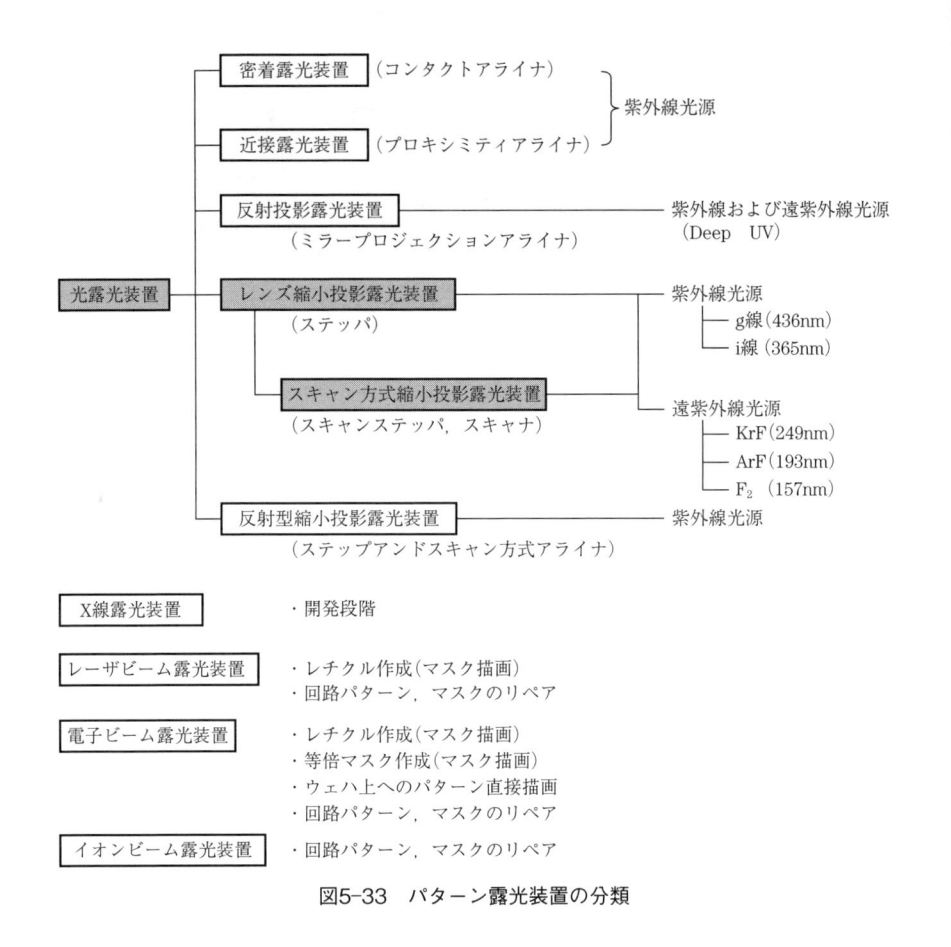

```
                ┌─ 密着露光装置 (コンタクトアライナ)          ┐
                │                                        ├ 紫外線光源
                ├─ 近接露光装置 (プロキシミティアライナ)      ┘
                │
                ├─ 反射投影露光装置                   ─── 紫外線および遠紫外線光源
                │   (ミラープロジェクションアライナ)              (Deep UV)
                │
  光露光装置 ────┤   レンズ縮小投影露光装置   ┐           ┌ 紫外線光源
                │   (ステッパ)              │           │   ├ g線 (436nm)
                │                          ├───────────┤   └ i線 (365nm)
                │   スキャン方式縮小投影露光装置│           │
                │   (スキャンステッパ, スキャナ)┘           └ 遠紫外線光源
                │                                          ├ KrF (249nm)
                │                                          ├ ArF (193nm)
                │                                          └ F₂ (157nm)
                │
                └─ 反射型縮小投影露光装置            ─── 紫外線光源
                    (ステップアンドスキャン方式アライナ)
```

X線露光装置	・開発段階
レーザビーム露光装置	・レチクル作成(マスク描画) ・回路パターン, マスクのリペア
電子ビーム露光装置	・レチクル作成(マスク描画) ・等倍マスク作成(マスク描画) ・ウェハ上へのパターン直接描画 ・回路パターン, マスクのリペア
イオンビーム露光装置	・回路パターン, マスクのリペア

図5-33　パターン露光装置の分類

源についでArF光源の装置も市販され，$0.13\sim0.15\mu m$のパターン形成に用いられている。また，一括縮小投影でなくスキャニングで縮小投影パターンを焼付けるスキャナと呼ばれる方式も登場した。歪みの少なく，フィールド面積の大きいパターン形成が可能である。パターンの解像度を高めるための技術として位相シフトマスク（PSM：Phase Shift Mask）パターンを用いる方法も実用化されている。

5 今後の展望

光による露光技術はどこに限界があり,どこからXR (X線) やEB (電子ビーム) 露光技術が実用化されるであろうか。

技術ロードマップでは,いまのところ$0.1\mu m$の解像にはArF (193nm) +PSM,F_2 (157nm) のほかに,
・EPL (Electron Projection Lithography):電子ビーム投影露光
・XRL (X-Ray Lithography):X線露光
・IPL (Ion Projection Lithography):イオンビーム投影露光
を候補としている。

$0.07\mu m$ (70nm) では,F_2 (157nm) +PSMとEPL,XRL,IPLに加えて,
・EBDW (Electron Beam Direct Writing):電子ビーム直接描画
・EUV (Extreme Ultra Violet Lithography):極短波長紫外線露光
が示されている。

$0.05\mu m$ (50nm) では,光ではEUVのみが残り,あとはEPL,EBDW,IPLなどである。EUVの波長域は13nm,10.8nmといわれ,きわめて短かい。レンズ系でこのような短波長に対応する材料として使えそうなものはあるだろうか。

今後のリソグラフィ技術Ⅰの範囲ではこのように微細化に対応する光源の選択と,そのためのホトレジストの開発が鍵となる。

また,解像度の向上において焦点深度 (DOF) の問題の解決のためにCMP (化学機械研磨) によるグローバル平坦化技術の導入が効果的である。この技術の導入により,多層レジストプロセスのもつ複雑さを回避できる。

今後,有機系の絶縁膜などが導入されるとホトレジストとの材料面での区分が困難となるため,ハードマスク (hard mask) の考え方が応用されるようになる。

ホトレジストの塗布と現像は依然としてウェットプロセスであるが,これに関する技術革新はドライ化である。レジスト処理プロセスのドライ化は1970年代からすでにその可能性が検討されてきている。たとえば,

- 感光性樹脂の膜形成をCVD法あるいは表面重合法などで行う
- 露光後の現像を気相で行う（ドライ現像）
- 感光性樹脂を絶縁膜として用いる

などである。ドライエッチングでは，露光部と未露光部の間のコントラストが気相でのエッチングで得られることが条件である。

最後にホトレジストレス，マスクレスのリソグラフィあるいはパターン形成の想定プロセス例を図5-34に示す。この図はレーザビームによるWゲートMOSトランジスタの製造フローである。

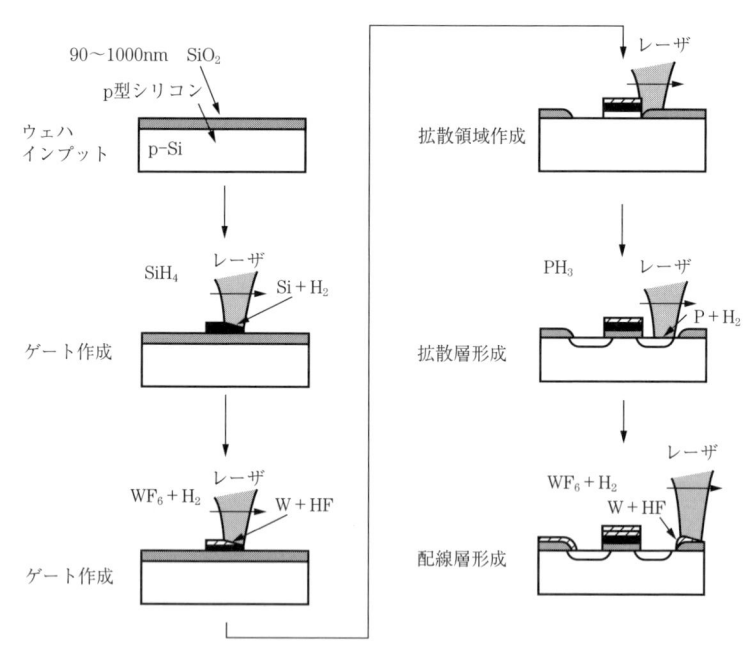

図5-34 レーザビームによるWゲートMOSトランジスタの製作フロー
―マスクレス，ホトレジストプロセス―
（G. Saucer and J. Trilche: Proc. IFIP WG10.5, Workshop on Wafer Scale Integration p. 281（May 17～19，1986）をもとに作成）

5.6 リソグラフィ技術 Ⅱ

　リソグラフィの後半はホトレジストでマスクをした下地膜（膜でない場合もあるが）のエッチングと不要になったホトレジストを除去するアッシングのプロセスである。これらはドライプロセスとして開発され、ラインに導入されている。ドライ化により、従来のウェット方式とはまったく異なる効果が得られ、デバイスの高集積化、高密度化に貢献している。

❶ リソグラフィ技術Ⅱのアウトライン

　リソグラフィ技術Ⅱには、"ホトレジストマスクによる下地のエッチング"と"ホトレジスト除去"が含まれる。ホトレジストマスクを用いない全面エッチングもあるがこれはリソグラフィの範囲ではない。またホトレジスト除去においてエッチングを伴なわない場合もある。ホトレジストパターン形成後、それをマスクとしてイオン打込みを行う場合である。エッチバックやCMPによってW、Cuなどのプラグ構造をおのおの形成する工程、すなわち現在ダマシン（Damascene）と呼ばれている埋込みパターン形成（象眼細工）は、リソグラフィとは別の加工技術である。

　ホトレジストパターンをマスクとする下地のエッチングにはドライとウェットの2つの方式がある。ドライはプラズマ励起の雰囲気中で下地あるいはホトレジストをエッチングできる活性種を発生させて行い、ウェットは薬液中に浸して下地のエッチングあるいはホトレジストの剥離を行う。

　表5-13にエッチングプロセスを例としてウェット方式とドライ方式の比較を示す。ドライプロセスが提案されたのは1970年代半ばで、その後ドライエッチング、アッシングとして急速に実用化が進んだ。ドライ化のポイントは無公害（無廃液）、ホトレジスト耐性が高い、終点検出可能などで、パターンの精密なエッチングが可能だからである。しかし現在では排ガスの処理問題やフロン規制の問題も無視できなくなった。ともかくドライはウェットに比べれば先端的であり、新しいイメージの技術ということである。

表5-13 ウェットとドライの比較（エッチングプロセス）

ウェットプロセス	ドライプロセス
◇技術的に古いイメージ ◇公害を発生させるイメージ ◇汚染を伴うイメージ ◇制御が困難なイメージ ◇真空を伴わない	◆最先端技術的イメージ ◆公害を発生させないイメージ ◆クリーンなイメージ ◆制御しやすいイメージ ◆真空を伴う
◇ホトレジストの密着性が損なわれる ◇反応生成物の離脱が困難 ◇溶液の制御（組成，経時変化，温度など）が必要 ◇パターンの形状制御が困難 ◇終点検出が困難 ◇加工対象物に制約がある ◇選択比が無限にとれる場合が多い ◇微細パターン形成への適用が困難 ◇ラディエーションダメージの恐れがない	◆フォトレジストの密着性が保たれる ◆反応生成物の離脱が容易 ◆ガスの制御（圧力，流量など）なのでより容易 ◆より精密なパターン制御が可能 ◆終点検出が容易 ◆加工対象物に制約がある ◆選択比に制約が多い ◆微細パターン形成への適用が可能 ◆ラディエーションダメージやコンタミネーションの恐れがある

(a) 等方性エッチング（isotropic etching）

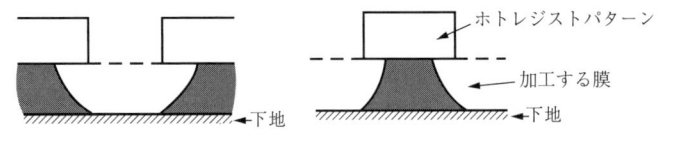

(b) 異方性エッチング（an-isotropic etching）

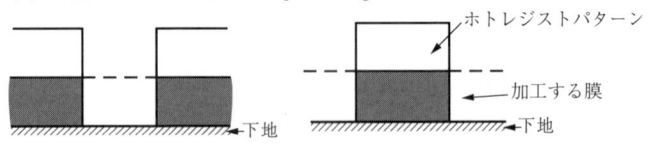

図5-35 エッチングにおける異方性と等方性

図5-35は，ホトレジストマスクを用いたパターンエッチングにおける断面形状の2つのモードを示す。等方性エッチング（isotropic etching）ではエッチング時に垂直方向と水平方向が同じ比率でエッチングされ，すり鉢形あるいは富士山形のパターンとなる。異方性エッチング（an-isotropic etching）は，エッチングがほぼ垂直方向のみに進行し，横方向には進まない状態となる。一

般にウェットエッチングでは等方的あるいはもっと横方向へとエッチングが進み，ドライエッチングでは異方的な形状が得られる。ドライ方式の利点はこのようにホトレジストパターンに忠実に下地の加工ができることである。

ホトレジスト除去工程ではパターンの精密さ，マスクパターンの維持などはまったく関係なく，ただ下地膜を損なうことなく用済みのホトレジストを急速に除去してしまえばよい。これにもウェットとドライがあるが，現在ではドライ方式が主流である。市販の剥離液を用いるウェット方式も補助的に用いられている。また，ドライでの処理を行っても，その後，実際には何らかのウェット後処理が必要である。

2 半導体デバイスにおけるエッチングの応用

図5-36にVLSIにおけるエッチングプロセスの応用形態を示す。通常このように膜の種類によってアプリケーションを分類し，プロセス条件や装置もそれぞれの用途で区別されている。

エッチングの対象は，基板プロセスではアイソレーションおよびトレンチキャパシタのためのシリコンエッチング，コンタクトホール形成の酸化膜（SiO_2）エッチング，LOCOSプレートのための窒化膜エッチング，ゲートおよびキャパシタ構造のためのポリシリコンおよびポリサイドエッチングがある。配線工程ではメタルエッチングとビア形成のための酸化膜（SiO_2）エッチングが繰り返される。

レジスト剥離工程はすべてに必要であるが，CMOS工程ではイオン打込み回数が多く，ホトレジストパターンをマスクとして用いるウェル形成，ソース/ドレイン領域形成などではマスクとして使用したホトレジストはイオン打込み後に剥離する。ドーズ量が多い場合にはイオン打込時にホトレジストが打込まれたイオンおよび熱によって硬化，変質し，通常のアッシングでは除去不可能になる場合もある。その場合は剥離専用の薬液で処理したり機械的なブラッシングさえ必要となる。

ウェットエッチングが用いられるのはLOCOSプレート（選択酸化膜用マスク）用のシリコン窒化膜のエッチングである。このプレートはトランジスタの

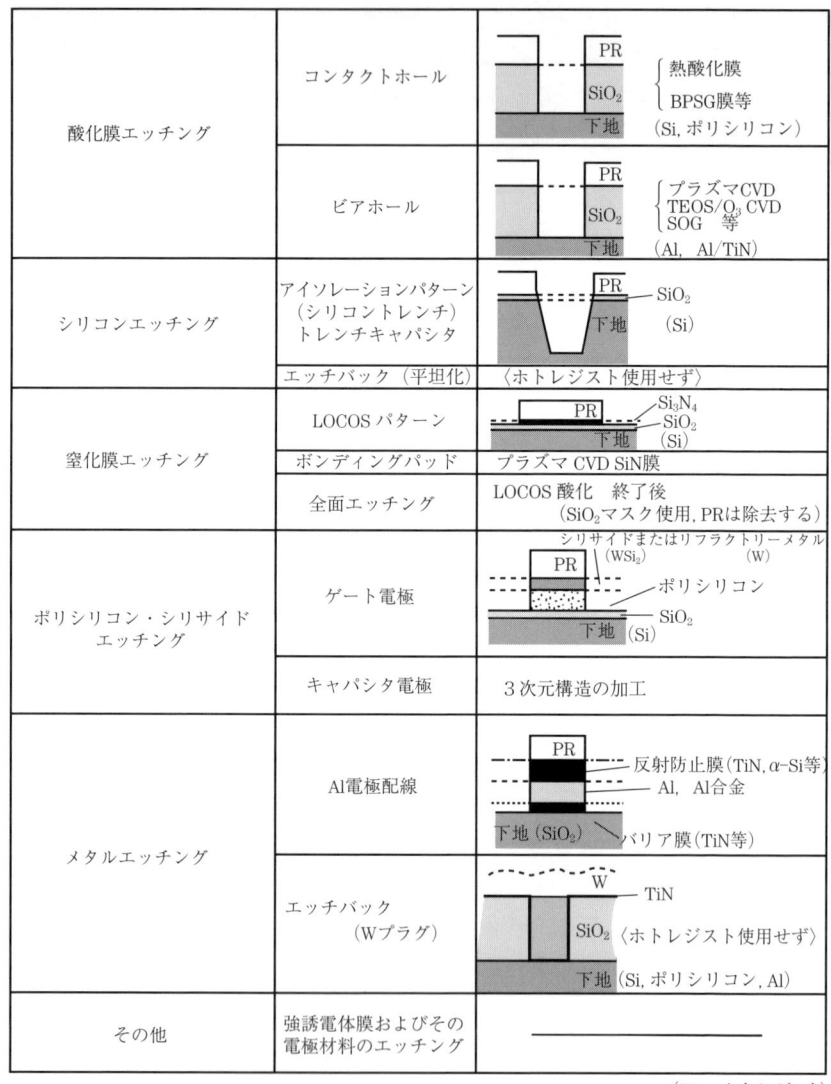

工程分類	用途	構造・材料
酸化膜エッチング	コンタクトホール	PR / SiO₂ / 下地　｛熱酸化膜／BPSG膜等｝（Si, ポリシリコン）
	ビアホール	PR / SiO₂ / 下地　｛プラズマCVD／TEOS/O₃ CVD／SOG　等｝（Al, Al/TiN）
シリコンエッチング	アイソレーションパターン（シリコントレンチ）トレンチキャパシタ	PR / SiO₂ / 下地（Si）
	エッチバック（平坦化）	〈ホトレジスト使用せず〉
窒化膜エッチング	LOCOS パターン	PR / Si₃N₄ / SiO₂ / 下地（Si）
	ボンディングパッド	プラズマ CVD SiN膜
	全面エッチング	LOCOS 酸化　終了後（SiO₂マスク使用，PRは除去する）
ポリシリコン・シリサイドエッチング	ゲート電極	シリサイドまたはリフラクトリーメタル（WSi₂）（W）／PR／ポリシリコン／SiO₂／下地（Si）
	キャパシタ電極	3次元構造の加工
メタルエッチング	Al電極配線	PR／反射防止膜(TiN, α-Si等)／Al, Al合金／バリア膜(TiN等)／下地（SiO₂）
	エッチバック（Wプラグ）	W／TiN／SiO₂／下地（Si, ポリシリコン, Al）〈ホトレジスト使用せず〉
その他	強誘電体膜およびその電極材料のエッチング	

(PR：ホトレジスト)

図5-36　VLSIにおけるエッチングの応用

ゲート長を決め，全体のサイズを決める重要な工程であり，下地のSiO₂膜との選択比が十分とれているような精密なパターンでなければならない。ここではもちろんドライエッチングも用いられるが，選択比の大きくとれるウェットエッチングも依然として用いられている。ただしこの場合は窒化膜上には酸化膜のパターンがホトレジストをマスクとして形成されており，ホトレジストを除去してからその酸化膜をマスクとして熱リン酸中で窒化膜のエッチングを行う。そのほかにもウェットエッチングを利用する工程はいくつかある。

3 ドライエッチングの基本原理

エッチングもアッシングもドライである以上はプラズマ励起反応の応用である。真空チャンバ内においてプラズマ放電によって励起された活性種が基板表面のホトレジストを損なうことはなく，下地膜にアタックしてエッチング除去反応が進行する。ちょうどプラズマCVD膜形成の逆の反応である。

図5-37はドライエッチング（RIE：反応性イオンエッチング）において反応チャンバ内でどのような現象が起きているかを説明している。これは通常CVD反応などにおいて説明されているメカニズムと大差はない。しかし表面での様相はやや異なっている。プラズマ放電域に到達したガスはそこで励起され，活性種（species）を生ずる。その活性種はRFが印加されている基板上に到達し，吸着して下地と反応，新たな揮発性化合物を生成して表面から脱離する。CVDの場合と同様にこの脱離のステップが重要である。脱離しなければ反応はそこで停止か停滞してしまう。

一方，基板表面近傍ではRF印加により，イオンシース（ion sheath：空間電荷層）が形成されており，そこでは活性種は通常数100V程度の加速電圧がかかって垂直に基板に衝突する。そこで起きるのはスパッタエッチング効果である。つまりRIEにおいては化学的活性種による化学反応でのエッチングとその活性種の表面への衝突による物理的エッチングとの両方のモードが存在することになる。

仮に系内に導入するガスがアルゴンなどの不活性ガスであれば化学的エッチングは起きない。

(a) チャンバ内の現象

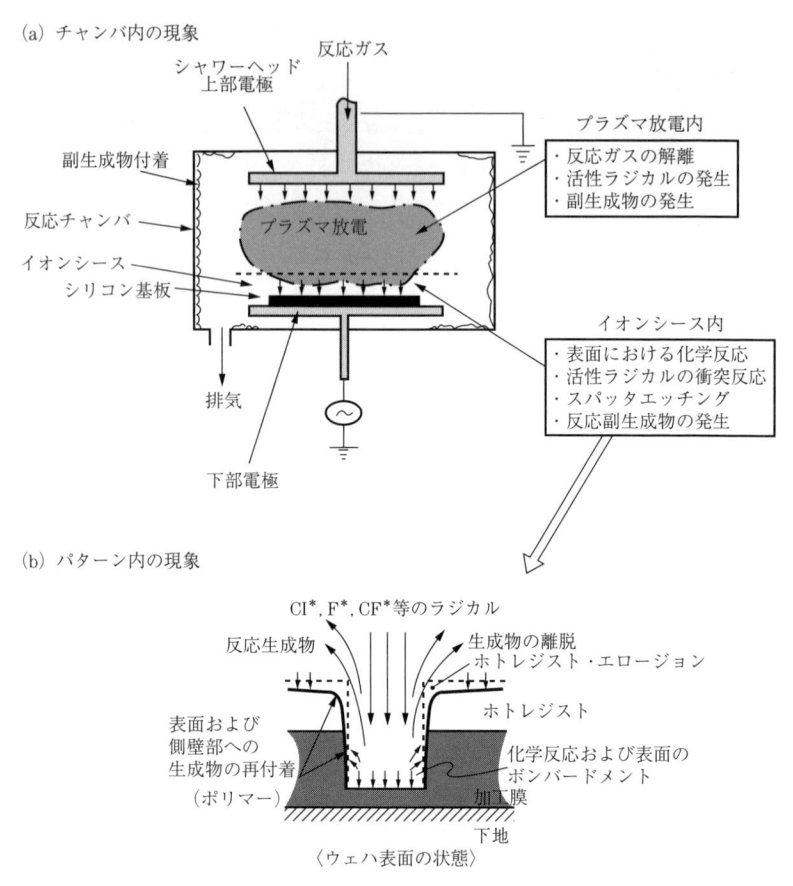

- 反応ガス
- シャワーヘッド 上部電極
- 副生成物付着
- 反応チャンバ
- プラズマ放電
- イオンシース
- シリコン基板
- 排気
- 下部電極

プラズマ放電内
・反応ガスの解離
・活性ラジカルの発生
・副生成物の発生

イオンシース内
・表面における化学反応
・活性ラジカルの衝突反応
・スパッタエッチング
・反応副生成物の発生

(b) パターン内の現象

- Cl*, F*, CF*等のラジカル
- 反応生成物
- 生成物の離脱 ホトレジスト・エロージョン
- ホトレジスト
- 表面および側壁部への生成物の再付着（ポリマー）
- 化学反応および表面のボンバードメント
- 加工膜
- 下地

〈ウェハ表面の状態〉

図5-37　ドライエッチング反応で起きている現象（RIEモード）

　図5-37(b)ではパターン内部でどのような現象が起きているかを説明している。スパッタされて外部にとび出した化合物（通常，C，H，F，Oを含むポリマー）はエッチング進行中の側壁あるいはホトレジストの側壁または表面に再付着してその部分での反応の進行を停止させる効果がある。この現象によって深いトレンチの形成やその側壁形状のコントロールが可能となっている。この図はRIEモードでの構造であり，物理的ファクターと化学的ファクターの制御は基板に印加するRFパワーで行われる。また，化学的要因を強調する場合に

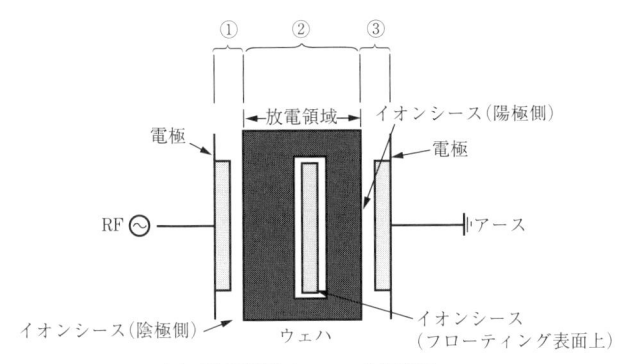

```
      ① ②  ③
     ┌┐┌─┐┌┐
        放電領域      イオンシース(陽極側)
  電極                    電極

RF                          アース

イオンシース(陰極側)   ウェハ   イオンシース
                              (フローティング表面上)
```
(1) 電極配置とウェハの位置関係

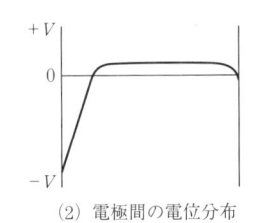

```
+V
 0
-V
```
(2) 電極間の電位分布

図5-38　ドライエッチングの基本チャンバ構造

はRFをプラズマCVDの場合と同様に反対側から印加する。

　図5-38はドライエッチングにおけるチャンバの基本構造を示す。対向電極の一方は接地側，一方はRF入力側である。陽極（アノード）側と陰極（カソード）側にそれぞれイオンシースが生成する。それらの内部では電位差により帯電している粒子は加速されている。カソード側の電位差は大きく，電極表面ではイオンの衝突（ion bombardment）が起きている。

　RIE（反応性イオンエッチング）の場合は，基板はカソード側に配置され，先に述べた化学反応と物理的スパッタリングの両方の効果を併せもつようになる。基板をアノード上に配置するとイオン衝撃効果は弱く，反応はもっぱら化学的に進行する。フローティング状態を保つときはさらに化学的反応の傾向が強い。したがって，陰極結合配置（カソードカップリング）の場合は異方性，逆の場合（アノードカップリング）は等方性のエッチング形状が得られる。

　図5-39にこれら3つのモードについて実際のドライエッチング装置の構造

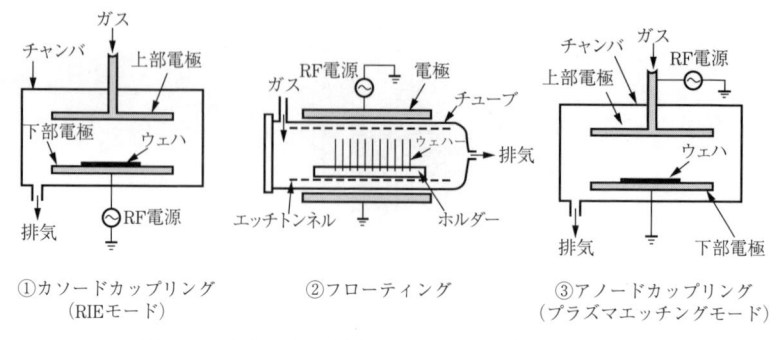

図5-39 電極配置に対応したドライエッチング装置構造

① カソードカップリング（RIEモード）　② フローティング　③ アノードカップリング（プラズマエッチングモード）

を対応させて示す。通常用いられているドライエッチング装置はRIEモードであり，物理的反応と化学的反応の制御はRFパワーで行っている。また，RIEモードでは実際のチャンバ圧力は他のモードに比べて1桁以上低く，スパッタリングの効果はさらに増大する。

4 ドライエッチングの基本的手法

ドライエッチングプロセスには次のような特性が求められる。

- エッチングの均一性——300mmウェハなどの大口径化対応
- 下地膜との選択性——Al下のSiO_2，ポリシリコン下のSiO_2，SiO_2下のシリコン基板あるいはポリシリコンなどの組合せ
- ホトレジストとの選択性——マスクとしてのホトレジストのエロージョンの問題
- 異方性——あるいは等方性との兼ね合い制御，パターン精度
- 高速エッチング——シングルウェハチャンバ方式のため
- 低ダメージ
- ローディング効果の低減——パターン粗密，あるいはパターンサイズの相違によるエッチング状態の差（マイクロローディング効果）

これらの要求状態を満たすためにさまざまなプロセス的開発，装置的改善が行われている。

表5-14 ドライエッチングに用いられるガスと各元素のもつエッチングへの効果

(a) エッチング材料に対する使用ガスの例

エッチング材料	使用ガスの種類の例
シリコン	CF_4, CF_4-O_2, C_2H_6, CCl_4, $CBrF_3$, CF_2Cl_2
ポリシリコン	CF_4, CF_4-O_2, SF_6, CCl_2F_2, SF_6, $C_2Cl_2F_4$
Si_3N_4	CF_4, CF_4-O_2, NF_3, CH_2F_2
SiO_2	CF_4, CF_4-H_2, C_2F_6, CHF_3, C_3H_8
Al	BCl_3, CCl_4, $SiCl_4$, Cl_2, HCl, BBr_3, HBr
W, Mo, Ti	CF_4, CF_4-O_2, NF_3, CCl_4-O_2
Cr	Cl_2, CCl_4-O_2
ポリマー	O_2
シリサイド（W, Mo）	CF_4, CF_4-O_2, CCl_4-O_2

(b) 各種元素のもつ定性的役割

元素	増加	減少
C	●ポリマー生成の促進と表面の被覆→異方性エッチングの促進	●ポリマー生成の減少→等方的エッチング傾向
O	●ポリマーの除去 ●Cの除去（CO, CO_2） ●レジストのエッチレート増加	●ポリマーやCの除去が不十分となる
H	●Fの消費, Siのエッチレート減少 ●ポリマーの付着促進→異方性エッチング傾向 ●SiO_2/Si選択比増加	●Fは消費されず, Siのエッチングを促進する ●SiO_2/Siの選択比減少
F	●シリコンエッチレート増加（SiF_4） ●W, Moなどのエッチング	●シリコンエッチレート減少
Cl	●シリコンエッチレート増加（$SiCl_4$） ●W, Mo, Alなどのエッチング ●Clを含む腐食性ポリマーの生成	——

表5-14にドライエッチングに用いられる各種ガスとその元素成分がどのような効果をそれぞれ受けもっているかを定性的に示す。

AlおよびAl合金膜で塩素（Cl）系のガスが用いられるほかは，SiO_2，シリコン系膜，窒化膜，リフラリトリーメタルともほとんどフッ素（F）系のガスでエッチング可能である。また，Al以外であれば塩素（Cl）系，臭素（Br）系のハロゲン含有ガスでエッチング可能である。

ここで重要なのは，ドライエッチングにおいてはエッチングしようとする対象物の元素，たとえば，Si，W，Alなどが揮発性化合物になる，すなわち室温でかなり高い蒸気圧をもつ化合物になるということである。Si，Wなどは揮発性のハロゲン化物（SiF_4，WF_6）が存在する。Alであれば$AlCl_3$として揮発する。しかしCuの場合は揮発性の化合物はまったく存在しない。そのためにホトレジストをマスクに用いたCuのドライエッチングは不可能というわけである。

上記のような状態をさらに満足させ，高精度のエッチングを行わせる方式として高密度プラズマエッチングが用いられるようになった。この方式では従来のRIEよりもさらに低圧下でECR（Electron Cyclotron Resonance），ICP（Inductive Coupled Plasma），ヘリコン（Helicon）波などの高密度プラズマ源を用い，チャンバ内に高密度のプラズマを発生させる。プラズマ密度はRIEより2桁は高くなり，内部では効果的に活性種が形成され，低圧でありながら高速性の失われないエッチングが可能となり，さらに活性種の直進性を高くすることができる。装置の具体例を次の項で示そう。

5 ドライエッチング装置とアッシング装置

図5-40はドライエッチング装置の種類とエッチング特性を示す。装置は上から下に向かってしだいに物理的要素が大きくなる。つまり化学的要因では高圧・低エネルギーで等方性であり，物理的要因では低圧・高エネルギーにより，異方性である。イオンミリングではホトレジストの耐性はなく，エッチングと同時に除去されてしまう。

図5-41は，さきに述べた高密度プラズマエッチング装置の例である。ヘリコン波，ECR型，ICP型の高密度プラズマ源をおのおの用いている。

図5-42はホトレジスト除去装置の分類である。ドライ除去装置，すなわちアッシング装置（アッシャと呼ばれる）にはさまざまな方式がある。その具体例を図5-43に示す。

ホトレジストは有機物であり，これを効率よく除去するにはいずれも酸化による除去，つまり有機物CO_2とH_2Oに変化させる。イオン打込みあるいはRIE

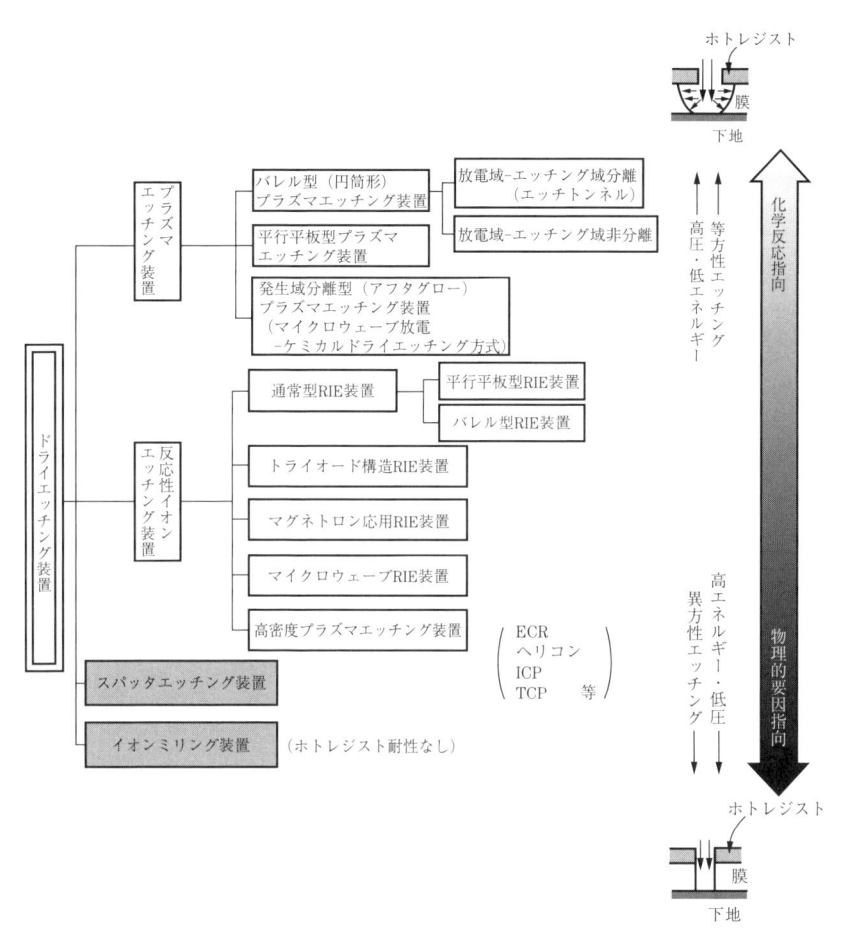

図5-40 ドライエッチング装置の種類とエッチング特性

工程でのイオン衝撃により硬化したホトレジストを除去するには，O_2プラズマ，H_2Oプラズマ，UV/O_3照射，高密度プラズマ源などが応用されている。アッシャとしては酸化速度が大きく，ダメージが少ないことが求められる。

　ホトレジストの除去にはウェット方式も用いられている。有機物であれば基本的には硫酸などの酸化性の酸で処理できるが下地膜の状態によっては使用できない。そこで，市販のレジスト剥離液が用いられる。この剥離液は基本的に

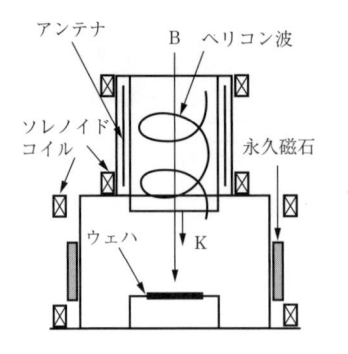

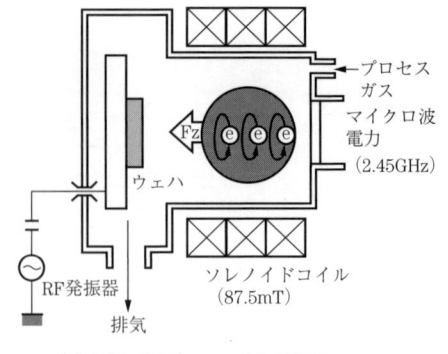

(a) ヘリコン波プラズマエッチング装置

(b) ECRプラズマエッチング装置

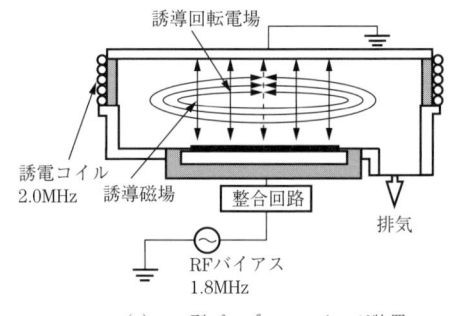

(c) ICP型プラズマエッチング装置

図5-41　高密度プラズマエッチング装置
(米田：『電子材料別冊　1994年版　超LSI製造・試験装置ガイドブック』，
工業調査会，p. 104（1993））

は有機アルカリ系の混液であり，エチレンジアミンやピロカテコールを含むものと考えられる。しかしこの剥離液を用いるプロセスでは市販品がそのまま通用され，その化学組成などは明らかにされていない。材料の中味が明らかにされずにVLSI生産に用いられるというのはあまり気持ちのいいものではないが効果が大きいので使っているということになる。

　このようなウェット処理はドライアッシングの工程のあとに続けて行われることが多い。つまり，アッシングのみではホトレジストの残渣までの完全除去は困難であり，ウェット処理との併用は避けられないからである。ウェット処

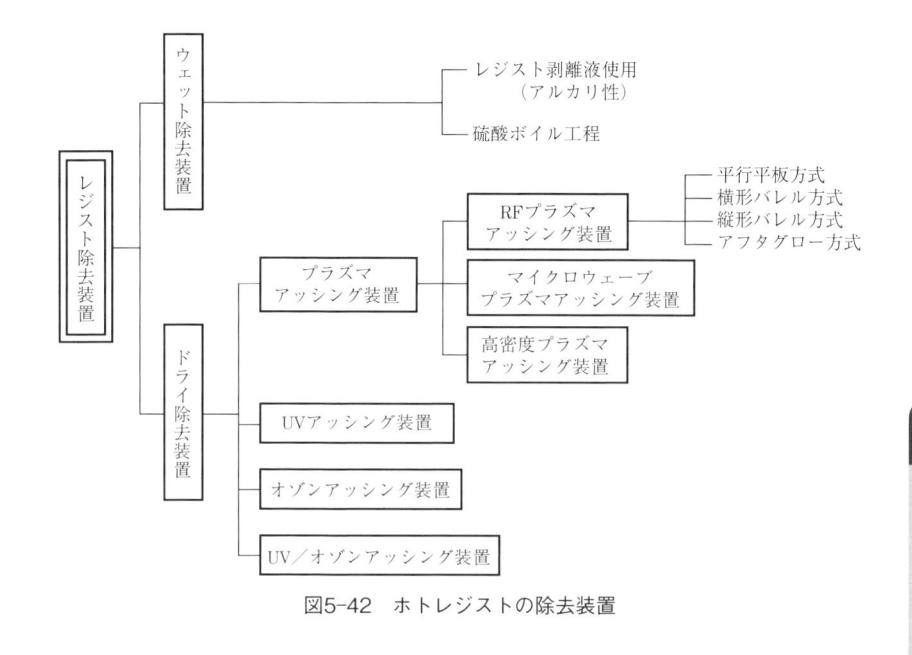

```
レジスト除去装置
├ ウェット除去装置
│   ├ レジスト剥離液使用（アルカリ性）
│   └ 硫酸ボイル工程
└ ドライ除去装置
    ├ プラズマアッシング装置
    │   ├ RFプラズマアッシング装置
    │   │   ├ 平行平板方式
    │   │   ├ 横形バレル方式
    │   │   ├ 縦形バレル方式
    │   │   └ アフタグロー方式
    │   ├ マイクロウェーブプラズマアッシング装置
    │   └ 高密度プラズマアッシング装置
    ├ UVアッシング装置
    ├ オゾンアッシング装置
    └ UV／オゾンアッシング装置
```

図5-42 ホトレジストの除去装置

理の役割りはまだまだ大きいといわなければならない。

ホトレジストパターンによる下地膜のウェットエッチングはVLSIの製造ラインではさすがに用いられていない。

6 今後の展望

リソグラフィ技術Ⅱは，微細パターンの最終的形成であり，さきに述べたように選択性制御，異方性制御，ダメージ制御，マイクロローディング効果低減などは微細化の進行とともに今後も続く課題である。特に300mm径ウェハあるいはそれ以降にはどのようなプラズマ源を用いるかも含めて重要である。

また，今後はlow k 膜，強誘電体膜とその電極材料など新しい種類の膜がVLSI製造に必要となり，その加工技術の開発が同時に必要となる。

一方，ウェット処理は特にホトレジスト除去に関してはまだ重要であり，かえってドライアッシング方式よりもすぐれている点もある。したがって，どうせウェット方式と併用するのであれば，ホトレジスト処理はいっそのことウェ

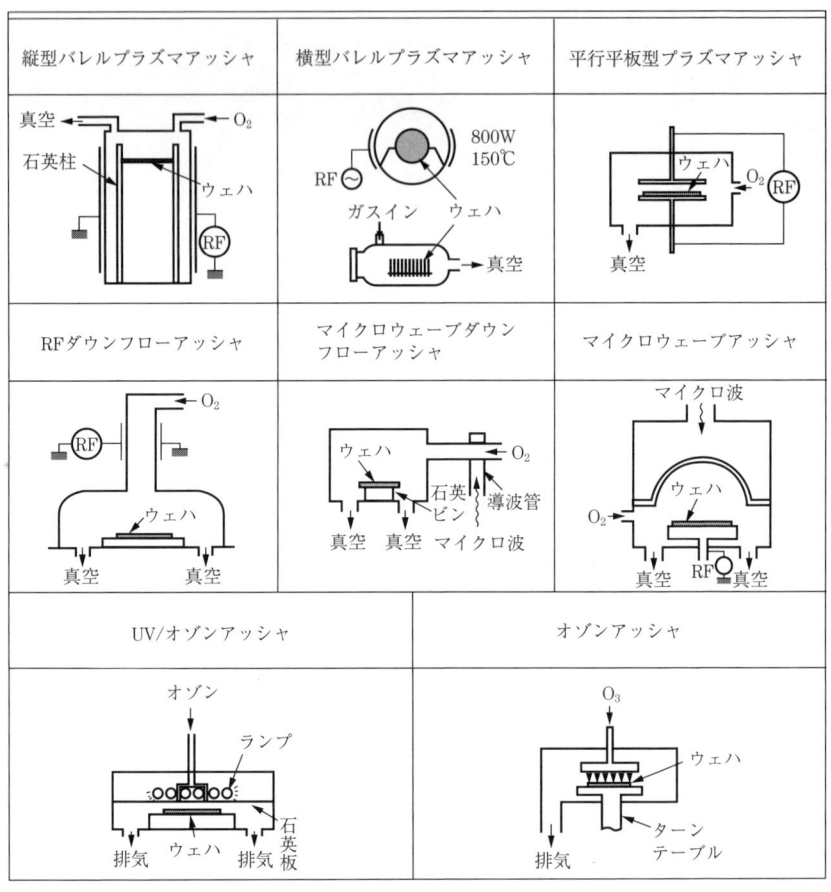

図5-43 ホトレジストアッシングの方式例
(坂田, 法元, 堀尾：セミコンダクターワールド, 1989年3月号, p.124ほか)

ット方式で, しかもバッチ方式を採用すればVLSIの製造コスト低減に寄与できるという考え方もあるほどである。要するにホトレジスト除去工程は, それ自身では付加価値を生み出さないプロセスであり, ダメージや汚染の除去さえ完全に行えれば, ひたすら"速く", "安く"が達成できればいいということである。

コラム 5

新材料ハンター

21世紀は半導体プロセス技術にとって"新材料"が重要なキーワードとなる。新材料といってもまったく新しいものを生み出すということばかりではなく，これまで半導体製造には用いられたことのない材料を用いることも含まれる。

今でこそ新材料といっているが，これまでにも新材料は常に追求されてきたし，応用が試みられてきた。しかし何とか従来の材料ですませ，なるべくエキゾチックな材料は用いないような対策が講じられてきたといえる。

半導体製造は日本ばかりでなくアメリカでも保守的な仕事であり，新しい技術，新しい材料の導入はいったんは拒否する。旧来の材料に比較して新材料の適用がただ少しメリットがあるという程度では変更の理由にならない。これまでそのような理由でお蔵入りとなった技術，材料は山ほどある。しかしこれからはかなり様子が違う。

今話題となっている材料は，それがなければ半導体デバイスの進歩はあり得ないというものばかりである。よりすぐれた材料，よりすぐれた製法を見い出した者が優位に立つという何10年か前の状況がふたたびよみがえってきている。

新材料への取組みは宝さがしに似ているという考え方がある。理論的にこれが正しい方向であると考えてアプローチする手法がなかなかとりにくい。半導体プロセス分野には奇想天外な方法が成功することさえあり得る。

金属材料を選択するのに周期律表のすべてを試すわけにはいかないし，そのようなことは無駄である。多くの選択肢のなかから1つをピックアップするにしてもそれに関連する周辺技術まで含めた，プロセスインテグレーションとして開発しなければならない。

現在の新材料ハンティングは，また新たな新材料，新プロセスの開拓も必要とする。新材料の開発は以前と比較して格段にむつかしくなった。われわれは異業種，異分野から多くのことを学ぶ必要がある。異分野の人々がわれわれ半導体プロセス分野を学びたいと思っているのと同様に……。

5.7 平坦化技術

リソグラフィ技術Ⅰで説明したようにステッパにおけるDOF（焦点深度）の問題を解決するためには表面のグローバルな平坦化が必要である。それによって解像度は向上し，微細化が可能となる。平坦化技術の開発動機にはこのDOF問題のほかに歩留り向上とコスト低減がある。少なくともアメリカではDOFの問題発生以前，$0.3\mu m$程度のデザインルール時代からCMP技術が導入されている。これは日本での平坦化技術導入の動機とは異なる。表面の凹凸を減らすことによってデバイス構造をシンプル化すれば，プロセスもシンプルになり，コスト低減と歩留り向上がめざせるわけで，この動機の差が現在のアメリカと日本の技術レベルの差の一因になっているとみるのは間違いだろうか。

1 平坦化技術のアウトライン

CMPで代表される平坦化技術は，半導体プロセスのなかでは，まだ新しい仲間である。1991年にアメリカの学会でIBMが絶縁膜の平坦化およびメタルのダマシン（Damascene）法として発表してから急速にCMPがひろまった。しかし平坦化そのものの重要性は以前から当然わかっており，エッチバック法の導入，CMP法の開発が各所で進められていた。しかし，この学会発表がブームへの点火の役割を果たしたといえる。CMP関連の装置や材料の周辺ビジネスの拡大は著しい。しかし，まだまだ発展途上のプロセス技術である。

ここでまず，半導体デバイス構造においてなぜ平坦化が必要かを改めて考えてみる。図5-44は平坦化はなぜ必要か，そしてそれが達成されるとどうなるかを示す。ここに示すように平坦化には2つの動機がある。アメリカにおける動機は図のAであり，日本はBであることは先に述べた通りである。しかし，いまや100nm加工をねらう現在ではA，Bとも動機とならざるを得ない。

アメリカではCMP技術の導入を1990年代の半ばから始めているのは，チップの製造原価低減と歩留り向上に注力していたためと考えられる。

さて，動機Aでは表面の凹凸を減らすことにより，断線ショートなどの歩留

```
            ┌─────────────────────────┐
            │ VLSIデバイスの進歩       │
            │  ・パターン微細化        │
            │  ・デバイズ高密度化      │
            │  ・配線多層化            │
            │  ・キャパシタ構造3次元（DRAM）│
            └─────────────────────────┘
```

動機 B ／ 動機 A

- ステッパの高性能化 −高NA化，短波長化−
- 狭いパターンスペースの形成／高いアスペクト比の存在／表面トポグラフィの複雑化

↓

- 浅くなる焦点深度（DOF）
- ステッパカバレージの低下／ボイドの発生／工程複雑化

↓

- パターン解像度の低下
- デバイスパターンにおけるオープン・ショート・劣化の発生

↓

デバイス歩留り・信頼性の低下

↓

平坦化

↓

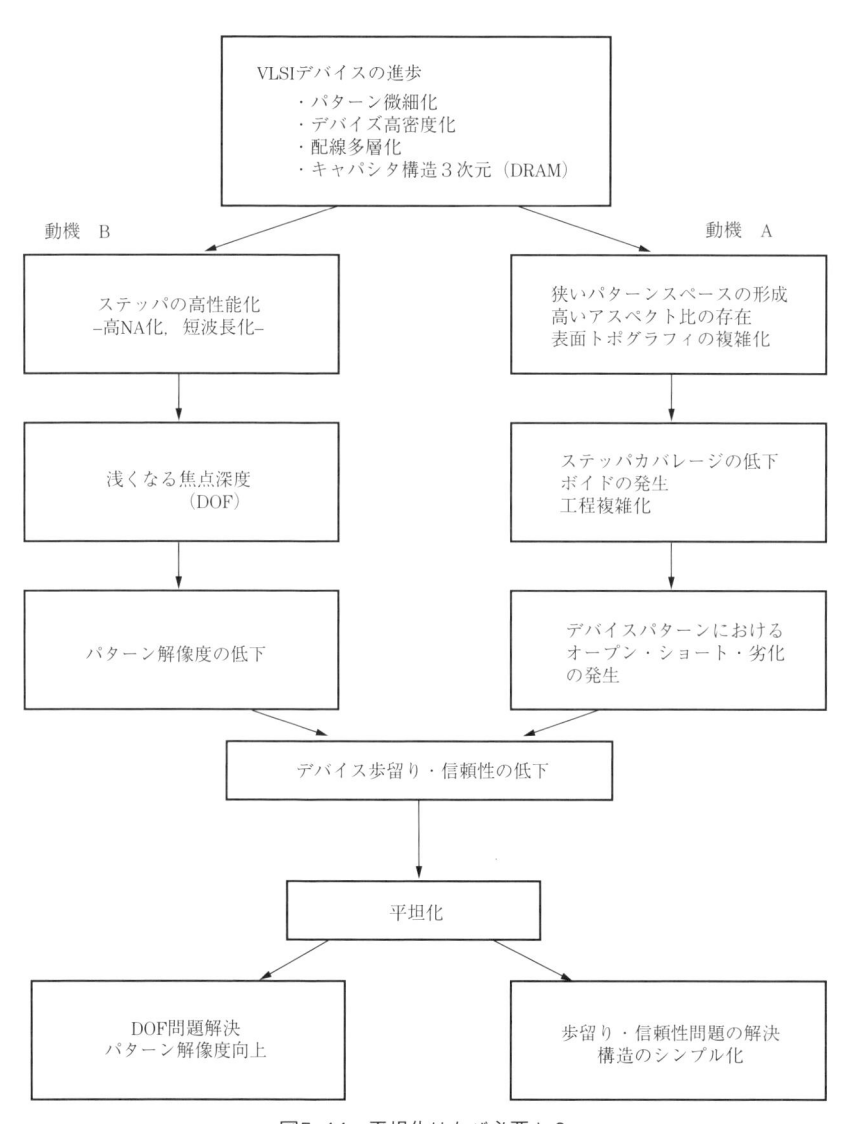

- DOF問題解決／パターン解像度向上
- 歩留り・信頼性問題の解決／構造のシンプル化

図5-44　平坦化はなぜ必要か？

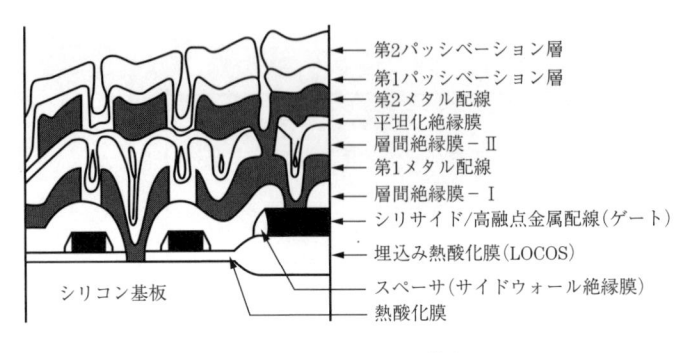

(a) 現実の構造（表面段差の影響）

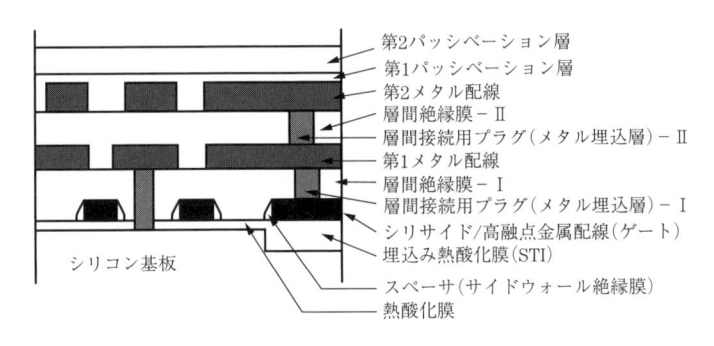

(b) 理想的な構造（平坦化技術の導入）

図5-45　多層配線構造の理想と現実

り上の課題を解決するのが目的であり，その意味では最小加工寸法が0.3μmであろうと0.5μmであろうと平坦化の効果は大きい。**図5-45**は"多層配線構造の現実と理想"をやや強調して示すもので，平坦化が導入されれば歩留りや信頼性は向上することは間違いない。また，このような平坦化は動機Bにも通じていてステッパでの露光におけるDOF（焦点深度）の問題を解決する。つまり，常に平坦な表面においてリソグラフィ工程を施すことができ，パターン微細化が可能となる。

図5-45ではシリコン基板においてトレンチアイソレーション構造が形成され，それ以降の表面はまったく平坦である。しかし，このような構造が一度に

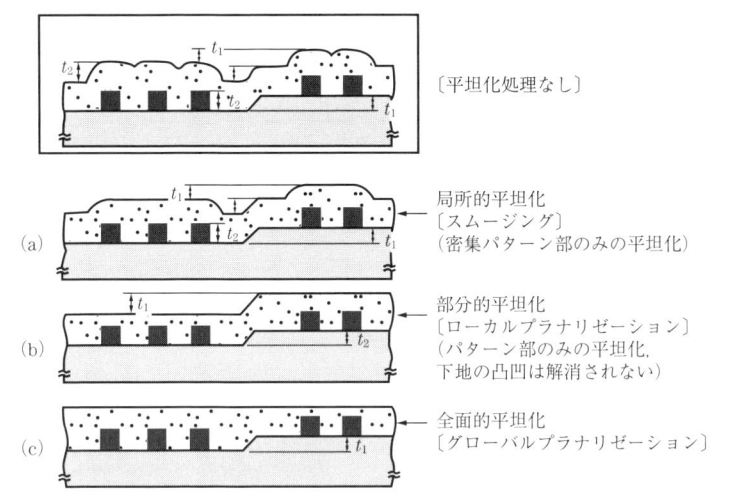

図5-46 〈平坦化あるいは平坦性の定義〉—ローカル平坦化とグローバル平坦化—

できあがるわけでなく，さまざまな過渡的な開発段階をへて理想像に近づきつつある。**図5-46**は平坦化の定義を示す。この場合は基板がすでに段差をもつ場合である。(a)は成膜時の自己平坦化の例であり，ここで説明している平坦化技術の範囲には含まれないかもしれない。(b), (c)はそれぞれローカル平坦化とグローバル平坦化である。歩留り向上などには(a), (b)でも効果はあるが実際にはグローバル平坦化が行われなければ意味がない。グローバル平坦化（global planarization）が本当の平坦化である。

平坦化にはCMP法とエッチバック法のほかにも多くの手法が開発されている。しかし現在ではこの2つの手法が主流であり，現状ではCMP法が完全に主役の座についた。経済性やプロセスの安定性，再現性に関してもエッチバックより有利と考えられている。CMP法による平坦化はまさに半導体プロセスの救世主であり，これによって他の基本プロセス技術の精度や難易度が大幅に改善されたともいえる。しかしその反面，CMP法の導入によってかえって新しい課題が生まれていることもたしかである。

5.7 平坦化技術

2 平坦化技術の応用

表5-15はVLSIデバイスにおける平坦化技術の応用個所を示す。表の上の方が配線工程，下の方が基板工程である。

まず，基板工程においてはLOCOSフィールド酸化膜をトレンチアイソシ

表5-15 平坦化技術のデバイスへの応用

平坦化が必要な工程	構 造 例	
メタル配線	埋込み構造 （AlまたはCu） 〈ダマシン構造〉	
ビアプラグ （メタル間）	埋込み構造 （Al, CuまたはW）	
層間絶縁膜 （メタル間）	IMD構造	
コンタクトプラグ （メタル-シリコン間）	埋込み構造 （W，ポリシリコン等）	
層間絶縁膜 （メタル-シリコン間または メタル-ポリシリコン間）	ILDまたはPMD 構造 （リフローの例）	
アイソレーション	STI （シャロートレンチ アイソレーション）	

ョンに置き換えるための平坦化が必要である。現在ではCMPが用いられている。

　ついで，メタル下の層間絶縁膜の平坦化である。850℃程度のBPSGリフローがこの部分の平坦化と埋込みに長い間用いられてきた。しかしサーマルバジェットの制約から700〜750℃程度までの温度低下を余儀なくされるため，BPSGリフロー工程は使えなくなり，それに代わる平坦化手段が必要となっている。この工程で平坦化を導入しないとその後の工程が困難になる。

　コンタクトプラグはポリシリコン，Wなどを埋込んで形成する。ここでは，普通，深さの異なるコンタクトホールが存在する。平坦化はエッチバックまたはCMPで行う。コンタクトホールを形成した表面がグローバルな平坦性をもたないとCMP法は適用できない。エッチバックは基板の表面が基準となる平坦化法なのでグローバルな平坦性がなくても埋込みプラグ構造は形成できる。

　配線工程ではメタル間の層間絶縁膜の平坦化とビアプラグの形成がある。絶縁膜の平坦化では埋込み性も同時に要求される。またビアプラグの形成はコンタクトプラグと同様であるが，埋込み材料としてはWのほかにAl，Cuも用いられる。おのおの異なる平坦化手法がある。ポリシリコンは使用されない。

　メタル配線の平坦化はAl，Cuで必要である。Cuの配線の場合，CMPによるダマシン法が一般的となっている。このダマシン法では配線間のビアプラグも同時に形成してしまう二重ダマシン（Dual Damascene）法が導入されている。

　一方，Al配線およびAlビアの平坦化は同じようにダマシン法も開発されている。Alの場合フローで埋込みを行う場合もある。これらの平坦化技術応用のほかにもデバイス構造の複雑化や新材料の導入などで，平坦化のニーズはますます増加する。

❸ 平坦化の基本的手法

　表5-16は，さまざまな平坦化手法の例を示す。

　平坦化ということからみれば，①の陽極酸化法は古典的な手法であり，配線の平坦化をめざした最初の方法である。リフトオフ法によるAlのパターン形成も平坦化の一つとする見方もある。

表5-16 平坦化の手法

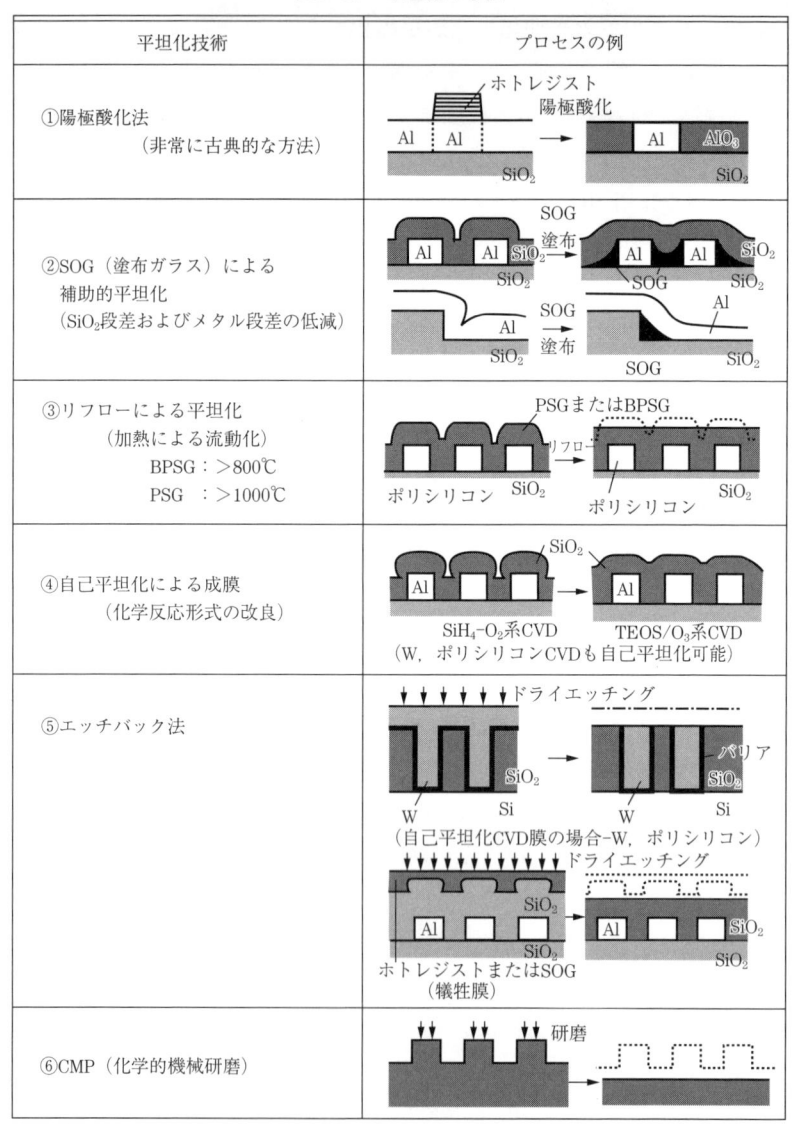

平坦化技術	プロセスの例
①陽極酸化法 　（非常に古典的な方法）	Al/Al/SiO$_2$ 上にホトレジスト、陽極酸化 → Al/AlO$_3$/SiO$_2$
②SOG（塗布ガラス）による補助的平坦化 　（SiO$_2$段差およびメタル段差の低減）	Al/SiO$_2$段差にSOG塗布 → 平坦化 SiO$_2$の溝にSOG塗布 → Al成膜
③リフローによる平坦化 　（加熱による流動化） 　　BPSG：＞800℃ 　　PSG ：＞1000℃	PSGまたはBPSG、ポリシリコン/SiO$_2$ → リフロー後
④自己平坦化による成膜 　（化学反応形式の改良）	SiH$_4$-O$_2$系CVD → TEOS/O$_3$系CVD （W，ポリシリコンCVDも自己平坦化可能）
⑤エッチバック法	ドライエッチング W/Si/SiO$_2$ → バリアSiO$_2$ （自己平坦化CVD膜の場合-W，ポリシリコン） ドライエッチング Al/SiO$_2$＋ホトレジストまたはSOG（犠牲膜） → Al/SiO$_2$
⑥CMP（化学的機械研磨）	研磨 → 平坦化

バイポーラICに多層配線構造が導入された1970年代半ばには②のSOG（Spin on Glass）膜を補助的に用いた平坦化法が導入されている。これは平坦化法というよりエッジ部にテーパをつけて立体交差する配線の断線を避けようという考え方である。この考え方はCMP法が導入されるまでの多層配線構造にも多用されている。

③はリフローによる平坦化で，現在でも多く使われている。DRAMではこの工程が3回以上繰り返される場合もある。

④は自己平坦化による成膜であり，グローバル平坦化はできないがTEOS/O_3系のSiO_2膜の場合はすぐれた埋込み性を併せもつ成膜法として実用化されている。W，ポリシリコン膜は同様にCVD法での埋込み性にすぐれ，自己平坦性も有しているので，CMPやエッチングと組合せてプラグ構造の形成に用いられている。⑤のエッチバック法にそのプロセスを示す。

エッチバック法ではホトレジストやSOG（両方とも回転塗布により液体のもつ水平面が得られる）を犠牲膜として用いる平坦化プロセスが広く用いられてきた。CMPが導入されるまでの多層配線構造形成ではほとんどこの手法が採用されている。また，SOG膜を用いれば，あえて犠牲膜を考えなくてもよく，表面に一部残っても一向にさしつかえないというメリットがある。

最後は⑥のCMP法である。ここには単に表面の凹凸を取り除く手法として示されているが，ダマシン法，研磨速度の差を応用したストッパをもつ方式など多くのバラエティーがある。それについてはあとで触れる。現在では確実に表面を平坦化する方法としてCMPが平坦化技術の中心的存在になっている。

4 CMPプロセス

CMPを用いた平坦化技術が，現在の半導体デバイス製造に広範囲で導入され始めているのは周知の通りであるが，その歴史的経緯はあまり知られていない。CMP（Chemical and Mechanical Polishing）はシリコン単結晶の鏡面研磨に用いられてきており，1977年の論文で"chem-mechanical polishing"という術語が使われている。これが現在の"CMP"の命名のはじめだったと思われる。

1980年，1983年に富士通と日本電気からおのおの研磨による平坦化構造の特許出願がなされている。特に前者はポリシリコンの埋込みアイソレーション法であり，ダマシンの原型ともいえるものだった。1989年にはIBMがメタルダマシン法の特許出願を行い，1991年に同じIBMがアメリカの多層配線関連の学会でデュアルダマシン法を発表してからブームに火がついたといった推移を経ている。

　余談だが，1969年，著者らは多層配線構造において，PSG膜を研磨して平坦化し，その上に次のAl配線を行ってそれを反復するという，まさに現在の絶縁膜平坦化法の特許出願を行った。ところがその出願は拒絶査定となり，審判の結果でもほとんど関係のない公知例により"NO"となってしまった。審査する側で価値判断の誤りがあった，というより判断できなかったということなのだろう。当時ではこの技術の価値認識を求めるのは無理というものだったかもしれない。この話はコラムでも紹介する。

　CMP以前の平坦化技術はエッチバックである。エッチバックでは装置として反応性イオンエッチング装置を用い，エッチング速度比の調整を行ってから全面エッチングを行う。CMPの方が技術として直観的にわかり易いし，コストも低く抑えられるとみられている。しかしプロセス的にみて両者の間の最も大きなちがいは，

　"エッチバックは基板の表面を基準にした平坦化であるのに対して，CMPは基板の裏面を基準にしたものである"

ということだろう。

　CMPは支持用のヘッド（キャリア）に取付けたウェハと研磨用の定盤に取付けられた研磨布（パッド）とそこに供給される研磨液（スラリー）の間の機械的研磨と化学作用の兼ね合いにより，基板表面の研磨を行う，という技術である。この方法では，CMP装置—パッド—スラリーという組合せでプロセスが進められ，制御するパラメータも多い。

　ドライエッチングにおいて物理的エッチングと化学的エッチング兼ね合いが制御できるのと同様にCMPでも機械的研磨と化学的研磨の兼ね合いの制御が可能である。そのファクターを**図5-47**に示す。スラリー，パッドおよびCMP

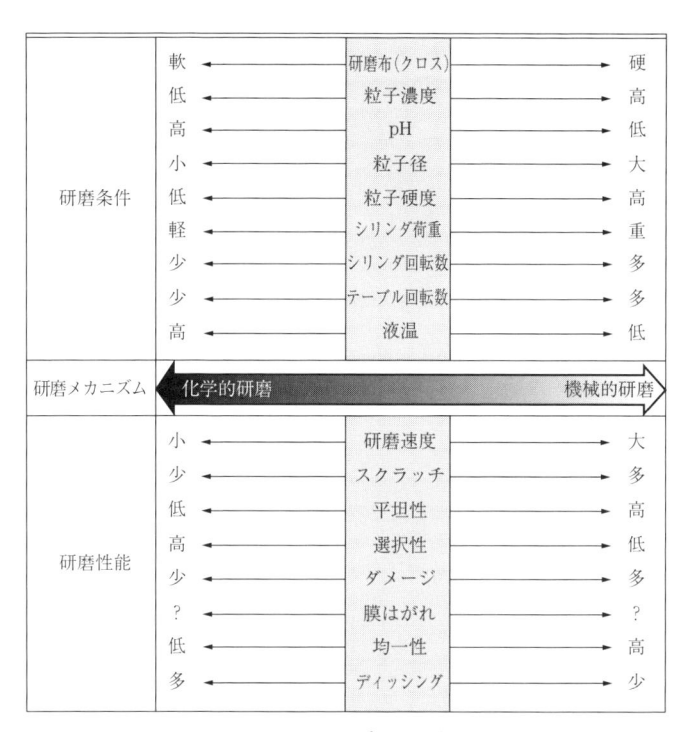

研磨条件	軟 ←	研磨布(クロス)	→ 硬
	低 ←	粒子濃度	→ 高
	高 ←	pH	→ 低
	小 ←	粒子径	→ 大
	低 ←	粒子硬度	→ 高
	軽 ←	シリンダ荷重	→ 重
	少 ←	シリンダ回転数	→ 多
	少 ←	テーブル回転数	→ 多
	高 ←	液温	→ 低
研磨メカニズム	← 化学的研磨		機械的研磨 →
研磨性能	小 ←	研磨速度	→ 大
	少 ←	スクラッチ	→ 多
	低 ←	平坦性	→ 高
	高 ←	選択性	→ 低
	少 ←	ダメージ	→ 多
	? ←	膜はがれ	→ ?
	低 ←	均一性	→ 高
	多 ←	ディッシング	→ 少

図5-47　CMPプロセス制御

装置における荷重や回転数などによって兼ね合いが制御される。化学的研磨傾向ではスクラッチは入りにくく，ダメージも少ないが平坦化や研磨速度の点では不利である。研磨する膜種やデバイス構造などによってこの両者の比率を調節する。

スラリーとパッドは消耗材料として付加価値が高く，研磨結果の良否を大きく左右する。スラリーは各種の研磨剤をアルカリなどの溶液中に分散したもので，微粉末としてはアルミナ，シリカ，セリア，酸化マンガンなどが用いられる。これらは研磨対象によって使い分けられる。

CMPプロセスにおいては研磨特性として，
・研磨速度の膜種による選択性
・ダメージ，スクラッチの低減

・ディッシングなどの形状不良の低減

が求められている。選択性は研磨の自動停止機能と関わりがある。ダマシン工程などでは特に重要である。その原理はまた絶縁膜研磨における"CMPストッパ"として応用されている。

5 CMP装置

CMP装置分野では多くのメーカーが林立し，それぞれ特徴をもった製品が市販されている。(なかには特徴とはいえない程度のものもあるようだが)。ま

(a) CMP装置の基本構造

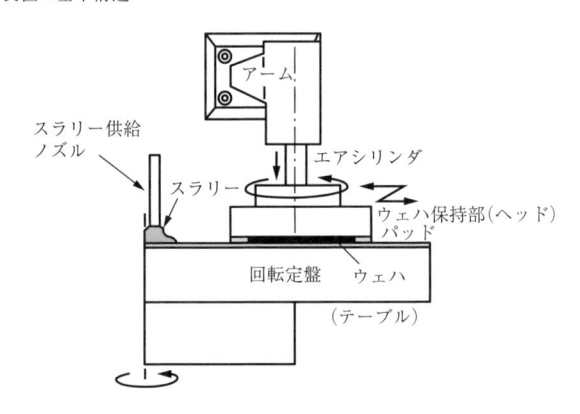

(サイエンスフォーラム編：『CMPのサイエンス』サイエンスフォーラム，p.72（1997））

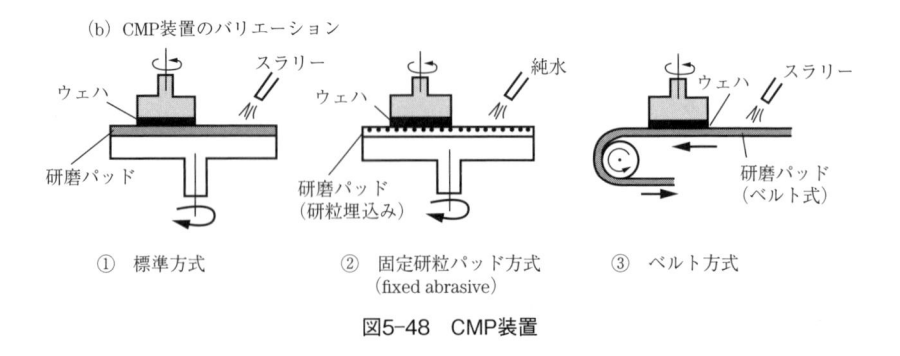

(b) CMP装置のバリエーション

① 標準方式　　② 固定研粒パッド方式　　③ ベルト方式
　　　　　　　　　　（fixed abrasive）

図5-48　CMP装置

た，ほとんどのCMP装置は内部に洗浄室をもっていて"dry-in/dry-out"の思想を盛り込んでいる．スラリーの自動供給やパッドのコンディショニングなども自動的にできるなど，生産装置としての形態が整備されているものが多い．

図5-48にCMP装置の基本的な構造と市販CMP装置のコンセプト分類を示す．装置コンセプトでは①②の標準的な回転定盤，シリンダヘッド，パッド，スラリーの組合せと③に示したようなベルト方式がある．市販CMP装置の大半は①である．②の方式は固定砥粒方式と呼ばれるもので，スラリーはあらかじめパッド内に埋込まれている．したがって，純水を供給しさえすればいいことになる．①の方式では，ちょうどCVD装置のようにバッチ式，シングルウェハ式，マルチヘッド式など生産能力を考えたバリエーションがある．

6 今後の展望

CMP技術は古くて新しい技術であり，いま平坦化技術といえばCMPのこと

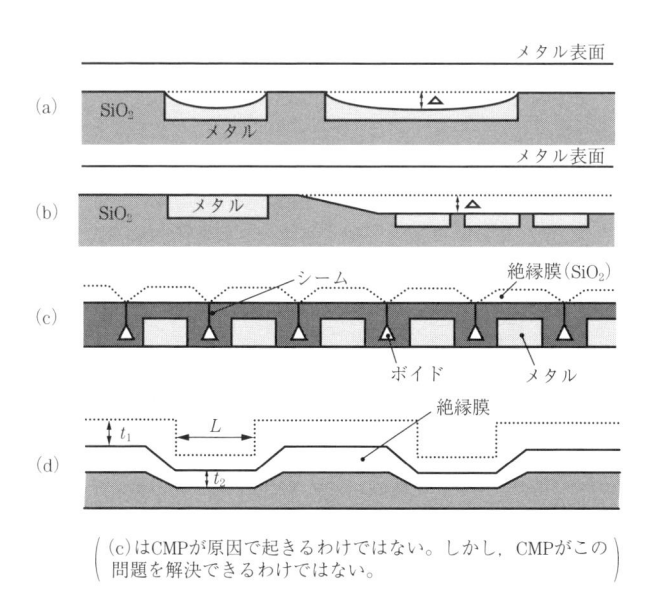

（c)はCMPが原因で起きるわけではない．しかし，CMPがこの問題を解決できるわけではない．

図5-49　CMPプロセス後の状態（課題）

になってしまった。実用化が急速に進んでしまい，基礎データの蓄積はあとまわしの状態である。しかし，それでも"モノ作り"ができるからいいといわねばならない。

"CMPにはサイエンスがない"といわれたことがあったが，いまやそれをいう人はほとんどいなくなった。モデル化シミュレーション，新しいスラリーなどの開発がつぎつぎに進んでいる事情もある。それでいて，まだ基本的な課題が多く残されている。

図5-49はCMP後の形状制御に関する課題のまとめである。またスクラッチ発生や汚染とその除去など依然として問題が残っている。消耗材料（スラリー，パッドなど）のコスト低減も課題といえるだろう。

最後にいいたいことは，図5-49(c)のようにCMPプロセスは埋込み絶縁膜（金属でもいい）のボイドをそれによって消失させることはできない，ということである。

6章 複合プロセス技術
—プロセスインテグレーション—

6.1 アイソレーション技術

"アイソレーション"は,素子分離と呼ばれる工程であり,半導体デバイスの基板工程においては,まず最初にシリコン基板を加工するスタートの技術である。ICがこの世に誕生した時点からこの技術は必要であり,古い歴史をもっているもので,現在でも普通に用いているLOCOSでも最初に登場したのは1970年代初めである。

1 技術のアウトライン

アイソレーションは"分離","絶縁"という意味であり,最近の英和辞典でも電子工学用語として"素子分離"とされている。シリコン基板上にトランジスタを形成し,それを電気的に分離された状態にすることが目的である。

この素子間の分離はバイポーラデバイスではpn接合分離にはじまり,LOCOS構造の分離,SOI構造などへと発展する。MOS型デバイスでは厚いフィールド酸化膜が素子間の分離の役割を果し,LOCOS型,STI(Shallow Trench Isolation)型へと進展している。

pn接合分離ではアイソレーション用のpn接合に逆バイアスを印加した状態で用いるが,LOCOS,STIなどは分離が絶縁物そのものであり,電界は印加

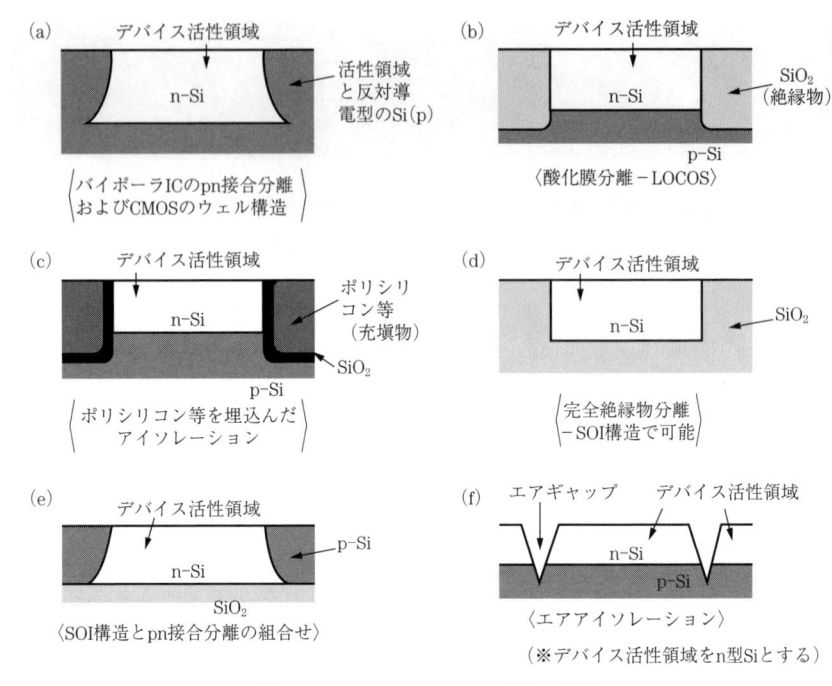

図6-1 アイソレーション構造の形態

されない。したがって、このような分離を"passive isolation"などと呼んでいる。

図6-1はアイソレーション構造の形態の分類である。(a)はデバイス活性領域を反対導電型の領域で取り囲むもので、バイポーラデバイスのpn複合アイソレーション、CMOSのウェル構造がこれに相当する。バイポーラデバイスではp型基板にn型のエピタキシャル成長層を形成し、それをp型の拡散層で囲んでしまう構造である。(b)はLOCOS構造の模式図であり、pn接合分離の側壁部分をSiO_2にした形状である。(c)は絶縁層をSiO_2のみでなく、充填物として埋込みがしやすい材料（たとえばシリコンやSiO_2との相性がきわめてよいポリシリコン）を用いた例である。ポリシリコンアイソレーションなどと呼ぶ。また、溝を形成して充填することから、V溝あるいはU溝アイソレーションなどとも呼んでいる。(d)は完全に素子が周囲を絶縁物で囲んだ構造であり、SOI

ウェハでは可能である。(e)は組合せ技術である。(f)のようなエア（空気）アイソレーション構造もかつては提案されている。この溝にブリッジ状に配線を通した例もある。

このようなアイソレーション構造は絶縁分離のみでなく，LOCOSや絶縁物の応用などを通してpn複合のもつ容量や基板のもつ容量，デバイス特性に与える影響を低減させるという目的がある。また，同時にアイソレーション構造の導入により素子の集積密度を高めることも重要なターゲットとなっている。STIの導入などはそれらをすべてカバーする目的がある。

2 LOCOS構造

図6-2は現在のアイソレーション技術の出発点ともいえるLOCOS構造のフローおよびLOCOS構造形成後のSiO$_2$表面とSi表面を同じレベルに揃える"プレーナLOCOS"ともいうべき工程フローとの比較を示す。

LOCOS技術が発表されたのは1971年であり，当時応用され始めたSi$_3$N$_4$膜の耐酸化性に注目した選択酸化技術である。この実用化は急速に進められたが技術的な課題も多く指摘され，その後バラエティのある改良技術を誕生させている。

LOCOS構造では選択酸化により形成されたSiO$_2$膜の約1/2がSiの基準面から盛り上がる。そのためそれを見込んであらかじめSiをエッチングし，最終的にSiO$_2$とSi表面を同一レベルにしようとしたのがプレーナLOCOSである。しかし，本質的な問題が解決されるわけではなく，現在ではほとんど用いられていない。では本質的な問題は何か。それが**図6-3**である。③のSTIについてはあとで触れる。

まずLOCOS構造では酸化用のマスクであるSi$_3$N$_4$端部での形状が問題となる。この形状にはSi$_3$N$_4$膜厚やその下の熱酸化膜厚にもよるが図示するように"bird's beak（鳥のくちばし）"，"bird's head（鳥の頭）"と呼ばれる部分が存在する。bird's beakはSi$_3$N$_4$膜下にすそ野をひいてくい込んでいるため，活性領域においてMOSトランジスタのディメンジョンを変えてしまう。微細化デバイスではきわめて大きい問題である。bird's headは表面の平坦性との関

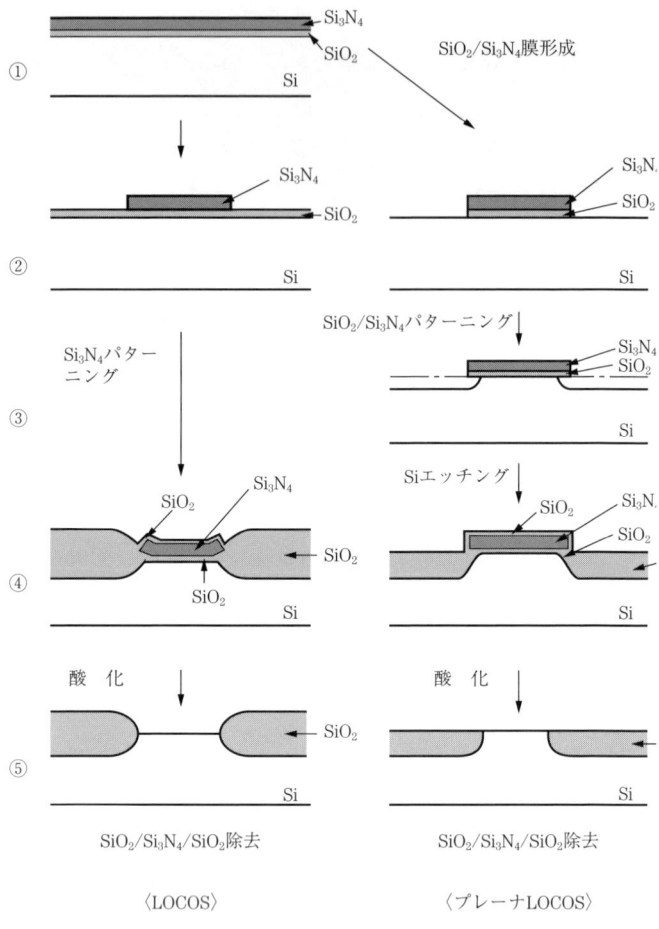

図6-2　LOCOS構造の形成とプレーナLOCOS構造

係で歩留りなどに悪影響を与えそうだが，bird's beakよりはマイナーな課題である。この形状は②のプレーナ型LOCOSでも同じである。

　素子の微細化とともにbird's beakの問題は顕著となり，これを減少させるための改良型LOCOS構造のプロセスがこれまで数限りなく開発されてきている。それを一つ一つ説明するのも興味あることだが，ここではさておき，最終的にSi_3N_4膜厚，下地のSiO_2膜厚の最適化，酸化条件の選択などで各デバイス

① LOCOS

bird's head
bird's beak
SiO₂
Si
ストレス集中

② プレーナLOCOS

bird's head
bird's beak
SiO₂
Si
ストレス集中

③ STI
(Shallow Trench Isolation)

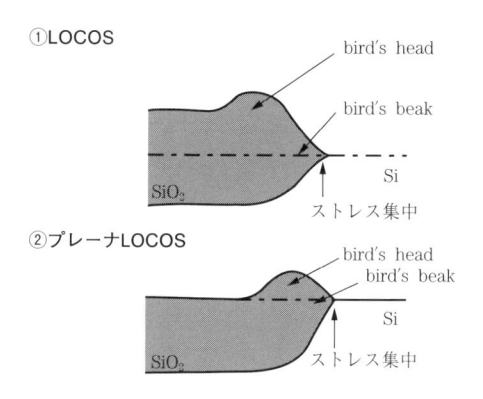

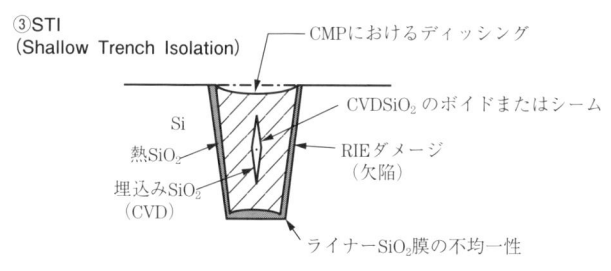

CMPにおけるディッシング
CVDSiO₂のボイドまたはシーム
Si
熱SiO₂
埋込みSiO₂（CVD）
RIEダメージ（欠陥）
ライナーSiO₂膜の不均一性

図6-3　アイソレーション方式の課題

メーカーごとに制御が行われているといっておこう．基本的にLOCOS構造から脱却できていない状況は"RCA洗浄"のケースと同じである．

3 アイソレーションの新しい手法

バイポーラデバイスにおいてpn接合アイソレーションにおける分離拡散領域をそのまま絶縁層に置き換える試みは以前からあり，Siの異方性エッチング特性を利用したV溝アイソレーション，U溝アイソレーションなどが実用化されている．0.18μmルール以降のMOSデバイスにおいてもその技術は，STI (Shallow Trench Isolation) として実用化されている．しかし，以前のバイポーラデバイスと比べてデザインルールで1/10程度となっての応用である．このSTI構造はシリコンにドライエッチングによって溝を掘り，その中にSiO₂を埋め込んで最後はCMPによって平坦化するという方法である．そのフローを**図6**

6.1　アイソレーション技術　153

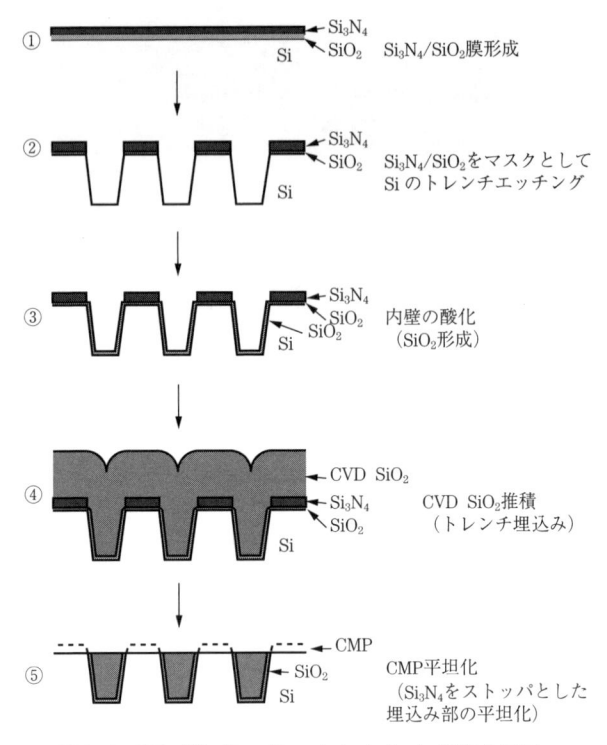

図6-4 STI (Shallow Trench Isolation) 構造のフロー

-4に示す。この手法では，

- ・RIEによるSiのトレンチエッチング（形状と欠陥，清浄度制御）
- ・CVDによるSiO_2のボイドフリー埋込み（gap-fillと呼んでいる）
- ・CMPによる平坦化（これも一種のダマシンプロセスといえる）

が要素技術として複合化されている。その技術的課題を示すのが図6-3③である。

RIEの形状制御，CVDのボイドフリー・シームフリー埋込み，CMPでのディッシング防止などが課題である。また，表面のSi_3N_4膜はシリコンのトレンチエッチング用マスクであるとともにCMP工程におけるポリッシングストッパーの役割も果している。STIはそのアイソレーション幅をLOCOS構造などと比較してかなり狭めることができるため，デバイスの高密度化には不可欠の

① SIMOX

酸素イオン打込み

アニールによるSiO₂層形成

基板Si

② 貼合せ（研磨）

デバイスウェハ

研磨により所望の膜厚を残す

SiO₂膜

支持ウェハ

③ 貼合せ（機械的カット）

デバイスウェハ

あらかじめ処理を施し，貼合せ後に
その部分を機械的にカットする

支持ウェハ　SiO₂膜

④ ポリシリコンサポート方式

デバイスウェハ

研磨により所望の厚みを残す

SiO₂膜

ポリシリコン（CVDによる厚膜形成）
支持台となる

⑤ ポリシリコンサポート方式

研磨によりデバイス領域は完全に分離される

SiO₂膜

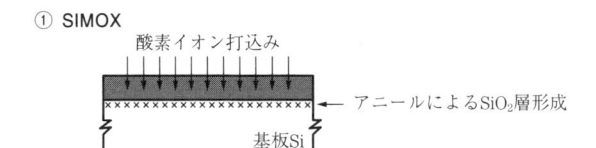

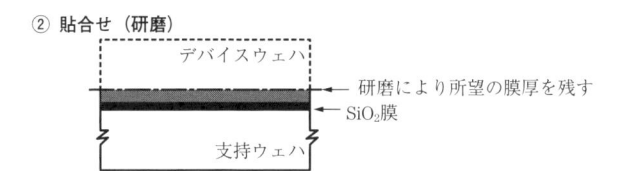

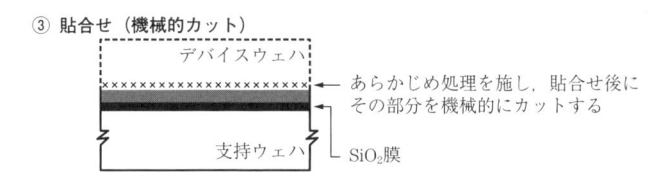

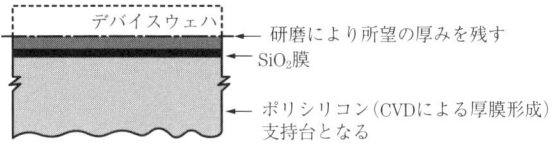

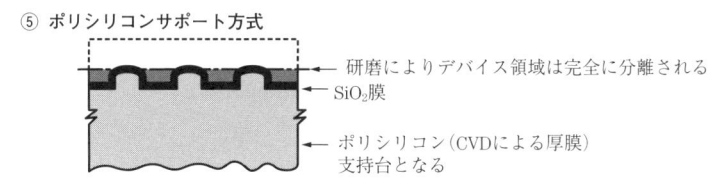

ポリシリコン（CVDによる厚膜）
支持台となる

図6-5　概念的にみたSOI（Silicon on Insulating substrate）構造

方式である。したがって，メモリ，ロジックを問わず今後のVLSIデバイスにはすべてに導入されるはずである。ネックとなるのは0.1μm以降の微細領域へのSiO₂の埋込みである。

4 SOI構造

図6-5はSOI構造の形成法である。SOI構造はいわば基板そのものも含有する

アイソレーション構造でもある．各種の方法が提案されているが，図の①SIMOX，②および③の貼合せが現在の主流技術である．貼合せおよびカッティング方法にもさまざまな要素技術が適用されている．④は1970年代に工夫されたSOI構造で，ポリシリコンを厚く堆積して支持基板としている．工程的には貼り合せの方が容易で，かつ時間も短かくて済みそうである．しかし⑤のような加工形状をもつ基板上にポリシリコンを堆積させる手法は貼り合せでは対応できない．

　SOI構造を用いたデバイスは基板の容量をまったく無視できるため，デバイス性能上非常にメリットが大きく，アイソレーション技術との関連において注目すべき技術である．最終的には経済性が重要である．

5 今後の展開

　デバイスの高密度化・高集積化のためにはアイソレーション領域を狭め，基板内への素子充填密度を高める必要がある．STIは究極のアイソレーション技術と考えられるが，基板容量の完全無視を可能にするにはSOI構造とのドッキングが必要となる．

　STI構造は一見シンプルにみえるが要素技術上の課題も多く，開発途上といってもいいほどである．また，アイソレーションは基板工程におけるスタートのプロセスであり，その後のデバイスの歩留りや信頼性に深く関わっている．そのため，欠陥や金属不純物の制御は非常に重要である．

　それにしても1970年初頭に開発されたLOCOS構造のインパクトは大きかった．STI構造の形成においてもトレンチ内壁酸化の際にbird's beakや端部における欠陥の発生が問題になっている．

6.2 ウェル形成技術

　ウェル（well）は"井戸"という意味である．シリコン基板内に導電型の異なる領域を作り，そこに周囲とは逆タイプのMOSトランジスタを形成し，

CMOS構造とする。現在ではCMOS構造はますます複雑となり，二重ウェル，三重ウェルなどが登場して，その複雑さ，工程の長さにおいてバイポーラデバイス以上ともいえるようになった。

■1 技術のアウトライン

pチャネル型MOSデバイスでは基板はn型シリコンを，nチャネル型MOSデバイスでは基板はp型シリコンを用いる。したがって，n，pチャネルMOSデバイスを共存させるCMOSでは同一基板内にn型領域とp型領域が存在する環境を作らなければならない。ウェルはそのための分離領域である。

現在ではそれらの領域はイオン打込みにより形成されるが，側壁部分にはLOCOSあるいはSTIが用いられ，絶縁分離構造となっている。ウェル（well）はまたタブ（tub）とも呼ばれていて，twin-tub，p-tubなどと表現する。

p型の基板にn型領域を形成した構造がnウェル，n型基板に形成したp型領域がpウェルである。ウェル中の不純物濃度プロファイルによってウェル内に形成されるトランジスタの性能がきめられる。同じCMOSを形成するためにnウェル方式とpウェル方式のいずれかを選択するかはデバイスメーカーの蓄積された経験にもよるが，pチャネルMOSとnチャネルMOSのどちらの特性を重視するかという要素にもよる。

現在，ウェルの形成はイオン打込みとそれに続くアニールによって行われる。p，n双方の打込みを交互に行うツインウェル構造ではアニールを共通化して1回で済ませることもできる。また，リトログレード（retrograde）ウェルの方式では内部に高濃度ピークをもつようなプロファイルが形成されており，これには高加速電圧のイオン打込み装置が用いられる。

■2 基本的なウェル構造とリトログレードウェル構造

図6-6は基本的なウェル構造を示す。(1)はpウェル，(2)はnウェル，(3)はツインウェルで一般には高抵抗シリコン基板（n型あるいはp型，π型基板などともいう）内にpウェルとnウェルを別個に形成する。この構造は現在の最先端CMOSデバイスの基本構造となっている。(4)は高加速電圧のイオン打

(1) n-Si / pウェル → pウェル

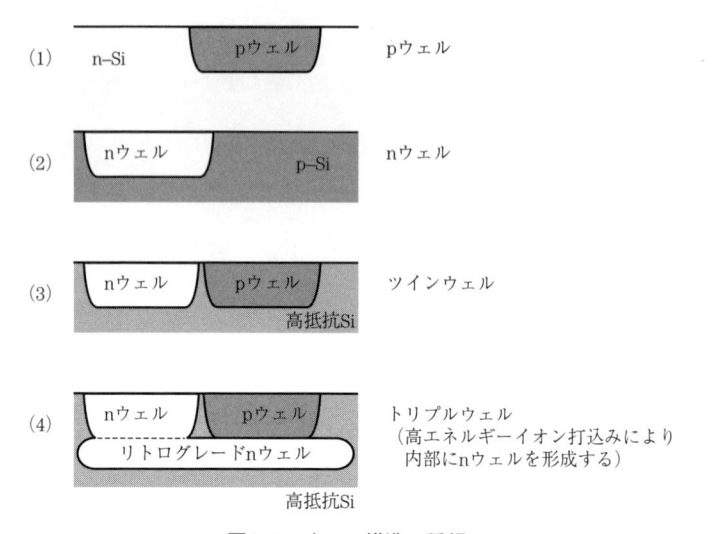

(2) nウェル / p-Si → nウェル

(3) nウェル / pウェル / 高抵抗Si → ツインウェル

(4) nウェル / pウェル / リトログレードnウェル / 高抵抗Si → トリプルウェル（高エネルギーイオン打込みにより内部にnウェルを形成する）

図6-6　ウェル構造の種類

込みにより，深い領域にn型部分を形成させた，いわゆるリトログレードウェル（retrograde well）をもち，トリプル（三重）ウェル構造と呼ばれている。

　ウェルの形成はイオン打込みとアニールによって行われるが，その濃度プロファイル―特に表面濃度の制御はそこに形成されるMOSトランジスタのしきい値電圧を決定するものとして重要である。ウェル外の基板上に直接形成されるトランジスタのしきい値は基板の濃度で決まるのでウェル内と比較すれば制御はしやすい。もっともCMOS工程ではチャネルドープにより，しきい値を自由に制御できるので現在ではあまり大きい問題ではない。

　CMOSウェル構造の問題点は，通常のイオン打込み法で形成した場合，アニールによって横方向の拡がりが生じるために隣接する素子との距離をとらねばならないことと，隣接する個所でラッチアップ（latch-up）と呼ばれる寄生バイポーラトランジスタが形成されることである。

　高密度化と矛盾するこの現象を解決するためにさまざまな手法が工夫されている。プロセス的には，

・高濃度基板を用い，活性領域をエピタキシャル層とする
・STIなどを用い，素子間を絶縁分離する

・リトログレードウェル（retrograde well）方式を用いる。

などがある。特にリトログレードウェルは内部に高濃度層を形成させ、寄生効果の発生を抑制するもので、そのためにMeVクラスのイオン打込み装置が用いられる。また、この方式では横方向の拡がりを抑えることができ、アニールも短時間で終了できるというメリットがある。

プロファイル上、内部に濃度ピークを有することから、"retrograde"、日本語でいえば"逆傾斜イオン打込み"などとも呼ぶ方法である。図6-7に通常のウェルと逆傾斜ウェルの比較を示す。このリトログレードウェル構造には次のようなメリットがある。

・ラッチアップ防止
・パンチスルーの防止
・フィールド酸化膜直下のしきい値電圧の上昇（フィールドドープ）
・横方向拡がりの抑制——高密度レイアウト可能
・工程簡略化と短縮、サーマルバジェット低減

3 ウェル形成の具体的手法

ウェル形成は当初熱拡散により行われていた。ボロンあるいはリンを長時間のアニール（ドライブイン）によって内部に深く拡散させる方式はCMOSプロセス中のネックといわれていた。濃度プロファイル制御が容易でなかったためである。現在ではイオン打込み法により、工程は簡略化され、熱処理時間も大幅に短縮されている。

まず、通常のnウェルまたはpウェルの形成（単一ウェル）ではホトレジストをp領域、n領域のマスクとして交互に用いる方法が一般的である。しかし最終的な構造に至るにはいくつかの異なるルートがある。たとえば、

・ウェルマスクからスタートする手法（図6-8）
・活性領域マスクからスタートする手法（図6-9）
・フィールド酸化膜（LOCOS）形成からスタートする方法（図示せず）

などがあるが、いずれが最も合理的かは、何ともいえない。

このあと、pチャネル、nチャネルそれぞれのソース/ドレイン領域の形成

(a) 通常のウェル形成

(b) リトログレードウェル形成

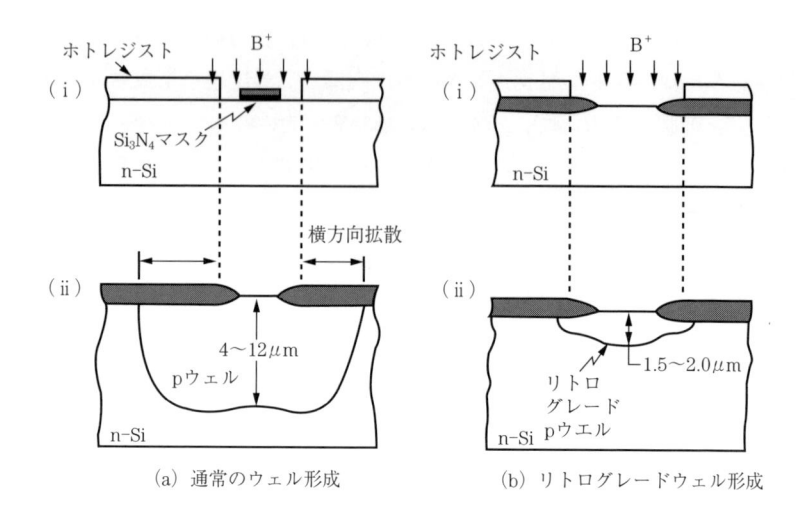

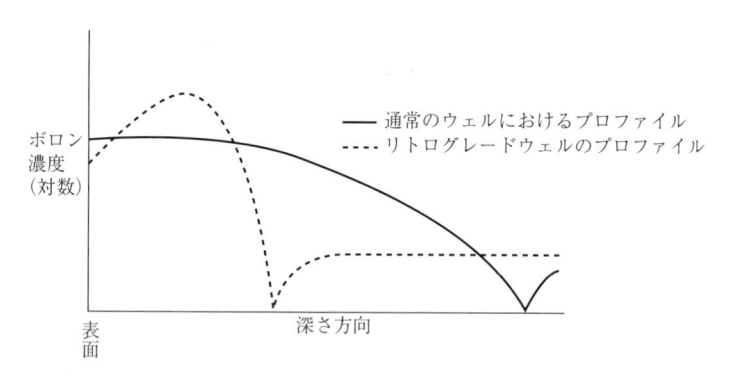

(c) ボロン濃度の深さ方向プロファイル比較

・通常のウェル形成：拡散による．1100°～1150℃，6-20時間アニール処理
・リトログレードウェル形成：400～600keV. イオン打込み．1000℃，30分アニール処理

図6-7 通常のウェル形成とリトログレードウェル形成の比較例
(S. Wolf: "Silicom Processing in VLSI era", Vol. Ⅳ, p. 541, Lattice Press (1995))

を，またホトレジストをマスクとして別々に行う必要があり，イオン打込み工程は第5章に述べたとおり，きわめて回数が多い。最近ではリトログレードウェル形成のための高加速電圧イオン打込みが多用されるようになり，イオン打

① p-Si　P⁺イオン打込み
・nウェルマスクパターン
・リン(P)の選択的イオン打込み

② p-Si　nウェル
・ウェル酸化およびドライブイン

③ p-Si　nウェル
・Si$_3$N$_4$/SiO$_2$除去

④ p-Si　nウェル
・LOCOS用Si$_3$N$_4$/SiO$_2$パターン形成

⑤ B⁺イオン打込み　ホトレジスト
p-Si　nウェル
p型フィールドドープ
・nMOSフィールドへのボロン(B)イオン打込み（フィールドドープ）

⑥ p-Si　nウェル
p型フィールドドープ
・LOCOSフィールド酸化

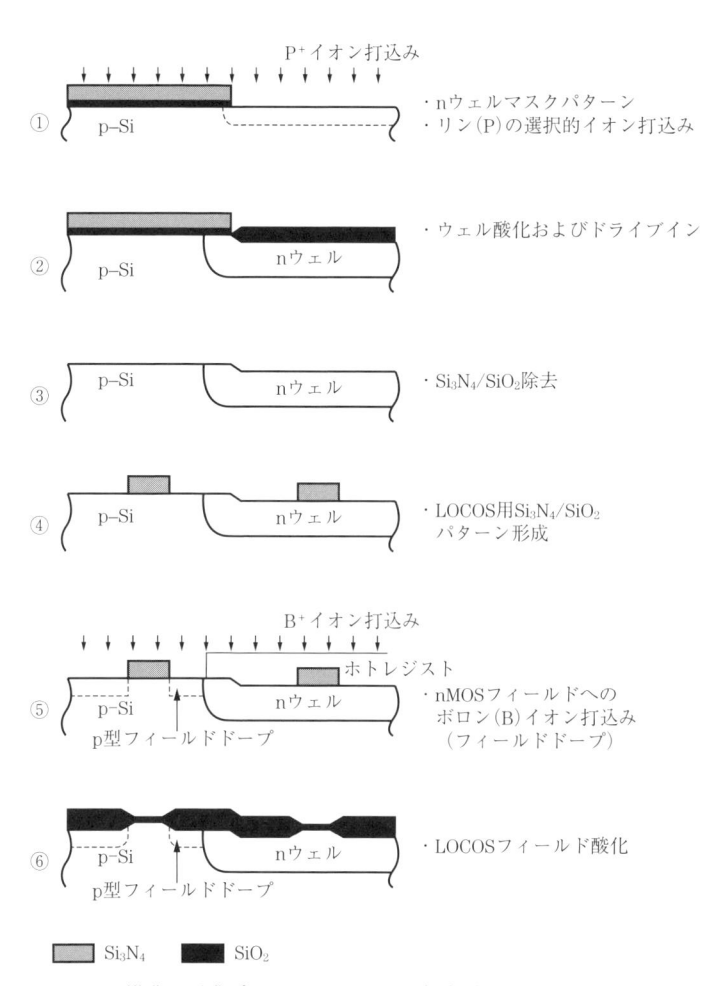

▨ Si$_3$N$_4$　■ SiO$_2$

図6-8　nウェル構造の形成プロセスフローの例（I）（nウェルマスクスタート方式）
(S. Wolf: "Silicom Processing in VLSI era", Vol. II, p. 533, Lottice Press (1990))

込み装置の重要性はますます高まっている。

　図6-10はツインウェル構造の形成フローである。この構造においてもさまざまなルートが存在する。単純にnチャネル側，pチャネル側を別々に作り込み，一括して熱処理を行う。

　ただし，2回目のイオン打込みでは厚いSiO$_2$膜をマスクとして一種のセルフ

6.2　ウェル形成技術

① p-Si ・活性領域(LOCOS)マスクパターン (Si₃N₄/SiO₂形成)

② P⁺イオン打込み ホトレジスト p-Si ・nウェルマスクパターン ・リン(P)イオン打込み

③ p-Si nウェル ・nウェルドライブイン

④ B⁺イオン打込み ホトレジスト p-Si nウェル p型フィールドドープ ・ボロン(B)フィールドイオン打込み

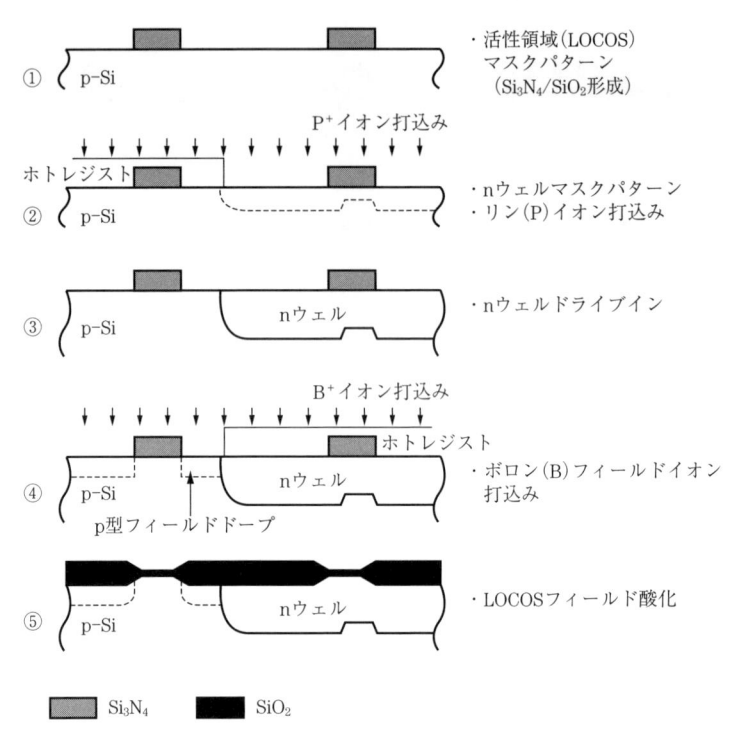

⑤ p-Si nウェル ・LOCOSフィールド酸化

■ Si₃N₄   ■ SiO₂

図6-9 nウェル構造の形成プロセスフローの例（Ⅱ）（活性領域マスクスタート方式）
(S. Wolf: "Silicom Processing in VLSI era", Vol. Ⅱ, p. 534, Lattice Press (1990))

アライン手法を用いており，マスク枚数を一枚減らす工夫がされている。サーマルバジェットの低減，工程簡略化を考えてこのようなプロセスフローを机上で工夫してみるのも一興だろう。

4 今後の展開

ウェル形成においてはイオン打込み技術の役割が重いが，いまのところこれに代わり得る方法はない。微細化によりウェル部もシャロー化されれば，イオン打込み技術の代わりに選択エピタキシーの技術でウェル部分を形成するというアイデアが出されたこともある。また，300mm径ウェハの量産ではイオン打込み装置のスループットと同時に，サーマルバジェットの低減が一層必要と

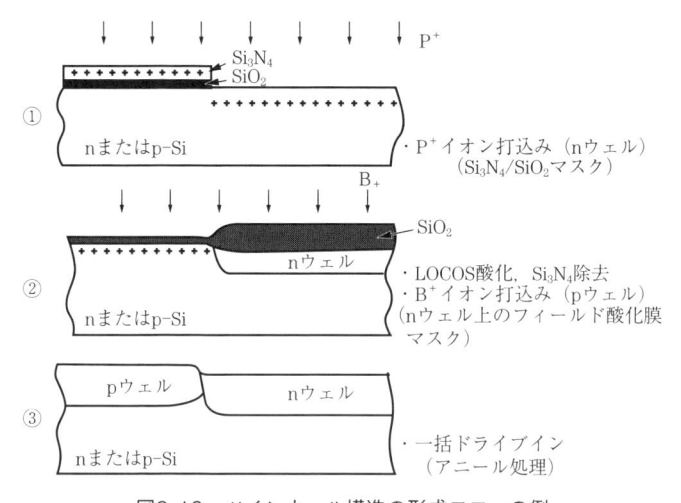

図6-10 ツインウェル構造の形成フローの例
(S. Wolf: "Silicom Processing in VLSI era", Vol. Ⅱ, p. 537, Lattice Press (1990))

なり,欠陥対象も重要になる。

6.3 ゲート絶縁膜形成技術

ゲート絶縁膜はMOSトランジスタの心臓部であり,MOSトランジスタ動作原理でいえば水門の部分にあたる。この水門を開閉してソースからドレインへの電流を制御するのがMOSトランジスタであり,ダムとのアナロジーでその動作が説明されている。

したがって,ゲート絶縁膜形成は半導体プロセスのなかでは細心の注意が必要な工程である。

１ 技術のアウトライン

ゲート絶縁膜の課題はデバイスの世代交替とともに薄膜化(スケールダウン)することへの対応である。デバイスのスケーリング則ではトランジスタのパターン寸法が$1/k$になれば,ゲート酸化膜厚も$1/k$となる。

表6-1　ゲート酸化膜に関するロードマップ

	1999	2000	2001	2002	2003	2004	2005	2008	2011	2014
最小加工寸法（nm）	180	165	150	130	120	110	100	70	50	35
DRAM密度（ビット/チップ）	1	→	→	4	→	→	16	64	256	1024
ゲート酸化膜厚（T_{ox}, nm）	1.9～2.5	→	1.5～1.9	→	→	1.2～1.5	1.0～1.5	0.8～1.2	0.6～0.8	0.5～0.6
膜厚制御（%, 3σ）	<±4	→	→	→	→	→	→	→	→	→
トンネル酸化膜厚（nm）	8～10	→	8.5～9.5	→	→	8～9	→	7.5～8.5	2～8	2～7

　たとえば，1970年に登場した1KビットDRAM（Intel社）では10～12μmのゲート長（L）が用いられたが，そのときのゲート酸化膜厚は1200Å（120nm）であった。それからみれば現在の膜厚レベルが当然納得できる。また今後もますます薄膜化すると予想される。現在では膜厚はすでに100Å（10nm）を下まわっておりこれを極薄酸化膜，超薄酸化膜などと呼んでいる。

　ゲート酸化膜はシリコン基板の直接酸化によって形成される。その手法としては，ファーネス（炉）が伝統的に用いられている。ゲートはCMOSデバイスの心臓部に相当し，Si-SiO₂界面の安定性がデバイスの性能，信頼性，歩留りに大きな影響を与える。Si-SiO₂界面特性安定化の努力はMOSデバイス開発そのものの歴史でもある。

2 ゲート酸化膜の問題点と対策

　ゲート絶縁膜はシリコン酸化膜である。他の種類の絶縁膜も将来的には使われる可能性があるが，まずここはSiO₂である。表6-1はゲート酸化膜に関する技術ロードマップを示す。1997年に4～5nmであったSiO₂膜は2003年に2～3nmになり，2006年では1.5～2.0nmと予測されている。自然酸化膜をやや厚くした程度である。このような薄い膜は当然ファーネスによるシリコンの熱酸化では形成不可能であり，堆積などによる方法が必要となっている。

　図6-11にはゲート絶縁膜（酸化膜）の超薄膜化傾向における問題点と対策をまとめた。シリコン酸化膜そのものの物理的限界は5nm程度といわれるが，ロードマップからみればもうすでにそこまで到達している。実際にはその

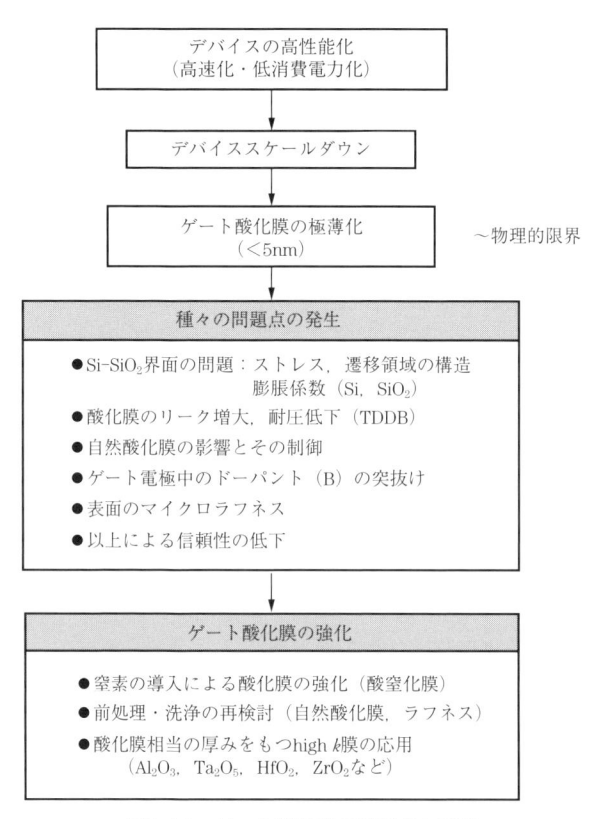

```
┌─────────────────────────┐
│   デバイスの高性能化    │
│ （高速化・低消費電力化）│
└───────────┬─────────────┘
            ↓
┌─────────────────────────┐
│  デバイススケールダウン │
└───────────┬─────────────┘
            ↓
┌─────────────────────────┐
│  ゲート酸化膜の極薄化   │ 〜物理的限界
│       （＜5nm）         │
└───────────┬─────────────┘
            ↓
┌─────────────────────────────────────────┐
│          種々の問題点の発生             │
├─────────────────────────────────────────┤
│ ●Si-SiO₂界面の問題：ストレス，遷移領域の│
│   構造　膨張係数（Si, SiO₂）            │
│ ●酸化膜のリーク増大，耐圧低下（TDDB）   │
│ ●自然酸化膜の影響とその制御             │
│ ●ゲート電極中のドーパント（B）の突抜け  │
│ ●表面のマイクロラフネス                 │
│ ●以上による信頼性の低下                 │
└───────────┬─────────────────────────────┘
            ↓
┌─────────────────────────────────────────┐
│          ゲート酸化膜の強化             │
├─────────────────────────────────────────┤
│ ●窒素の導入による酸化膜の強化（酸窒化膜）│
│ ●前処理・洗浄の再検討（自然酸化膜，ラフネス）│
│ ●酸化膜相当の厚みをもつhigh k膜の応用   │
│   （Al₂O₃, Ta₂O₅, HfO₂, ZrO₂など）      │
└─────────────────────────────────────────┘
```

図6-11　ゲート絶縁膜の問題点と対策

ための対策として，現在，酸窒化膜と呼ばれるゲート構造が用いられている。

シリコンの酸化はメカニズム的には酸化膜中の酸化剤の拡散であり，界面ではSiとOの比率は1：2ではなく，そこには一種の遷移領域が存在する。これは構造的なものであり，膜が十分厚い場合にはいいが，薄くなると遷移領域の存在が酸化膜に対してストレスなどを与え，膜の電気的リークや耐圧の低下をもたらす。また，TDDB（Time Dependent Dielectric Breakdown）特性と呼ばれる一種の信頼性ファクタも低下する。また図に示すように自然酸化膜の影響を受けて膜厚の不均一性や再現性の低下なども起きてしまう。

シリコン表面の前処理（SC-1洗浄など）によるマイクロラフネスの発生

6.3　ゲート絶縁膜形成技術

が，そこに形成される極薄ゲート酸化膜の特性に影響するともいわれている。

このような信頼性低下が起きることから薄膜化に対しては，プロセスインテグレーションの一手法として膜中に窒素を導入したSiO_2膜が用いられるようになった。これが酸窒化膜である。導入された窒素はSiO_2の表面とSi-SiO_2界面に濃度ピークをもち，特に界面ではSi原子のダングリングボンドを埋め，ストレスを低減させてTDDB特性などの向上に寄与する。また，ゲート酸化前の表面の洗浄などにも細心の注意が必要であり，ラフネスを発生させないで洗浄する方法などが開発されている。

次に重要な技術は高比誘電率膜（high k）をゲートに用いた構造であるが，これについては後で述べる。

3 ゲート酸化膜の形成方法

図6-12は，現在VLSI製造ラインで用いられている標準的なゲート酸化膜形成フローである。LOCOS工程終了後，活性領域のSi_3N_4膜，SiO_2膜をエッチング除去し，ゲート酸化を行うべき表面を露出させてから表面の前処理を行う。前処理は，通常はRCA洗浄に準じた方法で行われ，最先端デバイスでは薬液の濃度は実際にはかなり希釈されている。ウェハはHF処理によって自然酸化膜を除去したのち，超純水リンス，乾燥を行い，ロードロック室（N_2雰囲気）を経由してファーネス中に装填される。現在では，ファーネスの温度は800～850℃で，酸化剤としてドライO_2が用いられている。

表6-2は，現在用いられているゲート酸化膜形成法である。酸化はドライO_2のみではなくウェット雰囲気も用いられている。この場合はH_2-O_2混合ガスを点火してH_2Oを生成させ，酸化剤として用いる。SiO_2のクリーン化のためにO_2中にHClやTCEを混合させる方法もある。

さて，酸窒化膜の形成では，窒素の供給源としてNH_3，NO，N_2Oなどが用いられる。まだ標準的な方法も定まっていないが，安全上からはN_2Oが最適と考えられる。手法的にはSiO_2形成時にNH_3，N_2Oなどを含有させ，酸化と同時に窒素を酸化膜中に導入するか，SiO_2形成後NH_3中で熱処理を行うかである。これらの手法ではファーネスの代わりにRTPも用いられている。ただRTPの

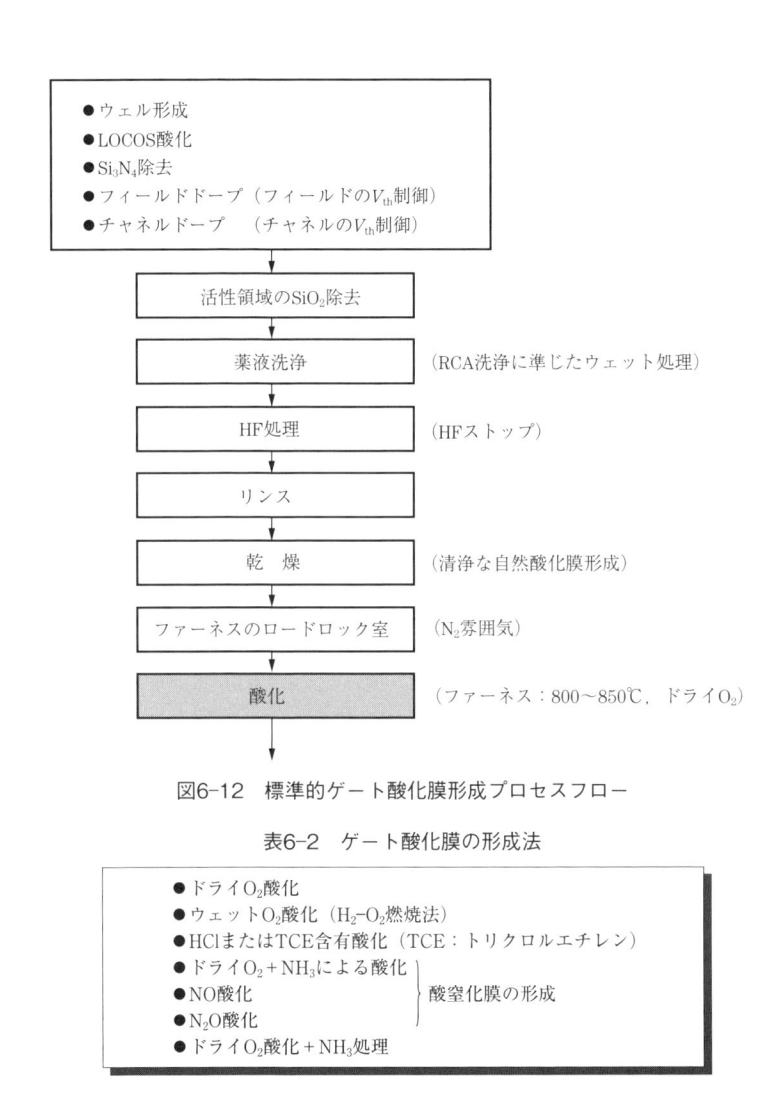

```
┌─────────────────────────────────┐
│ ● ウェル形成                      │
│ ● LOCOS酸化                      │
│ ● $Si_3N_4$除去                  │
│ ● フィールドドープ（フィールドの$V_{th}$制御）│
│ ● チャネルドープ  （チャネルの$V_{th}$制御）│
└─────────────────────────────────┘
              ↓
     ┌─────────────────┐
     │ 活性領域の$SiO_2$除去 │
     └─────────────────┘
              ↓
     ┌─────────┐
     │  薬液洗浄  │    （RCA洗浄に準じたウェット処理）
     └─────────┘
              ↓
     ┌─────────┐
     │  HF処理   │    （HFストップ）
     └─────────┘
              ↓
     ┌─────────┐
     │   リンス   │
     └─────────┘
              ↓
     ┌─────────┐
     │   乾　燥   │    （清浄な自然酸化膜形成）
     └─────────┘
              ↓
     ┌─────────────────┐
     │ ファーネスのロードロック室 │    （$N_2$雰囲気）
     └─────────────────┘
              ↓
     ┌─────────┐
     │   酸化   │    （ファーネス：800〜850℃，ドライ$O_2$）
     └─────────┘
              ↓
```

図6-12　標準的ゲート酸化膜形成プロセスフロー

表6-2　ゲート酸化膜の形成法

┌──────────────────────────────────────┐
│ ● ドライO_2酸化   │
│ ● ウェットO_2酸化（H_2-O_2燃焼法）   │
│ ● HClまたはTCE含有酸化（TCE：トリクロルエチレン） │
│ ● ドライO_2＋NH_3による酸化 ┐   │
│ ● NO酸化   ├ 酸窒化膜の形成 │
│ ● N_2O酸化   ┘   │
│ ● ドライO_2酸化＋NH_3処理   │
└──────────────────────────────────────┘

酸化（RTO）や窒化（RTN）が実用化されるとは今は考えにくい。

4 high k材料のゲート絶縁膜への応用

　極薄酸化膜が5nmの壁に到達するとき，また，それを越えなければならない場合に備えて，現在high k材料をゲートに用いる試みがさかんである。デザ

インルールとしては0.1μm（100nm）以降である。

SiO_2の物理的限界は5nmといわれているが，技術ロードマップでのSiO_2としては2nmである。ここで"SiO_2相当の膜厚"という考え方がある。いまコンデンサの容量（C）と絶縁膜厚（d_{ox}），比誘電率（ε_{ox}）の間には，面積をA，真空中の誘電率をε_0として次の関係がある。

$$C = \varepsilon_0 \varepsilon_{ox} \cdot \frac{A}{d_{ox}}$$

SiO_2の代わりにhigh k膜を用いたとしてその比誘電率をε_k，膜厚をd_kとすると同じCを得るためには

$$d_k = \left(\frac{\varepsilon_k}{\varepsilon_{ox}}\right) \cdot d_{ox}$$

となる。このd_kが酸化膜相当の膜厚となる。high k膜の比誘電率を仮に20とすればSiO_2が4.0だからd_kはSiO_2膜厚の約5倍にでき，物理的にも構造的にも安定化するということになる。したがってこのd_kが"SiO_2相当の膜厚（equivalent silicon oxide thickness）"である。

high k膜の候補としてはAl_2O_3（$\varepsilon = 9$），Ta_2O_5（$\simeq 25$）があり，最近ではHfO_2，ZrO_2などが検討されている。まだ研究開発の緒についたところだが，応用面でも急速な展開が予想される。これらの膜はすべて堆積によって形成されるので，その方法（スパッタかCVDか）も今後の焦点の一つである。

5 今後の展開

ゲート絶縁膜は，いま述べたhigh k膜の応用が急速に進められるとみられる。しかし堆積法や加工方法などについてもまだ不明なところが多く，また材料の選択肢も非常に多いので容易には標準化されないとみられている。堆積によるゲート絶縁膜が使われるとなれば，半導体デバイスでは初めてであり，すべての面で工程的な見直しも必要となる。また，周辺のプロセスも大きく変化せざるを得ない。なお，TFT（薄膜トランジスタ）では堆積（CVD）のSiO_2がゲートに用いられている。

300mmウェハの量産適用ではサーマルバジェット低減が一層必要となり，

ゲート絶縁膜形成工程の低温化も今後の重要なターゲットとなっている。
"プラズマ酸化"も可能性の一つと考えられる。

6.4 ゲート電極形成技術

　ウェル形成，ゲート絶縁膜形成についで行われるのがゲート電極形成である。MOS構造のMに相当する。現在ではSiゲート，ポリサイドゲートが主流となっているが，最初はAlが用いられた。その比較ではセルフアラインゲート方式のメリットが顕著である。ポリシリコンはSiO_2，単結晶Si，Alなどともきわめて相性のよい膜であり，Siゲート以外にも広い用途がある。それらについてもプロセスインテグレーションの具体例として本項でふれておく。

1 技術のアウトライン

　CMOSデバイス，あるいはMOSデバイス全般について，そのゲート電極材料の主役はポリシリコン（多結晶シリコン）である。ポリシリコン膜はホットウォールLPCVD法により，きわめて再現性高く形成でき，同時にB，Pなどの不純物をドープして抵抗値を制御することもできる。これを"in-$situ$ doped polysilicon"と呼んでいる。

　ゲート電極は，そこから電圧を印加し，ゲート絶縁膜直下のシリコン界面にチャネルを形成させ，ソースとドレイン間の電流制御を行う，ゲート印加電圧はダムとのアナロジーでいえば水門のバルブの役割を果している。Siゲートはこのポリシリコンの応用である。ポリシリコン膜のもつ利点をまとめてみよう。

・高温プロセスが可能で，単結晶Siと同様に，酸化，拡散などの処理ができる
・SiO_2，単結晶Si，Alなどとの密着性，相性がきわめてすぐれている
・ドーピングによって比抵抗の制御が可能
・基板Siとの仕事関数差が小さく，しきい値電圧を低くできる
・セルフアライン構造の形成

・CVDによる成膜が容易であり，加工性もすぐれている

以上の特徴はAlをゲートに用いる場合には得られないものばかりである。

図6-13にはポリシリコン膜のデバイスへの応用をまとめた。セルフアラインゲート，配線，抵抗，拡散源，バリア層などに用いられているが，特にDRAMの3次元キャパシタの蓄積電極（ストレージノード）としては繰り返し積層化して用いられており，不可欠の膜材料である。

図6-14は，Alゲート構造，すなわち位置合せ必要とするゲート（ノンセルフアライン方式）をもつデバイスと，Siゲート（セルフアライン方式）の比較である。Siゲートではゲート電極とソース／ドレイン領域のオーバーラップ（容量が特性上問題となる）が減り，Alとポリシリコンとは立体配線が可能となっている。ここからはすべてSiゲートの話である。

ゲート電極は細心の注意を払って準備したゲート絶縁膜上に形成するので，その特性を劣化させることなく，高清浄度の膜の堆積が必要である。それにはコンタミネーションのおそれが少ないファーネス方式のCVD（ホットウォールLPCVD）により，SiH_4を原料として用いて行う。温度は600℃前後の低温である。

成膜時には主としてPH_3をドープ材に用いてn^+（高濃度リン）のポリシリコンとする。さらにソース／ドレイン形成時にイオン打込みによりn型ドーピングを同時に行ったり，追加する場合もある。

工程的にみれば，nチャネルMOSデバイスではゲートはn^+ドーピング，pチャネルMOSデバイスではゲートはp^+ドーピングということになるが，両方の型のデバイスをもつCMOSではどうするのだろうか。これまで工程の容易さから**図6-15**（c）のようにpチャネル用ゲートもnチャネル用ゲートもn^+の一括ドーピングが用いられてきた。しかし個々のトランジスタ特性の高性能化という観点から（d）のようにゲートのポリシリコンにはn，p別々のドーピングを行う必要が生じてきている。

特に微細化デバイスではデバイスデザイン上の要求事項である。

一方，以前からポリシリコン中のボロン（B）原子はゲート酸化膜を容易に突き抜けて下地のシリコンに達し，不純物の領域のシリコン表面濃度を変えて

(a) ゲート電極

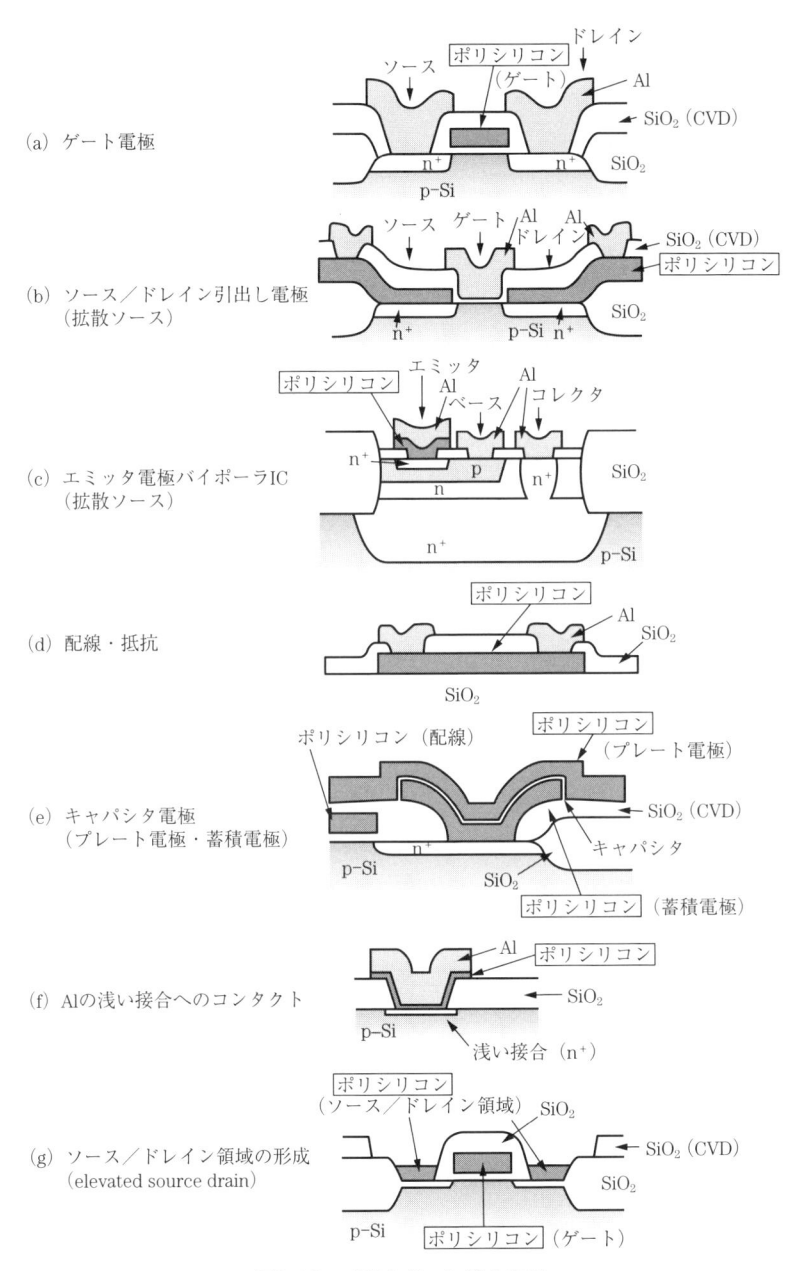

(b) ソース／ドレイン引出し電極
（拡散ソース）

(c) エミッタ電極バイポーラIC
（拡散ソース）

(d) 配線・抵抗

(e) キャパシタ電極
（プレート電極・蓄積電極）

(f) Alの浅い接合へのコンタクト

(g) ソース／ドレイン領域の形成
（elevated source drain）

図6-13 ポリシリコン膜の応用

6.4 ゲート電極形成技術

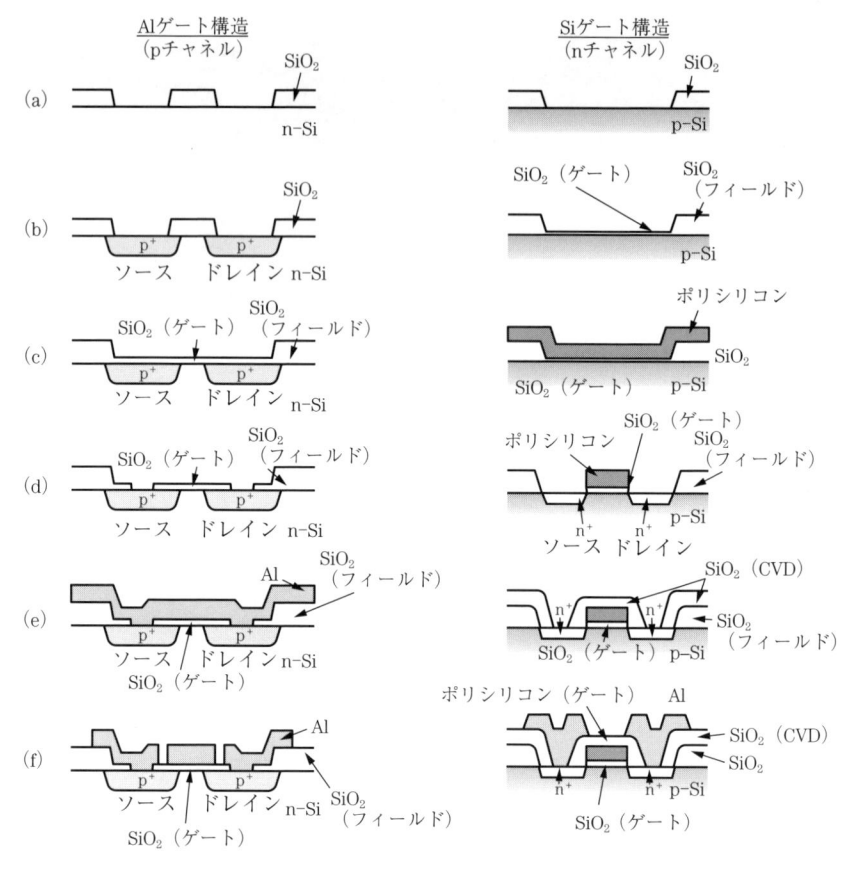

図6-14 Alゲート，Siゲート構造のプロセスフロー比較

しまうことがわかっており，その防止対策が求められている。前項で述べたゲート絶縁膜としての酸窒化膜はNを含むということで，ボロン突抜けのバリア効果があることがわかっている。

2 ゲート電極材料

現在ゲート電極として用いられている材料はポリシリコンであるが，実際にはその上にはTi，Wなどのシリサイド膜が形成された積層構造となっている。しかし，トランジスタのしきい値電圧を規定しているのはポリシリコン自身で

(a) n-MOS
(ソース，ドレイン，ゲートへ同時ドープ)

n⁺ポリシリコン / p-Si / n⁺ … n⁺

(b) p-MOS
(ソース，ドレイン，ゲートへ同時ドープ)

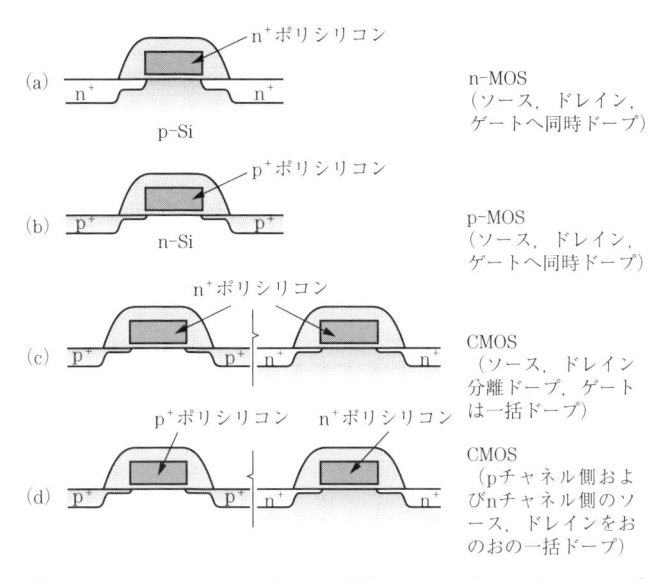

p⁺ポリシリコン / n-Si / p⁺ … p⁺

(c) CMOS
(ソース，ドレイン分離ドープ，ゲートは一括ドープ)

n⁺ポリシリコン

(d) CMOS
(pチャネル側およびnチャネル側のソース，ドレインをおのおの一括ドープ)

p⁺ポリシリコン　n⁺ポリシリコン

図6-15　シリコンゲートデバイス構造におけるポリシリコンドープ

あることに変わりはない。問題はポリシリコン膜の抵抗値（導電性）である。

　ポリシリコンのシート抵抗は低くても10Ω/cm²程度であり，比抵抗では数100Ωcm以上に相当するので，特性上のネックになる。シリサイドを積層するのはシート抵抗を低減させるためである。それならば，シリサイド単独では，ということになるが仕事関数差，SiO₂との密着性，工程全体の整合性からみてそう簡単にはいかない。しかしセルフアラインゲート形成に用い得る材料としては，ポリシリコンを除くと高融点金属あるいはそのシリサイドという選択になる。

　SiO₂，Siとの相性（密着性，加工性などを含む）の点からみてW，Mo，Ta，Tiなどの高融点金属（リフラクトリーメタル）がポリシリコン以外の候補である。表6-3にそれらの単体金属とシリサイドの比抵抗および融点を示す。いずれもドープしたポリシリコンの比抵抗よりかなり低い。もちろん，W，Moは他の一般金属なみである。Taは単体よりもシリサイドの方が低い比抵抗値をもち，W，Mo，Tiの各シリサイドも抵抗値は低い。他の高融点金属

表6-3 高融点金属・シリサイドの比抵抗

メタル・シリサイド		融点（℃）	比抵抗（$\mu\Omega$cm）
W	タングステン	3410	3.3
WSi_2	タングステンシリサイド	2050	33.4
Mo	モリブデン	2625	3.4
$MoSi_2$	モリブデンシリサイド	1870	21.5
Ta	タンタル	2850	13
$TaSi_2$	タンタルシリサイド	2400	8.5
Ti	チタン	1820	54
$TiSi_2$	チタンシリサイド	1540	123

(Taは金属単体よりもシリサイドの方が比抵抗は低い！！)
(R. C. Weast: "CRC Handbook of Chemistry and Physics", CRC Press Inc. (1987))

のシリサイドもほとんど同様に抵抗値は低い。

現在主流となっているのはポリシリコン上にWSi_2を積層化したポリサイドと呼ばれる構造である。WSi_2の抵抗値が低いため，配線としてそのまま用いることも可能であり，DRAMのビット線としても応用されている。別のケースはTiのサリサイド構造であるが$TiSi_2$はスパッタとアニールによって形成する。

図6-16はこれまでのゲート電極構造の系譜である。1969年に始まるポリシリコンゲート構造は，現在のWSi_2，$TiSi_2$積層させたポリサイドゲート，サリサイドゲート構造などに推移しているが，ここでさらにゲート電極の低抵抗化が望まれている。そのために検討されているのがWSi_2の代わりにWそのものを用いるW/ポリシリコン積層ゲート構造である。

ITRS (International Technology Roadmap for Semiconductors) では将来の材料として$CoSi_2$，NiSi，Ta，Zr，Hf，Pt，Ir，TaN，WNなども候補としてあげている。しかしまだこれらは単に空想の域を出ない非現実的なものといっていいだろう。

WSi_2/ポリシリコン構造では問題はないが，W/ポリシリコン構造では途中工程で界面のシリサイド化が進行し，せっかくの低抵抗化が無駄となるおそれがある。そこで両者の間に導電性のバリアを設けるアイデアが考えられている

図6-16 ゲート電極構造の堆積

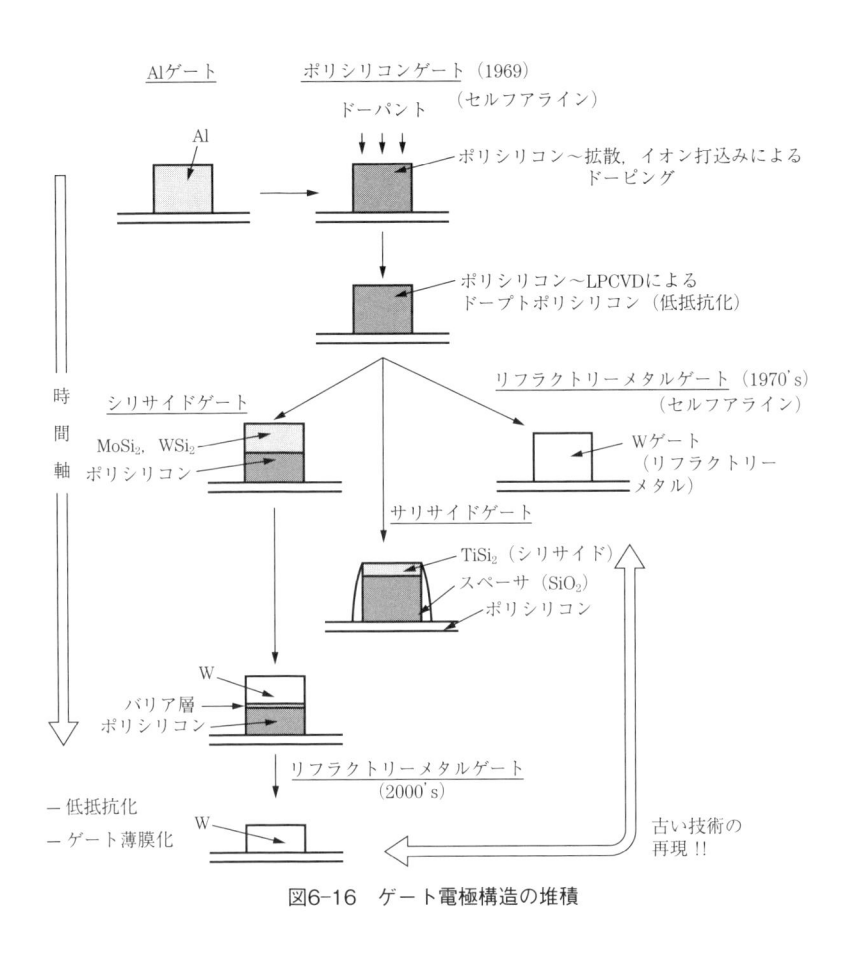

が，このような発想にはいささか無理がある。ゲート絶縁膜上に直接リフラクトリーメタルであるW膜形成を行う構造が次の目標として考えられる。同じ試みはすでに1970年代に行われているが，結局，陽の目をみなかった。

当時はWF_6の水素還元による成膜ではゲートのSiO_2が生成するHFにより腐蝕されるおそれがあること，またWとSiO_2の密着性がそれほどよくなかったため，シリコンゲートに対する優位性が得られなかった。いま同じような構造の検討に回帰しているわけだが，同じ問題点を抱えることになるだろう。ただし，30年前と現在とでは環境が大きく変化していることは確かである。

6.4 ゲート電極形成技術

```
(a) UV/Cl₂ドライクリーン        （メタルイオン除去）
     ↓
    UV/O₂ドライクリーン         （有機物除去）
     ↓
    メタノール/HF
    ドライクリーン              （自然酸化膜除去）     (b)  H₂ベーク      （自然酸化膜除去）
     ↓                                                      ↓
    RTO（酸化）    ～ゲート酸化膜形成                        RTO           （酸化）
     ↓                                                      ↓
    RTN（窒化）    ～ゲート酸化膜の窒化                      RTN           （窒化）
     ↓
    RTCVD（Si₂H₆-PH₃系）～電極用ドープトポリシリコン形成
```

（RTP：Rapid Thermal Process）

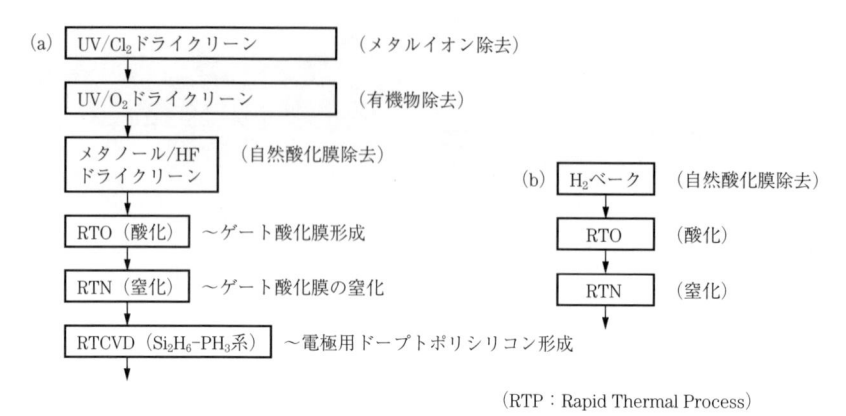

図6-17　RTPを応用したゲート工程インテグレーション

ゲートの抵抗値を低減させることは，配線の導電性以外に，ポリシリコンに比べてゲートの膜厚が薄くできることも大きな魅力である。抵抗が1/10になれば膜厚も1/10にできるわけで，微細化と高密度化にとってはきわめて効果が大きい。

❸ ゲート絶縁膜とのインテグレーション

ゲート電極は低抵抗化のために積層化されるが，それとゲート絶縁膜とのインテグレーションの試みがあるので紹介する。

工程的にはゲート絶縁膜とゲート電極とは連続形成が可能である。**図6-17**はその一例で，表面のクリーニングもドライ雰囲気で行い，酸化（RTO），窒化（RTN）とSi₂H₆-PH₃系のCVD（RTCVD）で連続形成するアイデアである。自然酸化膜除去に無水HFガスのほかH₂ベークも提案されている。これらはすべてRTP（Rapid Thermal Process）装置によって行う。これは理想的な形でRTPを使いこなすというアイデアであり，研究試作あるいはQTAT（Quick Turn Around Time）ラインなどでは価値のある手法である。以上の連続プロセスをファーネスによって実行することも不可能ではないだろう。

4 今後の展開

ゲート電極形成技術の将来では，薄膜化とそれを可能にする低抵抗化が最重要課題である。ゲート絶縁膜にhigh k材料など従来なかったエキゾチックマテリアル（exotic material）が用いられると同時に，ゲート電極材料でも新材料の導入が検討されている。一方でWゲートのように30年前の構造がふたたび検討されるなど興味ある状況がある。当時のことを記憶しているプロセス技術者はもう一人もいないだろうから，また，まわり道をしなくてはならないかもしれない。

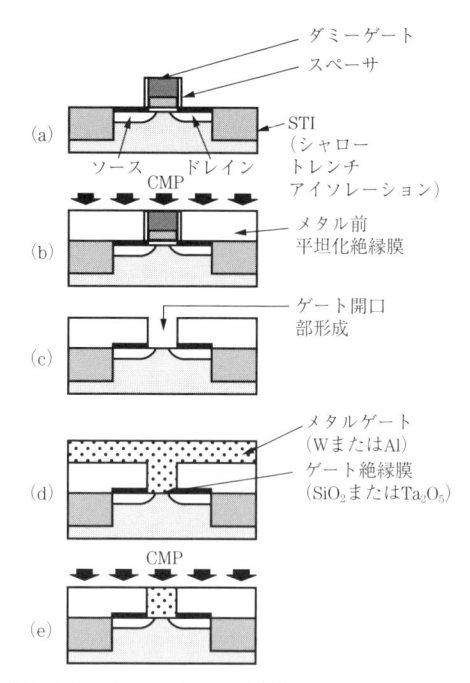

図6-18 ダマシンゲート構造のフロー
(k. Matsuo et al.: 2000 Symposium on VLSI Technology Digest of Technical Papers, p. 70 (July., 2000))

セルフアラインによるゲート構造形成の手法としてダマシントランジスタ（Damascene Transistor）が提案されている。そのフローを図6-18に示す。

ソース/ドレイン領域が形成されているゲート領域にダマシンプロセスでAl，Wなどのゲート電極材料を埋込む方式である。

このフローではゲート絶縁膜，ゲート電極形成が最終工程であり，熱処理などの影響を受けずに0.1μmのゲート長，Ta_2O_5ゲート，Wゲートが達成でき，平坦な表面が得られる。10年前ならトリッキーといわれたかもしれない技術である。

6.5 ソース/ドレイン形成技術

ソースとドレインはいわば水門を通って流れる水の入口と出口である。そこに形成されているpn接合はゲート直下に形成されるチャネルによって導通する。微細化デバイスではこれをできる限り浅く，できる限り抵抗値が低くなるように高濃度で形成する。この技術は最近では"Source/Drain Engineering"などと呼ばれている。

1 技術のアウトライン

ゲート電極パターンが形成されると次はそのパターンをマスクとして用いたソース/ドレイン領域の形成である。ソース/ドレイン用のホトマスク工程がないことからこれがセルフアラインと呼ばれるゆえんである。以前はゲート電極パターン形成後，ソース/ドレインを形成すべき領域のSiO_2を除去してから熱拡散を行っていたが，現在ではSiO_2を残したままイオン打込みで形成されている。このソース/ドレイン領域には，次のような特性が要求される。

・浅いpn接合であること
・表面の不純物濃度は高く，ソース/ドレイン電極との良好なオーミックコンタクトが得られること
・同時に横方向の抵抗も低く，チャネル領域と接続できること
・ゲート電極とのオーバラップはほとんどゼロとする

これらは一見相互に矛盾する要求内容である。その一つの解決方法として実用化されている技術がサリサイド（Salicide = Self-align Silicide）方式である。

2 ソース／ドレインエンジニアリング

最近の学会などではこのようなセッションが設けられ，ソース/ドレインの形成とそれに関わる技術的課題が討議される。いわばソース/ドレイン形成に関するプロセスインテグレーションである。図6-19はその技術範囲を示す。

工程の順序からいうと，まず，エクステンションと呼ばれる浅いpn接合領

図6-19 ソース／ドレインエンジニアリングの範囲

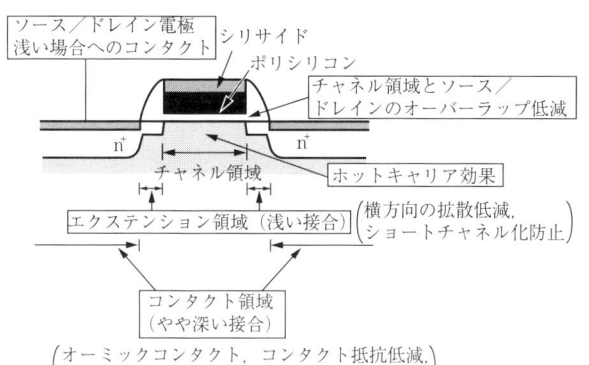

図中ラベル：
- ソース／ドレイン電極 浅い場合へのコンタクト
- シリサイド
- ポリシリコン
- チャネル領域とソース／ドレインのオーバーラップ低減
- n^+、n^+
- チャネル領域
- ホットキャリア効果
- エクステンション領域（浅い接合）（横方向の拡散低減，ショートチャネル化防止）
- コンタクト領域（やや深い接合）（オーミックコンタクト，コンタクト抵抗低減，接合の破壊防止）

・浅い接合形成技術（ドーピング技術）
・ソース／ドレインコンタクト形成技術（シリサイド技術）
・ソース／ドレイン電極形成技術（エレベイテッドソース／ドレイン技術）

域が形成され，ついでスペーサがゲート電極の側壁に形成される。エクステンションはソース／ドレインとチャネルとの電気的接続部である。ついでスペーサをマスクエッジとするコンタクト用の溝にpn接合が形成される。そしてコンタクト用のシリサイド層がpn接合表面に形成されるまでの一連のプロセスがソース／ドレインエンジニアリングである。

また，スペーサを形成してコンタクト領域とチャネルへの接合領域を分離したものをLDD構造（Lightly Doped Drain）と呼んでいる。この構造は，

・浅いエクステンション領域のゲートとのオーバーラップはゼロ
・コンタクト領域と分離されているので問題ない
・チャネル接続部が低濃度なのでドレイン近傍での電界のかかり方が弱まり信頼性向上に寄与する

などの効果がある。LDD構造のスペーサの幅は$0.1\mu m$（100nm）レベルの制御が可能で，今後ゲート電極膜厚が薄くなると自動的に狭められる。

3 ソース／ドレインの形成手法

ソース／ドレイン領域はイオン打込みにより形成する。浅い接合をもつエク

ステンション領域とやや深いコンタクト領域の形成はpチャネル，nチャネルのおのおので分けて行われる。イオン打込み後のアニールは共通化可能である。

この方法におけるもう一つのポイントはスペーサ形成と$TiSi_2$コンタクト層の形成である。ゲート電極のポリシリコン表面もコンタクト領域と同時にシリサイド化してしまう手法がサリサイドと呼ばれる技術である。

サリサイド技術は考えてみれば巧妙な方法で，薄膜の物性の十分な理解と応用がその背景にある。図6-20にそのフローを示す。

エクステンション領域形成後その上にコンフォーマル，すなわち等方的なステップカバレージをもつSiO_2膜を堆積させる。等方的でないとどうにもならなくなってしまう。ついで（d）ではRIE（反応性イオンエッチング）により異方性エッチング（垂直成分を主体とする）を行う。エッチバックと同じプロセスである。ゲート電極の側壁部にスペーサ（SiO_2）を残してエッチングは終了する。ステップ（e）では全面にTiをスパッタで形成する。これをアニールするとTiとシリコンおよびポリシリコンと接触する部分では$TiSi_2$が形成され，SiO_2とTiの接する領域では何も起こらない。そのあとウェット処理によりスペーサ上のTiを除去して完了する。

この技術もトリッキーといわれていた時代があったが今では確実性の高いプロセスである。ただし，この手法にはポリサイドゲートは適用できない。その場合はゲート電極上にSiO_2膜を残す工夫を行う。

4 浅い接合形成-エクステンション

デバイスのスケールダウンは今後も続き，エクステンション領域の接合深さはp，nチャネルとも30〜40nmあるいはそれ以下となる。現在のイオン打込み装置で対応するには低エネルギー化（10keV以下）が望まれるが，低加速電圧下ではビームが不安定になるうえ，経済性がわるいなどの難点がある。そこで期待されるのがイオン打込み以外のドーピング法である。

低エネルギーで浅く高濃度のドーピングを行う手段として，プラズマドーピング，イオンドーピングなどといった技術が候補にあがっている。いずれも装

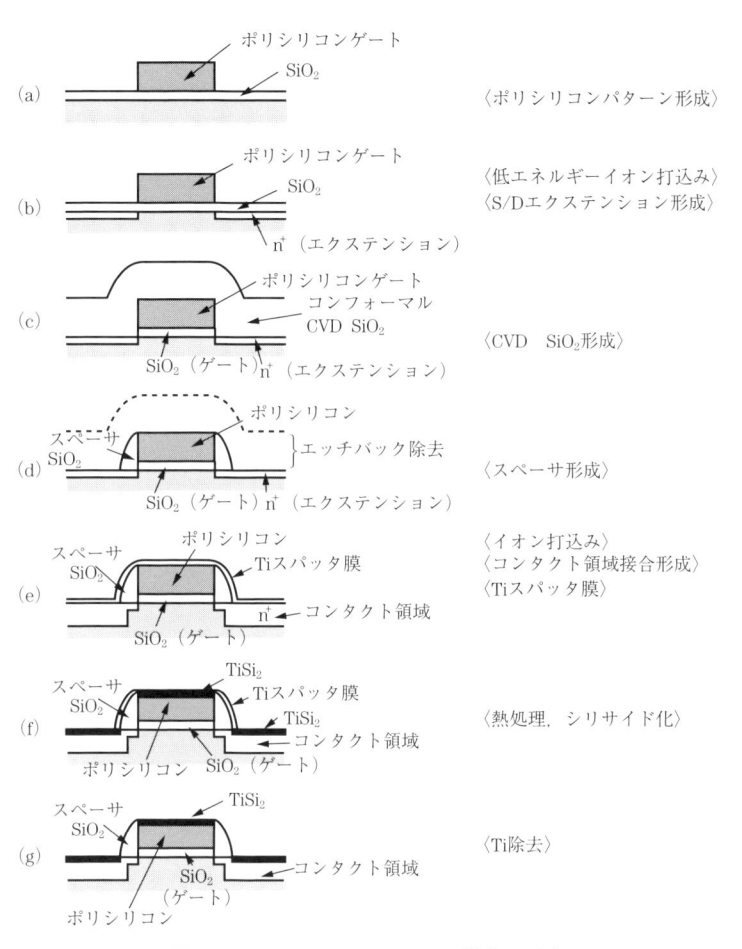

図6-20 サリサイドコンタクト構造の形成

置はそれほど高価でなく，工程もシンプルである．プラズマドーピングは解離した不純物ラジカルを基板上で単体元素として付着させる一種の気相堆積反応である．$0.1\mu m$ルール（100nmノード）以降のエクステンション形成用技術として注目され，IPRSの技術ロードマップにもしるされている．

6.5 ソース／ドレイン形成技術　181

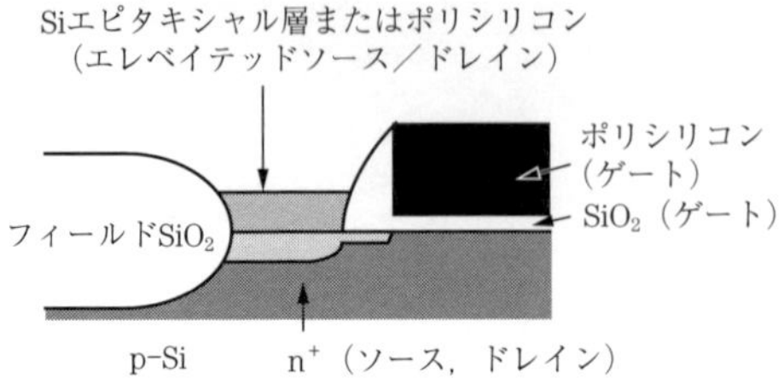

図6-21　エレベイテッドソース／ドレイン構造

〈メリット〉
・浅い接合への低抵抗コンタクト
・シリサイドコンタクトと浅い接合のバリア
・コンタクト領域接合のシャロー化
　〜デバイス面積の縮小

〈課題〉
・エピタキシャルSiまたはポリシリコンの選択成長は可能か？
・界面の自然酸化膜の除去は完全か？
・ウェハはエピタキシャル成長時の高温に耐えられるか？

5 今後の展開

　今後も微細化が進み，ソース／ドレイン接合は浅くなり，コンタクト形成もかなりの制約を受けることが予測される。そこで，一つの工夫としてソース／ドレイン接合をシリコン基板の内部方向でなく，外部に向けて形成するというコンセプトがある。こうすれば電極のコンタクトもまったく問題なく形成可能となる。その一例としてエレベイテッドソース／ドレイン（elevated source drain）という構造がかなり以前から試みられている。

　図6-21にその概念を示す。場合によっては基板内にはコンタクト領域形成は不要で，エクステンション領域のみでもよい。ソース／ドレインは，上部に形成する選択的シリコンエピタキシャル層または選択的成長によるポリシリコン膜がその役割を果たす。上部にソース／ドレインを形成するので"elevated"の名称がつけられている。

　これは，問題点は多いが興味ある手法であり，個々のプロセス（たとえば選択成長）が開発されれば不可能とはいえない。

　イオン打込みに代わるシンプルで経済性の高いドーピング手法が期待されている。古典的な拡散技術であるドープトオキサイド法が適しているという見方もある。

6.6 コンタクト形成技術

コンタクト形成は基板と外部電極（金属）とのオーミックな接続である。この分野の開発の歴史は長く，ほとんどの金属とシリコンの関わりはこれまで調べつくされてしまったともいえる。しかしまだそれでも未知の領域と解決されるべき課題が多く残されている。

1 技術のアウトライン

コンタクトは基板と外部配線との接続部であり，基板工程の最終段階である。具体的にはAlとシリコン中の浅い接合部とのオーミック接続である。この部分は特にオープン，ショートなどの問題発生によりデバイスの信頼性や歩留り低下をひき起こす。微細化が進み，接合のシャロー化が進むにつれてこの技術の重要性は高くなり，新しい工夫，新しい複合的プロセスの導入が必要となる。

図6-22は浅い接合コンタクト部の基本構造を示す。一般にAlとSiをオーミックに接合する場合にはその中間にコンタクト層とバリア層が設けられる。バリア層はAlとコンタクト層が反応を起こさないために設けられ，コンタクト層はバリア層とオーミック接触し，pn接合表面に安定した領域を形成する。

コンタクト層としてはシリサイド化合物が主に用いられ，形成された後は内部へ侵入したり，相変化などを起こさない，Ti，Ta，Co，Ptなどのシリサイドが用いられている（表6-4）。TiWも用いられた例がある。

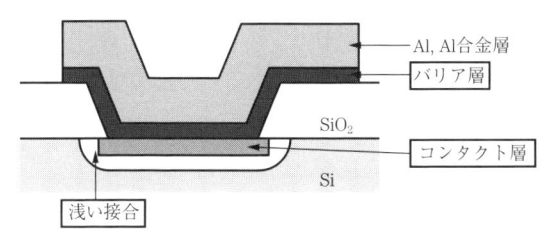

図6-22 浅い接合コンタクトの基本構造

表6-4 コンタクト層とバリア層の材質

〈コンタクト層〉	
TiSi$_2$	・低い抵抗値
CoSi$_2$	・Siへのオーミックコンタクト
TaSi$_2$	・安定性と信頼性
TiW	・バリア層との密着性,オーミック性
PtSi$_2$ほか	・Siと反応しないこと
〈バリア層〉	
TiN*	・低い抵抗値
TaN**ほか	・コンタクト層,Alとの密着性
	・コンタクト層,Alとのオーミック性
	・Alと反応しないこと
	・安定性と信頼性
	・SiO$_2$との密着性

*21.7$\mu\Omega$cm
**135$\mu\Omega$cm

バリア層としてはTiN,TaNが用いられる。これらはAlとも反応しないためで,しかも抵抗値はかなり低い。またSiO$_2$との密着性も優れており,後に述べるようなWやCuのバリア層,密着層としても有効である。

2 コンタクト形成技術の推移

図6-23は,図6-22のような現在の標準的なコンタクト構造に至る技術的推移を示す。Al電極をSi表面に形成する場合,シンタリングやCVD膜形成時の熱処理などにより,図に示すようなAlのスパイクが生じ,pn接合を突き抜けてリーク発生の原因あるいは接合破壊をひき起こす可能性がある。このスパイクは横方向にも進行する。これらのスパイクはSi中の欠陥個所などでAlとSiの相互拡散が起きるため発生するもので,信頼性上の問題点であった。

次のステップはAl-Si合金を電極として用い,Siの拡散を抑制しようとする工夫である。またAlとSiの間にポリシリコンのバリア層を設けるプロセスも実用化された。そして微細化対応技術として現在の構造がほぼ標準化された。標準型構造においても,多くの種類のバリア層が試みられたが,表6-4の条件を満たすものとしてTiNがベストの選択であった。

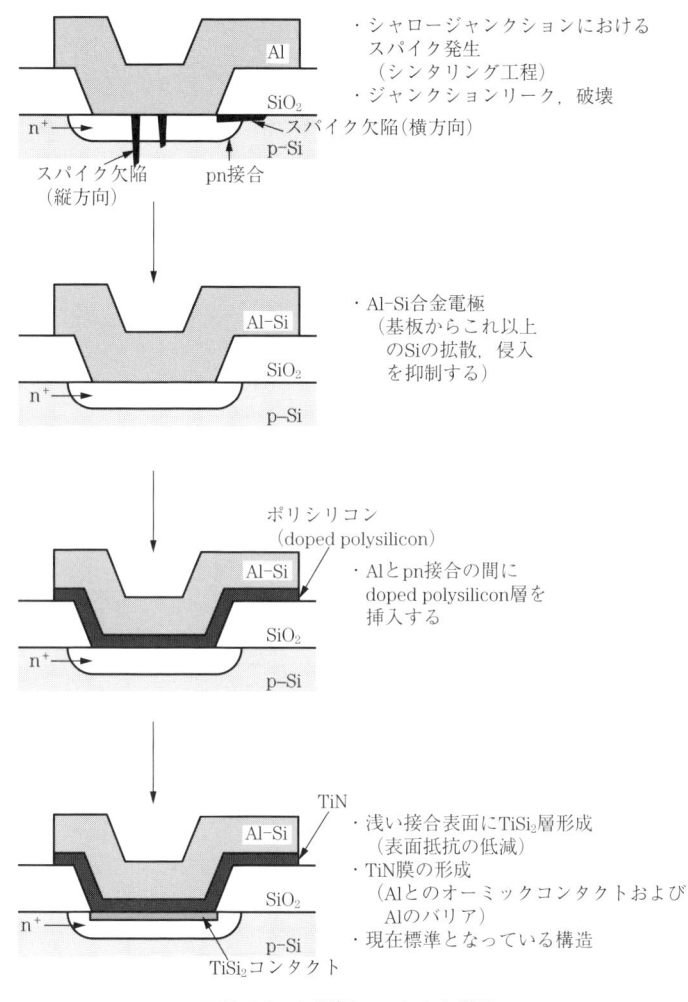

図中ラベル(上から):
- Al / SiO₂ / n⁺ / p-Si / スパイク欠陥(横方向) / スパイク欠陥(縦方向) / pn接合
  - ・シャロージャンクションにおけるスパイク発生（シンタリング工程）
  - ・ジャンクションリーク，破壊

- Al-Si / SiO₂ / n⁺ / p-Si
  - ・Al-Si合金電極（基板からこれ以上のSiの拡散，侵入を抑制する）

- ポリシリコン（doped polysilicon）/ Al-Si / SiO₂ / n⁺ / p-Si
  - ・Alとpn接合の間にdoped polysilicon層を挿入する

- TiN / Al-Si / SiO₂ / n⁺ / p-Si / TiSi₂コンタクト
  - ・浅い接合表面にTiSi₂層形成（表面抵抗の低減）
  - ・TiN膜の形成（Alとのオーミックコンタクトおよび Alのバリア）
  - ・現在標準となっている構造

図6-23 Al電極コンタクト構造

3 コンタクト形成のプロセスフロー

　コンタクト形成での実際のプロセスフローを**図6-24**に示す。最先端デバイスでは，シリコン基板との間のコンタクトにAlのみでなく，Wやポリシリコンをプラグとして用いる場合もある。それは次項で説明する。

6.6　コンタクト形成技術

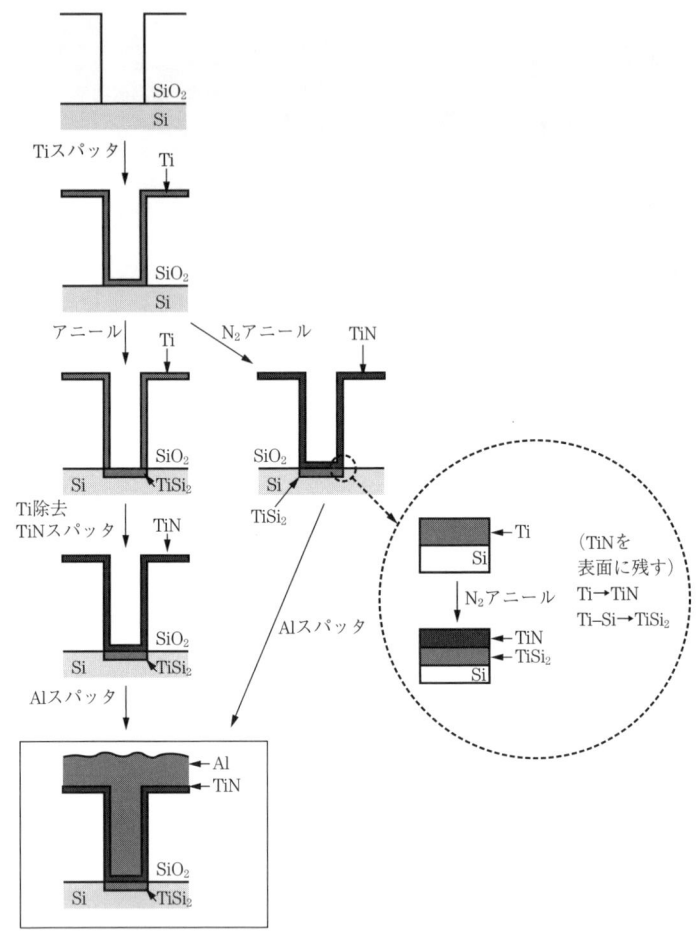

図6-24　$TiSi_2$/TiN/Al構造のプロセスフロー（1）

　アスペクト比（縦横比）の大きいコンタクトホール開口部には，左側のフローではまずTiがスパッタで堆積される。アニール（RTPが主として用いられる）を行うとSiと接触している領域に$TiSi_2$が形成される。これがコンタクト層である。ついでSiO_2上のTiを除去するか，あるいはそのままにしてTiNのスパッタを行う。これはマルチチャンバ方式のスパッタ装置で連続化できるプロセスである。さらにAlを連続的に成膜してAl/TiN/$TiSi_2$構造ができあがる。

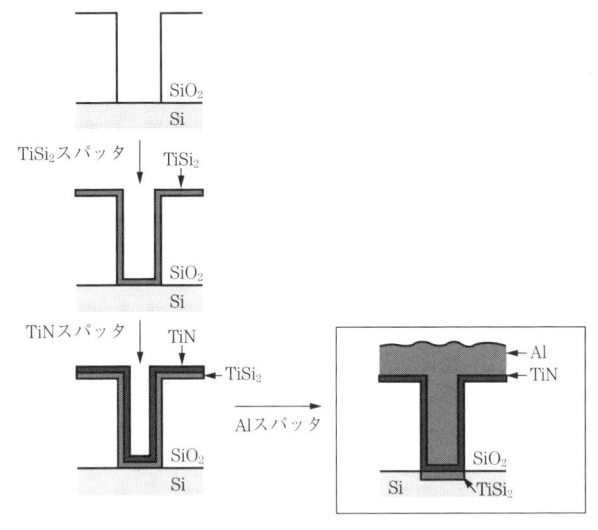

図6-25 TiSi$_2$/TiN/Al構造のプロセスフロー（2）

　Tiのスパッタ膜をアニールする際，窒素雰囲気で行うと，点線で囲った部分のようにSiと接触する部分ではTiN/TiSi$_2$構造が自動的に形成されるという工程短縮化のアイデアもある。図6-25のフローのようにTiSi$_2$そのものをスパッタで形成してしまうという考えもある。この場合はTiSi$_2$形成であっても基板のSiを消費するわけではない。

4 セルフアラインコンタクトの形成法

　浅い接合をもつ領域へのコンタクト形成においては，まずメタルシステムが重要であるが，もう一つのポイントとしてはいかにして微細コンタクト孔を形成するかということがある。通常のマスク合せによるリソグラフィでは，わずかなずれも許されず，非常に困難な作業となる。そこでさまざまなセルフアライン技術が工夫されている。

　基本的には，あらかじめコンタクトホールを形成する場所を決めておき，自動的に必ずその位置に開孔されるような工夫であり，次のマスク合せが多少ずれてもコンタクトホールの位置は正確に保たれるというものである。何通り

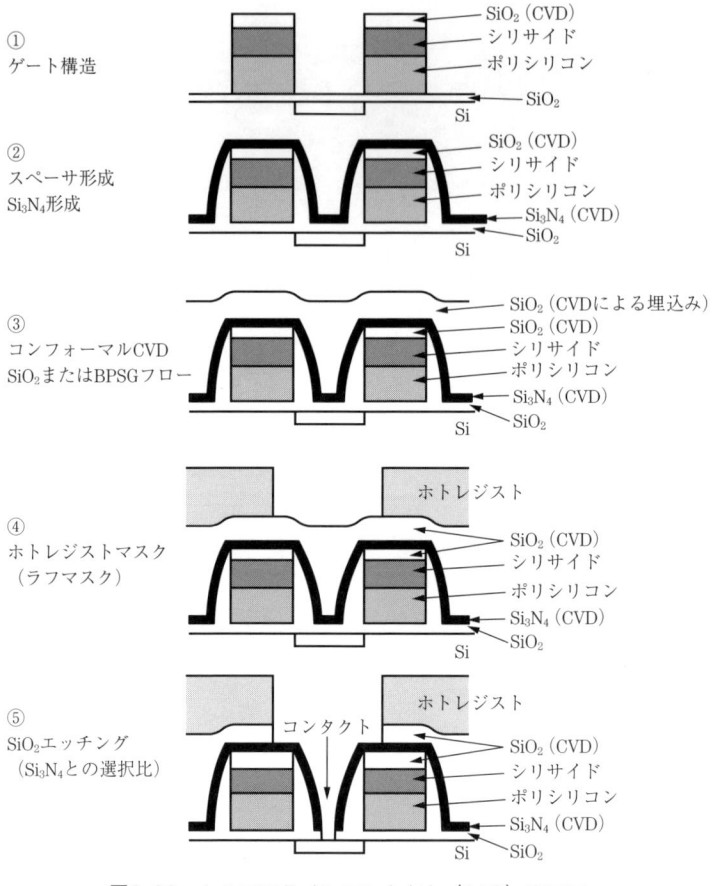

図6-26 セルフアラインコンタクト（SAC）のフロー

かの方法があるがここでは**図6-26**に示すようなセルフアラインコンタクト（SAC：Self Align Contact）形成法の一例を紹介する。

　SAC法は近接するゲート間に微細なコンタクトホールを形成する場合に適用される。基本的にはドライエッチングにおける2種類の膜の選択比を利用する。この場合はSiO_2とSi_3N_4である。

　まずゲート側壁にスペーサを形成し，全面にSi_3N_4膜を堆積させる。そこに形成されたギャップをSiO_2で完全に埋め込む。このSiO_2膜はBPSGのリフロー

膜であれば問題ない。しかし，すでにゲートやコンタクトが形成されているのでサーマルバジェットの制約があり，フローが適用できない場合がある。O_3/TEOS系のSiO_2での埋込みは可能である。その後はオーバーサイズのマスクパターンを用いてドライエッチングを行うと，Si_3N_4膜のエッチング速度がSiO_2に比べて十分遅い場合⑤のような形状が得られ，SAC構造ができあがる。オーバーサイズのマスクが多少ずれてもコンタクトホールは正確に形成される。

5 今後の展開

コンタクト領域は微細化がますます進み，コンタクト抵抗の上昇，浅い接合の安定性が問題となる。したがってコンタクト形成技術におけるメタルシステムは今後も非常に重要である。Al/TiN/$TiSi_2$の標準システムは新しい材料導入により変更されるかもしれない。$CoSi_2$は$TiSi_2$についで注目されており，特にその熱的安定性がデバイス製造におけるプロセスマージンを拡大させるという利点がある。

コラム 6
半導体プロセス農業論

　いまどき，半導体プロセス農業論などというと頭から否定されてしまうだろうか。現在では欠陥検出・解析技術が進歩し，デバイスの製造過程においてどのレイヤーのどの部分に問題があるかを診断して歩留り管理まで行ってしまう時代である。それによって歩留り向上も図れるといわれるようにもなった。半導体製造装置はほとんど自動化され，入力されたレシピどおりに稼働してプロセスを実行する。そんな状況で農業とは何か，というわけだ。

　半導体農業論は20〜30年も前にいわれていたことである。その根拠は，
- 半導体製造は天候・気候の著しい影響を受ける
- 蓄積されたノウハウと経験がものをいう
- 作業者の技倆が結果の良否を左右する。
- 使用する原料，材料の優劣が同じように結果を左右する。

などにあった。

　スーパークリーンルームという密閉された超清浄空間，管理された環境下で，自動化された装置を用いて行われるプロセスに農業論があてはまるはずはないという人は多いだろう。半導体デバイスメーカーは50年の伝統がある企業でも新規参入でも同じ環境で同じ装置を用いてデバイス製造を行い，同じような歩留り，信頼性，特性をもつチップを生み出すことが可能だからである。経験の蓄積はもはや差別化にはならないかもしれない。

　しかし，いま依然として農業と呼びたい根拠は残されている。一つは材料・原料の問題であり，一つは装置である。装置については別のコラムに述べるとして，材料・原料の問題はプロセスのばらつきや再現性に大きく影響する。たとえば原料の純度あるいは成分などがわずかでもゆらいでいれば，それらを同一プロセスで吸収できるだろうか。そのようなばらつきをプロセス条件にフィードフォワードできるだろうか。半導体プロセスでは用いられる原材料によってその質，出来具合にはどうしても農業という表現がふさわしい。経験豊かなメーカーと新規参入メーカーの差はおそらく原材料に対する考え方，管理手法の違いなどによって現れるはずであり，そうでなければ"経験が何になるか"となってしまう。

6.7 絶縁膜平坦化技術

　基板内にデバイスの構築が終了したら最後に絶縁膜（メタル形成前の層間絶縁膜）を被覆し，コンタクトホールを形成してプラグ部の開口を行い，外部配線と接続する。実際にはBPSG膜のリフロー平坦化膜を用いる。この絶縁膜はILD（Inter-level Dielectrics）と呼ばれたり，PMD（Pre-metal Dieleitrics）と呼ばれたりしている。ちなみにAl-Al層間絶縁膜はIMD（Inter-metal Dielectrics）である。

◼ 技術のアウトライン

　ここではこの絶縁膜をPMDと呼ぶこととする。ポリサイドゲート構造まで完了し，コンタクト層を形成した基板上に形成されるPMDは，それまでの基板工程におけるすべての段差を解消する平坦化絶縁膜である。

　この平坦化膜形成はすでにゲート周辺構造が形成されているため，その特性変動がないように，処理温度制限（サーマルバジェット），ダメージ低減が重要なポイントになる。これまでBPSG膜を850℃程度の温度で不活性ガス中で，熱的にフローさせる（リフローとも呼ばれる）方法が標準的に用いられてきた。しかし接合のシャロー化が進み，トランジスタの性能向上が一層求められるため，熱処理温度の低減が必要となり，750℃あるいはそれ以下の温度での処理が必須となっている。そのためフロー平坦化は使用できず，平坦化のためにCMPなどの手法も導入されている。このPMDにとっては，

・グローバル平坦化
・狭い領域への埋込み

の両立が必要であり，フロー以外の方法でどのように完全にそれらを行うかが最重要テーマである。というのは，今はフロー技術が完全な埋込みが行えるベストかつ唯一の方法と考えられるからである。

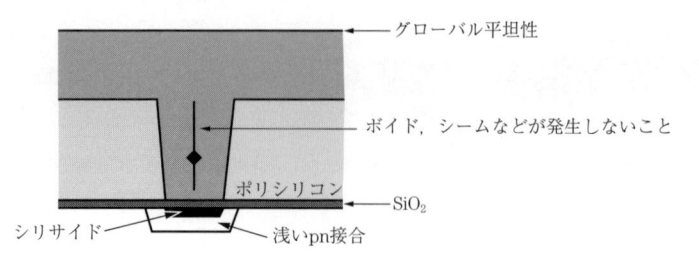

```
                              ┌── グローバル平坦性
                              │
                  ┌── ボイド，シームなどが発生しないこと
          ポリシリコン
                       ── SiO₂
   シリサイド      浅いpn接合
```

- ボイドフリー埋込み（埋込み性）〜gap fill
    フローの場合は，熱処理後にボイドフリーとなること
    HFエッチングによってもボイド，シームを生じないこと（HFデコレーション）
- 低温処理
    - 基板内の不純物の再分布が起きない温度（＜900℃）
    - シリサイドコンタクトが劣化しない温度（＜700℃）
    - 絶縁膜中の不純物（B，P）が基板内，SiO_2内に侵入しない温度
      （拡散およびガラス化）
- グローバル平坦化
- 絶縁膜としての基本的条件を満たしていること

図6-27　絶縁膜平坦化技術の条件

2 絶縁膜平坦化

図6-27はPMDのための平坦化技術の条件を示す。特にボイドやシームのない埋込みと低温処理であることが重要である。もっとも，フロー平坦化の場合は成膜直後にボイドが存在しても（as-depositedの状態）フロー後に消失すればさしつかえはない。フロー温度に関しては不純物の再分布（接合の移動）が起きないことと，形成されているシリサイドコンタクト層が劣化しない温度であることが条件である。

3 PMD平坦化の手法

図6-28はPMD平坦化でこれまで検討された手法のまとめである。

もちろん（a）のフロー平坦化が主流であり，PSG膜のフロー（1000℃以上の温度が必要）は1970年代初めからすでに用いられている。As_2O_3をドープしたSiO_2（AsSG）も800℃程度の低温でフローすることが知られている。

BPSG膜（フロー温度は850℃が標準で実用的には800℃までは低下できる）にサーマルバジェットの制約が生じてからは（b）のようなCMPの導入が進め

(a) フロー平坦化
　　PSG（>1000℃）
　　AsSG（>800℃）
　　BPSG（>800℃）

(b) CMP平坦化

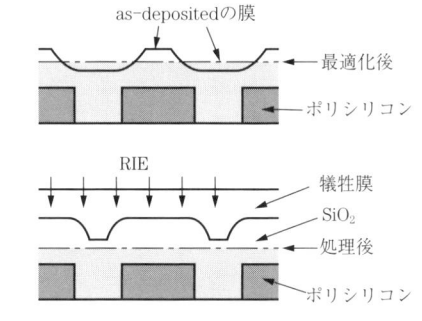

(c) バイアススパッタ平坦化

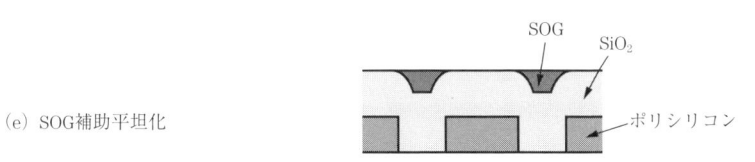

(d) エッチバック平坦化

(e) SOG補助平坦化

図6-28　層間絶縁膜平坦化の手法

られた。また，BPSG膜のフローでもグローバル平坦化できず，段差が残る場合はさらにCMP加工を追加している。

　なぜグローバル平坦化が必要かは，その後で行われるWプラグ形成の工程においてCMPが用いられるかどうかが関係している。"なぜか"は次項で述べる。

　CMP工程は埋込み性を向上させるわけではないので，フロー以外で完全に埋込める膜形成プロセスが必要である。また犠牲膜を用いたエッチバック平坦

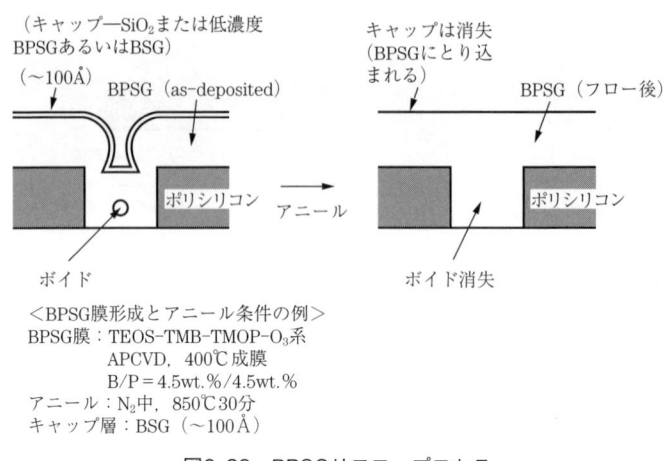

（キャップ—SiO₂ または低濃度 BPSG あるいは BSG）
（〜100Å）
BPSG (as-deposited)
ポリシリコン
ボイド
アニール
キャップは消失（BPSG にとり込まれる）
BPSG（フロー後）
ポリシリコン
ボイド消失

＜BPSG膜形成とアニール条件の例＞
BPSG膜：TEOS-TMB-TMOP-O₃系
　　　　APCVD，400℃成膜
　　　　B/P = 4.5wt.%/4.5wt.%
アニール：N₂中，850℃ 30分
キャップ層：BSG（〜100Å）

図6-29　BPSGリフロープロセス

化やSOGを補助的に用いる平坦化がある．しかしゲートが直下にあり，すでに高性能MOSトランジスタがそこに形成されているため，ハードなプロセス（ダメージを与えるようなという意味）は使えない．また下地の形状（ポリシリコンあるいはポリサイドパターン）や材質もさまざまなので膜形成面での対応はかなり困難となっている．

図6-29は現在標準的に用いられているBPSGフロープロセス条件である．

フロー処理後内部に介在するボイドは外部に放出され，埋込みと平坦化が達成される．BPSG膜中のB，P濃度が高く，膜の吸湿性が問題となる場合には表面に薄いキャップ層をコートして内部を保護する．RTP方式のフローも行われているが，BPSGフローはあくまでもガラス化とその軟化現象であり，膜の安定化を瞬間的に行うのは無理である．膜の緻密化，ガラスネットワークの構築による安定化には時間的ファクターが必要だからである．

図6-30はBPSGフロー平坦化技術の推移を示す．もともとBPSGフロー工程は850℃での不活性雰囲気中（N₂）が標準であり，30分程度でフロー形状が安定化すると同時に緻密化も完了する．

なぜ緻密化が必要かというと，デバイス構造によってはこのBPSGフロー工程は一層のみでなく，多層化される場合があるからで，特にDRAMの3次元

```
   ┌─────────────────┐
   │ BPSGフロー工程  │   850℃ 標準
   └────────┬────────┘   （不活性ガス雰囲気）
            │
   ┌────────▼────────┐
   │  低温化の要求   │   800℃→750℃→？
   └────────┬────────┘   （スチームアニールで50℃低下）
            │
   ┌────────▼────────┐
   │  B, P濃度の増大 │   B/Pの増加，防湿のためのキャップ
   └────────┬────────┘   スチーム雰囲気アニールで50℃低下
            │
   ┌────────▼────────┐
   │膜質の低下，耐湿性劣化│ 防湿，結晶析出など
   └────────┬────────┘
            │
   ┌────────▼────────┐
   │   CMPの導入     │
   │  （熱処理不使用）│
   └───┬─────────┬───┘
       │         │
┌──────▼─────┐ ┌─▼──────────────┐
│アンドープSiO₂│ │      PSG        │
│<O₃/TEOS系APCVD>│ │<P₂O₅パッシベーションの必要性>│
└────────────┘ └────────┬───────┘
                        │
              ┌─────────▼──────────┐
              │ステップカバレージ，埋込み性の低下│
              └─────────┬──────────┘
                        │
              ┌─────────▼──────────┐
              │        BPSG        │
              │<ステップカバレージの回復>│
              └────────────────────┘
```

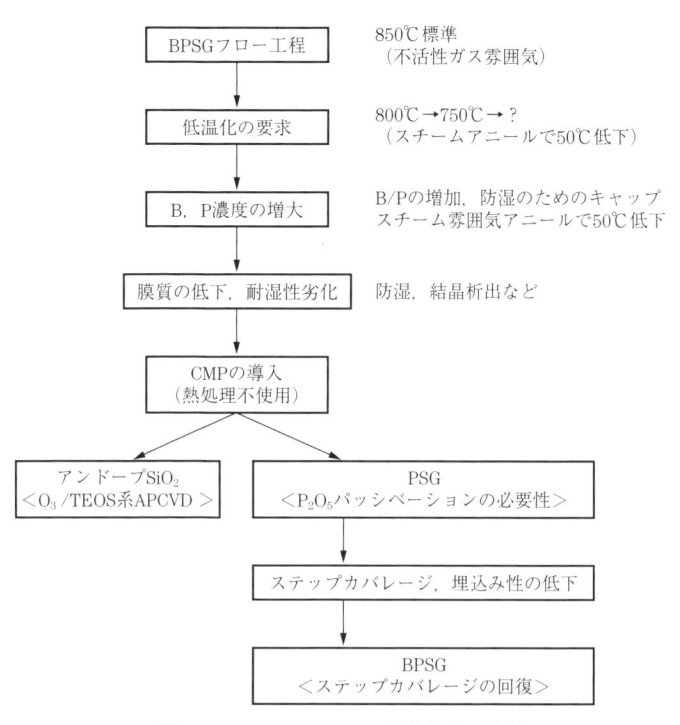

図6-30　BPSGフロー平坦化技術の推移

キャパシタ構造の形成などにおいて適用されているからである．そのような場合には，下層のBPSG膜のフローを行い，その上にポリシリコン層を介して再度BPSG膜を形成してフロー処理を追加する．その際に，下層のフローによる緻密化と安定化が完結していないとそれも同時に進行してしまうからである．

さて，低温化の要求に対してはBおよびPの濃度の増加で，ある程度対応し，800℃程度までは可能である．濃度を高めればさらに低温化することも可能であるが膜自身は不安定となり，実用化に耐えなくなる．N_2の代わりにスチーム中でアニールすると50℃程度のフロー温度低下が可能である．それでも750℃が下限である．

CMP導入の考えは，埋込みだけはBPSG膜の低温フローで何とか行い，流動性が不十分な表面の凹凸はCMPでグローバル平坦化しようというものである．

熱処理温度に制約があり，フローが使えない場合はSiO_2で埋込めればCMPがそのまま適用できる。いまのところPMDとしてのSiO_2の埋込みは自己平坦化機能をもつ常圧TEOS/O_3 CVDが唯一の方法である。

CMPをPMDの平坦化に用いる場合，フロー現象を利用しないのであればBもPもドープする必要はない。しかし図にも示したように，CMPの場合にはパッシベーション効果を期待してPSG膜が要求される場合がある。しかしステップカバレージはPSG膜では最悪であり，それを打消すためにはボロン（B）をドープする必要がある。そしてまたBPSGに戻ってしまうというパラドックスがある。

4 今後の展開

PMDの将来はマイルドなプロセスによるギャップの埋込みということにある。それが可能であれば，現在は平坦化の手法にCMPをフルに用いることが可能である。一方，サーマルバジェットの制約から熱的フローが用いられない現状では，逆にその制約にマージンを与えるようなコンタクト層構造の形成技術が開発されてもいいのではないだろうか。BPSGのフローは750～800℃に下限があるものの，きわめて確実な埋込み技術だからである。一例として$TiSi_2$の代わりに$CoSi_2$を用いることで制約をある程度回避できる可能性もある。

6.8 コンタクトプラグ形成技術

プラグは，栓あるいは充填物の意味で，アスペクト比が高くほぼ垂直な導通孔を導体で充填する構造の代名詞である．現実のデバイスでは1チップ内にこのプラグは多数存在し，それはすべて導通していなければならない．プラグとして用いられる金属はAl，Wなどであるが，多層配線の層間ではWが多く使われる．よくみかけるチップの断面SEM像で白く光っている部分がWである．

1 技術のアウトライン

プラグには基板工程につながるコンタクトプラグと配線工程において各層間の接続に用いられるビアプラグとがある．プラグの条件は配線のレベル間を低抵抗でオーミックに接続するできることである．図6-31にプラグのもつべき条件をまとめた．

基板と配線間あるいは配線間において，おのおの深さの異なるコンタクトホールあるいはビアホールを導体金属でボイド，シームなしに完全に埋込む必要がある．ボイドが存在する場合，信頼性の問題が生ずるとともに抵抗値が増大

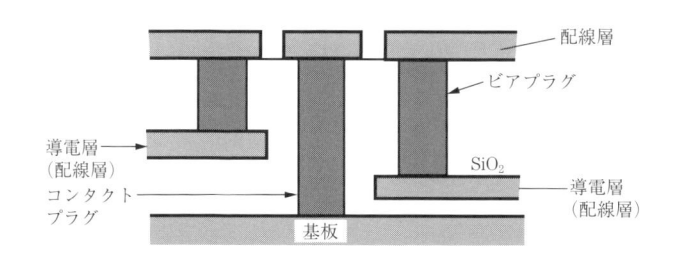

- 深さの異なるビア，コンタクトホールへの同時形成
- ボイドフリー，シームフリーの埋込み
- 導電層，配線層，基板とのオーミックコンタクト
- 側壁部との密着性，連続性
- シンプルなプロセス（経済性）
- 信頼性と歩留り
- 低温プロセス（<400℃）

図6-31 プラグの条件

する。またプラグの形成工程は一般にCMPやエッチバックを含む複雑なものであり，シンプル化が望まれている。また，CVDによる埋込みやリフロースパッタなども関係する。

現在のAl多層配線構造においてはコンタクトプラグ，ビアプラグとして最も多く用いられている金属はWである。なぜWなのかという理由は耐熱性が高く，CVD法で形成でき，埋込み性と自己平坦性が優れているという点である。また，抵抗値も他の高融点金属やシリサイドに比べてかなり低い。同種の金属であるMoはWに比べれば耐酸化性に劣っている。

Cu配線の世代ではコンタクトプラグにはWが用いられ，ビアプラグの部分はCuのデュアルダマシン（Dual Damascene）法でCu配線と同時に形成されるようになる。

Alリフローによるプラグ形成も実用化されている。

❷ プラグの構造とその応用

図6-32はプラグの構造を示す。コンタクトプラグではAl，W，ポリシリコンなどを用いてAl配線と接続する。これらのプラグとSi基との板界面にはTiSi$_2$などのコンタクト層が存在するのはもちろんである。またAl，Wの場合にはバリア層としてのTiNが必要である。Wの場合はバリアというよりはSiO$_2$との密着性を向上させるためである。TiNをglue layer（のり）と呼ぶ場合もある。

ビアプラグの主流材料もWであるが，これからはCuのデュアルダマシン（Dual Damascene）構造やAlのリフローも実用化が進む。特にAlのリフローは工程がシンプルなだけでなく，Alの完全埋込みが可能であり，デバイスメーカーによってはWに代えて多用しているほどである。Wの問題点は何といってもCMPあるいはエッチバックによる平坦化が必要ということである。

図6-33はシステムLSIの断面構造を示す。システムLSIとはDRAMとロジックLSIが同一チップに搭載されたデバイスである。DRAMが3次元キャパシタ構造を有するために，ロジックLSIの配線のコンタクトをかなり深いコンタクトホールから接続しなければならない。その高アスペクト比領域のコンタクト

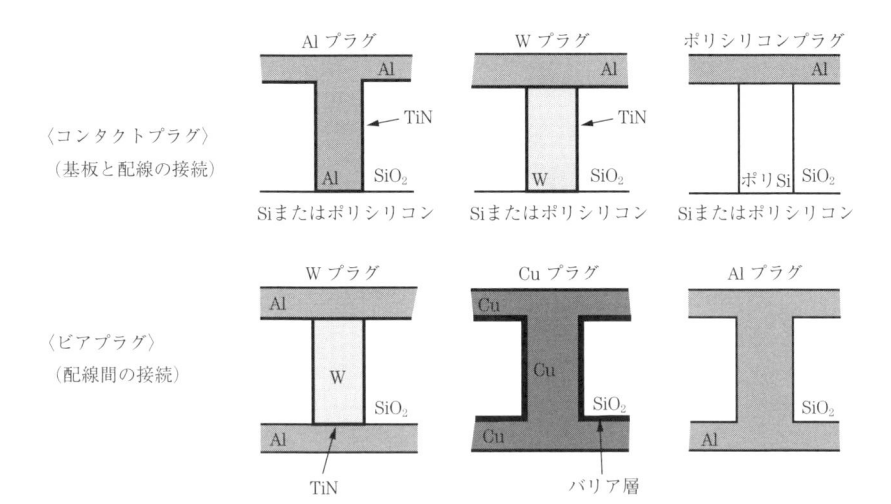

〈コンタクトプラグ〉
(基板と配線の接続)

Alプラグ	Wプラグ	ポリシリコンプラグ
Al / TiN / Al / SiO₂ / SiまたはポリシリコンSiまたはポリシリコン	Al / TiN / W / SiO₂ / SiまたはポリシリコンSiまたはポリシリコン	Al / ポリSi / SiO₂ / SiまたはポリシリコンSiまたはポリシリコン

〈ビアプラグ〉
(配線間の接続)

Wプラグ（Al／W／SiO₂／Al，TiN）　Cuプラグ（Cu／SiO₂／Cu，バリア層）　Alプラグ（Al／SiO₂／Al）

〈埋込み構造形成膜〉

Alプラグ	・高圧加熱リフロー（スパッタ後）による埋込み ・高温スパッタによるリフロー埋込み
Wプラグ	・選択埋込み成長 ・ブランケットWのエッチバックまたはCMP
Cuプラグ	・ダマシン，デュアルダマシン 　（メッキによるCu膜形成）
ポリシリコンプラグ	・自己平坦化成長，エッチバックまたはCMP

図6-32　プラグ構造

形成はWプラグで行っている。また，3層配線までのビアプラグも同じようにWを用いている。いまのところ，Alをリフローで埋込む以外はWCVDが唯一の埋込み法である。ではそのWについて次にみてみよう。

3 埋込みWプラグ形成法

ゲート電極材料の項で述べたようにWは高融点金属であり，抵抗値もAlの2倍程度と低く，SiO_2やSiとの相性もよいことから半導体デバイスで応用されるようになった。しかし最大のメリットはWF_6という蒸気圧の高いCVD用原料が存在し，水素還元法によって低温（＜600℃）で容易にW膜が形成できる

6.8　コンタクトプラグ形成技術　199

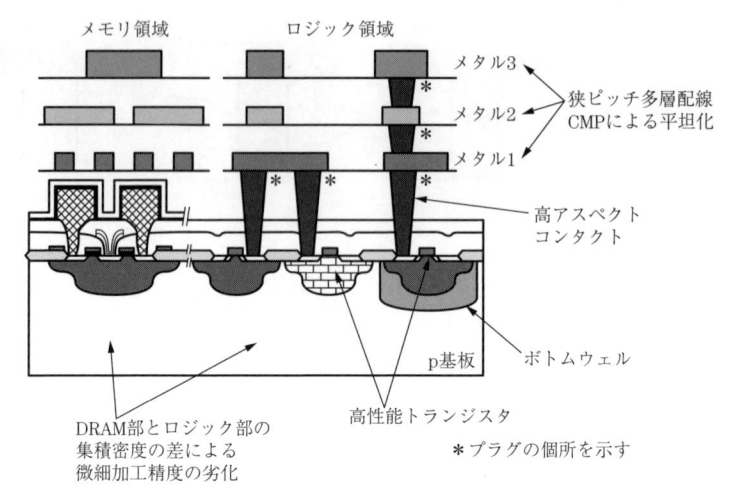

図中ラベル：メモリ領域／ロジック領域／メタル3／メタル2／メタル1／狭ピッチ多層配線 CMPによる平坦化／高アスペクトコンタクト／ボトムウェル／p基板／高性能トランジスタ／DRAM部とロジック部の集積密度の差による微細加工精度の劣化／＊プラグの個所を示す

図6-33　システムLSIの断面構造例
（土本，山脇：セミコンダクターワールド，1999年9月号，p. 82）

ことである．しかも埋込み性はきわめてよく，埋込んだ後の表面は自己平坦性と呼ばれるように平坦であり，CMPやエッチバックによって余計な部分を除去すればプラグ部分のみを残すことができる．その上に新たな配線を行っていけばいいわけである．しかも異なる深さのコンタクトホール，ビアホールが共存する場合でもほとんど影響なく処理を行うことができる．

このような方法による埋込みプラグ形成に対して，プラグの部分のみにWを埋込む"選択Wプロセス"がある．ちなみに前者は"ブランケットWプロセス"と呼ばれている．両者のプロセス的比較を**図6-34**に示す．

左側のフローはブランケットWプロセスフローであり，TiN密着層形成，W CVD，平坦化プロセスの組合せで完了する．平坦化にはエッチバック法が伝統的に用いられてきたがCMPによる手法も徐々に応用され始めている．CMPの方がプロセスコストが安いという計算結果もある．ただしCMPはウェハの裏面を基準に平坦化するが，エッチバックは表面を基準にして行うという相違がある．

このブランケットWプロセスに対し，選択Wプロセスはきわめてシンプルである．コンタクトホールを形成した後，WF_6ガスを供給するのみでよい．WF_6

はコンタクトホール底部に露出しているSi表面と図に示すような置換反応を行い，Si上のみにW膜が形成される。SiO_2上では反応は起きない。しかしSiO_2上の汚染あるいは局所的な欠陥などの部分では核形成が起き，Wスポットが形成されることがある。またこの方法は基本的にシャロージャンクション部分のSiの消費を伴ううえ，プラグ内の側壁SiO_2とは密着していない。

もし，この選択Wプロセスが実用化されればプラグ形成工程はきわめてシンプル化されることになる。しかし，いま述べたいくつかの問題点，さらに実用的には基板Siが覆われてしまった後は選択性が喪失され，まったく成膜が起き

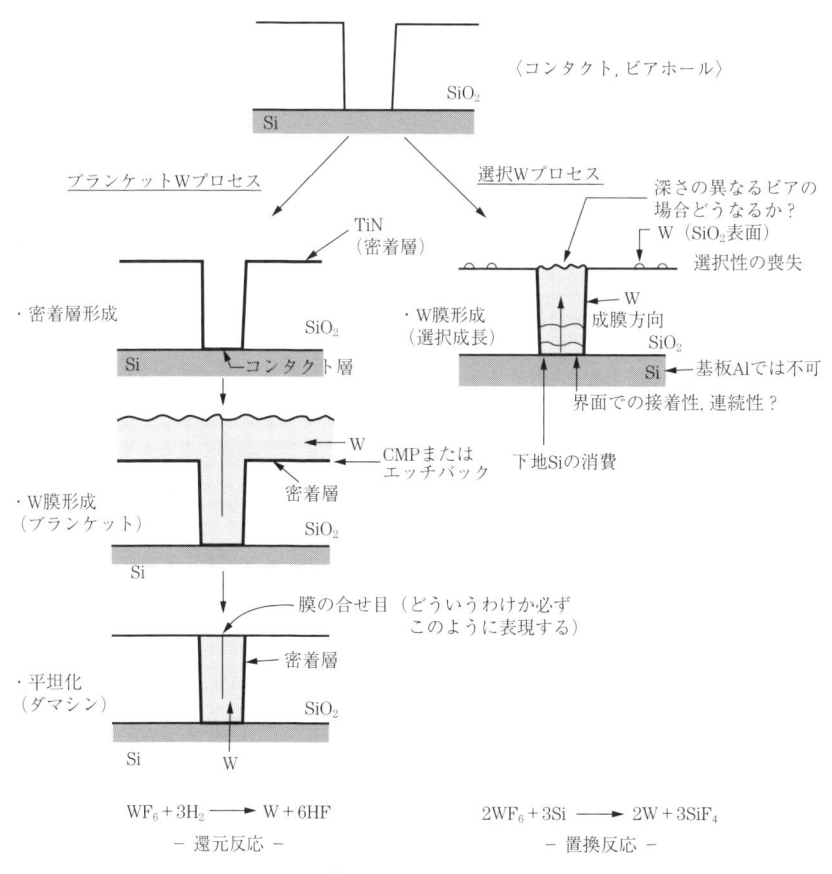

$WF_6 + 3H_2 \longrightarrow W + 6HF$
－還元反応－

$2WF_6 + 3Si \longrightarrow 2W + 3SiF_4$
－置換反応－

図6-34　ブランケットWと選択Wの比較

6.8　コンタクトプラグ形成技術

なくなるという事実や，深さの異なるホールが共存する場合に対応できないこと，Al層間では適用不可能などの理由で幻の技術となってしまった。発想はいいが着地に失敗した技術の一つである。

しかしこのような技術の開発はプロセスのシンプル化のためには今後も必要である。シリコンエピタキシャル層の選択成長でも同様であるが，周辺の技術的環境が変われば実現可能となるかもしれない。

4 今後の展開

プラグの形成は，非常に微細でかつアスペクト比の高い領域にメタルを埋込むということで，選択肢はW CVD，Alのリフロースパッタ，Cuデュアルダマシン（Dual Damascene）ということになる。コンタクトプラグではポリシリコンも用いられる。

W CVDはいまのところ確実な方法であるが，図6-29に示すようにプラグ中央に必らず合せ目となるライン（シーム）が存在する。プロセス関連の教科書に書かれている模式図にもどういうわけか必ずこのシームが書き込まれている。さらに微細化が進むとこれはしだいに太くなり，ボイドに変わるだろう。

Cuデュアルダマシンは平坦化の手段であって，埋込み性を向上できるわけではない。いま期待されるのはどのような高アスペクト比ホールにも対応できる埋込み技術である。

6.9 キャパシタ形成技術Ⅰ（DRAM）

日本半導体産業発展の中心的存在であり，テクノロジードライバーといわれたDRAM（Dynamic Random Access Memory）では非常に多くの新技術が世代交替のたびに開発されてきた。キャパシタ構造はその代表的な例である。パターンの微細化，高密度化と矛盾せずにメモリセル内に設けられるキャパシタの容量を維持することが求められたためである。DRAMのプロセス技術の歴史はキャパシタ構造開発の歴史でもある。

1 技術のアウトライン

現在のDRAMは1つのメモリセル内に1個のMOSトランジスタと1個のキャパシタをもっている。キャパシタは記憶用の電荷を蓄積する場所である。

このような構成においては，微細化はセルサイズの縮小，トランジスタおよびキャパシタのサイズの縮小につながる。キャパシタの容量は面積に比例するので，その値を維持または増大させることは微細化と相反する。そこでキャパシタの投影面積が縮小されても大きな容量をもつような工夫として構造の3次元化が進められた。すなわち，キャパシタの表面積増大と両立するようなセルの微細化が行われた。

この3次元方向への展開は，基板表面の酸化膜段差，配線段差などを利用する表面積の増大と，基板内にトレンチを形成し，そこにキャパシタを作り込む方法の2つの流れで進められた。**図6-35**はDRAMキャパシタの基本構造の推移を示す。現在では256MビットDRAMが出荷されているが，キャパシタとしては（b）のスタック型の変形が主として用いられている。

2 DRAMにおけるキャパシタ技術

DRAMにおけるキャパシタ構造では容量の増大のために3次元化・立体化だけでなくさまざまな工夫が行われてきた。その推移を**表6-5**に示す。

よく知られているコンデンサの容量の式（表6-5参照）より，容量C増大の

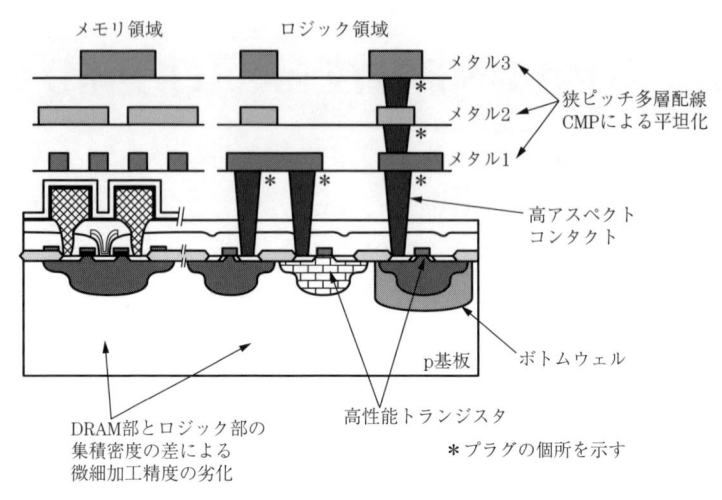

図6-35　DRAMのキャパシタ構造

メモリ領域　ロジック領域
メタル3
メタル2
メタル1
狭ピッチ多層配線
CMPによる平坦化
高アスペクトコンタクト
ボトムウェル
p基板
高性能トランジスタ
DRAM部とロジック部の集積密度の差による微細加工精度の劣化
＊プラグの個所を示す

表6-5　メモリキャパシタの技術トレンド

$$C = \varepsilon \varepsilon_0 \frac{A}{d}$$

ε_0：真空の誘電率
ε　：誘電体の比誘電率
d　：誘電体の膜厚
A　：キャパシタ面積

Cの増大または維持

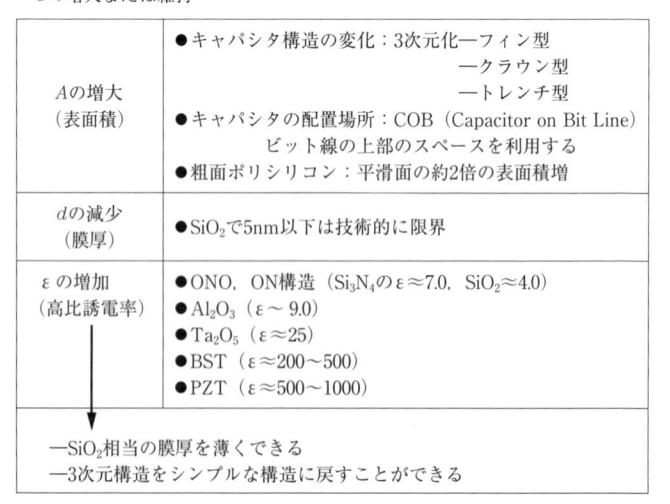

Aの増大 （表面積）	●キャパシタ構造の変化：3次元化―フィン型 　　　　　　　　　　　　　　　―クラウン型 　　　　　　　　　　　　　　　―トレンチ型 ●キャパシタの配置場所：COB（Capacitor on Bit Line） 　ビット線の上部のスペースを利用する ●粗面ポリシリコン：平滑面の約2倍の表面積増
dの減少 （膜厚）	●SiO_2で5nm以下は技術的に限界
εの増加 （高比誘電率）	●ONO，ON構造（Si_3N_4のε≈7.0，SiO_2≈4.0） ●Al_2O_3（ε～9.0） ●Ta_2O_5（ε≈25） ●BST（ε≈200～500） ●PZT（ε≈500～1000）
	―SiO_2相当の膜厚を薄くできる ―3次元構造をシンプルな構造に戻すことができる

ためには表面積Aと比誘電率εを増大し，誘電体の厚みdを減少させればよい。

表面積の増大に関しては3次元化，粗面ポリシリコンの応用，COB（Capacitor on Bit Line）と呼ばれる配置方法などが実用化されてきた。これらの3つの手段すべての組合せも用いられている。

膜厚の減少については安定性と電気的特性の観点から，SiO_2として3〜5 nm程度が限界と考えられる。現在ではSiO_2とLPCVD Si_3N_4の組合せにより比誘電率を引き上げて容量を維持している。この構造はSiO_2/Si_3N_4でON，さらにSi_3N_4上にSiO_2を形成してONOなどと呼ばれている。

残るもう一つのファクターは比誘電率である。比誘電率の増大による容量の増加は最も効果が大きい。したがって，高比誘電率膜（high k）が用いられれば容量増大とともにその実質的な膜厚の増加が可能である。これは膜の安定性，電気的特性のうえで有利である。Si_3N_4は比誘電率が約7.0であり，容量増大にある程度は寄与するが，現在導入が始められているTa_2O_5，Al_2O_3などはさらに効果的である。将来は複合酸化膜あるいは強誘電体膜であるBSTやPZTの応用が期待されている。

このようなhigh k膜を用いることができれば後述のようにキャパシタ構造を3次元化する必要はなくなり，ふたたび通常のシンプルなスタック型構造に回帰させることが可能である。

ところで，図6-35に示したようなキャパシタ構造ではCVDポリシリコンの役割がきわめて重要で，複雑な構造の3次元キャパシタではポリシリコン膜形成が何回となく反復される。下部ポリシリコン電極は電荷を蓄積する部分で蓄積電極（ストレージノード）と呼ばれて，上部ポリシリコンはプレート電極と呼ばれている。

現在は電極にはポリシリコンが主に用いられているがhigh k膜では材料によってはポリシリコン以外の材料を選択する必要がある。

3 キャパシタの構造例

DRAMキャパシタの3次元構造は非常にバラエティに富んでいて，学会発表などでも毎年新しいアイデアがつぎつぎと出されてきている。いかにして表

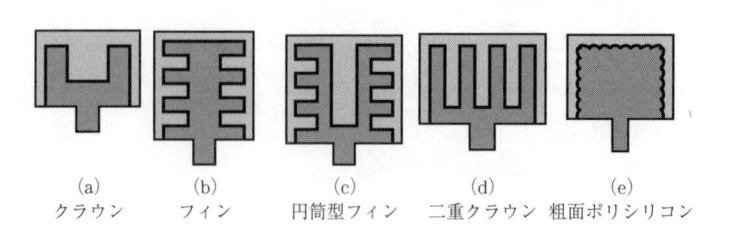

(a) クラウン　(b) フィン　(c) 円筒型フィン　(d) 二重クラウン　(e) 粗面ポリシリコン

■：蓄積電極
■：プレート電極
—：誘電体膜

図6-36　メモリキャパシタの電極形成の工夫

面積増加を図るかという一種のクイズかコンテストのようなものでもある。なかには非常にトリッキーアイデアも多い。

　現在提案あるいは実用化されている3次元構造を類型的に分けると**図6-36**のようになる。粗面ポリシリコンは平滑面に比べて約2倍の表面積になり，クラウン型と組み合わせて用いられている。フィン型ではフィンの数を増やせば容量をその分だけ増加させることが可能である。しかしフィンの枚数が増えればポリシリコンの層数も増加し，加工がむずかしくなりそうである。いったいこのようなフィン型をどのようにして作り上げていくのだろうか。

4　キャパシタ構造のプロセスフロー

　ここで，複雑な3次元構造キャパシタの製造フローを考えてみよう。**図6-37**は一例として3層フィン型構造の作り方を示す。

　まず①に示すようにポリシリコンとCVD SiO_2を積層化させる。このSiO_2膜は後で犠牲膜としてウェットエッチング除去されるので，エッチング速度の速い膜（たとえばPSG膜）が用いられる。ついでパターン形成で中央部をくり抜く。その上にポリシリコンを形成し，パターン形成すると④となる。ここでSiO_2を犠牲膜として除去すると⑤のようにフィン構造ができあがる。その表面に熱酸化によりSiO_2膜とCVD Si_3N_4膜を形成する。ホットウォールLPCVDで

① ポリシリコン / CVDSiO$_2$ / SiO$_2$ / Si ・ポリシリコンとCVDSiO$_2$の積層膜形成

② ポリシリコン / CVDSiO$_2$ / SiO$_2$ / Si ・パターン形成

③ ポリシリコン / CVDSiO$_2$ / SiO$_2$ / Si ・ポリシリコン成膜

④ ポリシリコン / CVDSiO$_2$ / SiO$_2$ / Si ・パターン形成

⑤ ポリシリコン / SiO$_2$ / Si ・CVD SiO$_2$エッチング（ウェット処理）

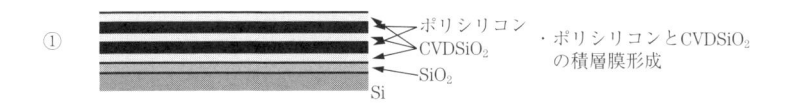

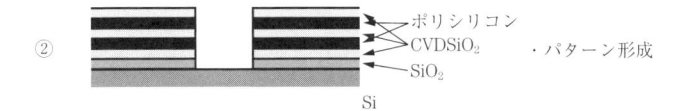

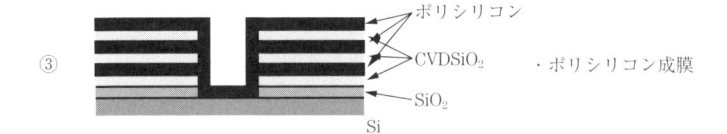

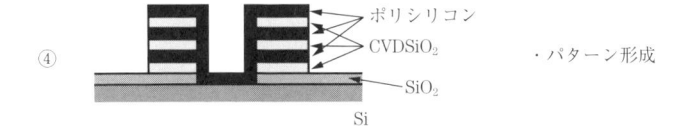

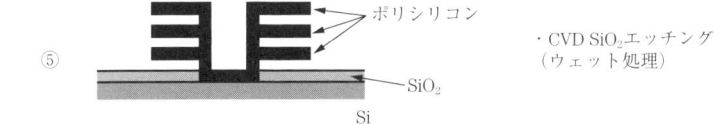

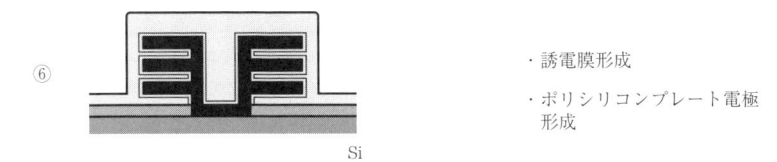

⑥ Si ・誘電膜形成 ・ポリシリコンプレート電極形成

図6-37 フィン型3次元キャパシタのプロセスフロー
（T. Ema et. al.: Technical Digest of IEDM, p. 592（Dec., 1988））

6.9 キャパシタ形成技術Ⅰ（DRAM）

6 複合プロセス技術 —プロセスインテグレーション—

あればフィンの内側にも均一に成膜可能である。最後にフィンの表面にポリシリコン膜を形成させると内部まで埋込まれて⑥の形になる。

他の構造においてもほぼこのようなプロセスフローで形成される。工程は複雑にみえるが現在の加工技術のレベルからみればそれほどでもない。

このような構造はまた，別の加工ルートでも作り上げることも可能である。

5 今後の展開

今後の展開において最も重要なのはON，ONO構造での膜厚が限界に達し，high k 膜の導入が不可欠ということである。そして立体構造も限界である。Al_2O_3($\varepsilon\simeq 9$)，Ta_2O_5($\varepsilon\simeq 25$)では中途半端であり，BST膜(Barium Strontium Titanate)が期待されている。

BSTは(Ba, Sr)TiO_3の化学式をもち，強誘電体ではないが比誘電率は数100であり，表面積増加などに比べればはるかに効果は大きい。

BSTのような複合酸化膜をキャパシタ構造に取り入れる場合の問題点として，

・膜形成法の最適化が行われていない。(CVDかスパッタあるいはゾル-ゲル法か)〜CVD法は原料の蒸気圧が低く，装置的制約が大きい。

・蓄積電極，プレート電極ともポリシリコンを使うことができない。(BST膜の組成や構造がCVD時の還元性雰囲気で劣化するためである。)

・電極材料としてはこれまでにない新しい材料が必要である。

などがあげられる。特に電極材料としては，酸素との親和力の弱い金属(Ir, Pt, Ruなど)あるいは導電性窒化膜(TiN, TaNなど)，導電性酸化膜(IrO_2, RuO_2など)が選択される。

BST膜の実用化が可能になるとキャパシタ構造はきわめてシンプル化され，簡単なスタック型でこれまでの複雑な3次元構造よりも大きな容量を得ることが可能になる。したがって，**図6-38**に示すようにSiO_2キャパシタの初期のシンプルな平面構造はトレンチ構造，3次元立体構造などの複雑化プロセスをへてふたたびBST膜によってシンプル化できることになる。このような，構造とプロセスのシンプル化が行われればデバイスの工程も短縮化され，

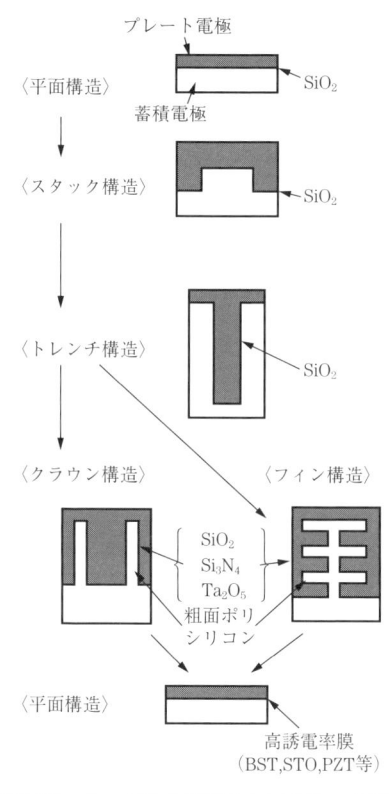

図6-38 キャパシタ構造シンプル化への回帰

DRAMとロジックの混載チップのプロセス最適化,整合化も容易になる。
プロセスシンプル化はすべてのモジュールにおいて必要である。

6.10 キャパシタ形成技術Ⅱ（FRAM）

high k と呼ばれる膜が話題となっているが，low k と対比させていつのまにか業界に流布されてしまった。これを同じ土俵で議論することは材料工学の面からに無理があるかもしれない。このhigh k 膜はゲート絶縁膜としてもDRAMのキャパシタ膜としても共通的に重要である。もう一つのhigh k 膜は強誘電体膜であり，その特性を利用したデバイスが強誘電体メモリ（FRAMまたはFeRAM（Ferro-electric RAM））である。

1 技術のアウトライン

FRAMは強誘電体の分極特性を利用した不揮発性メモリである。一度電界をかけて分極させるとそのヒステリシス特性は電源を切っても保持されているため，記憶の保持が可能となる。このような特性を示す材料でMIS（Metal-Insulator Semiconducor）構造を形成してメモリ用キャパシタとし，CMOSデバイスに組込んだのがFRAMである。現在このような特性をもつ強誘電体材料でVLSIに用いられる候補として，

　PZT（$PbZr_xTi_{1-x}$）
　PLZT（$Pb_{1-x}La_yZr_xTi_{1-x}O_3$）
　SBT（Y_1）（$SrBi_2Ta_2O_9$）

の3種類の材料がある。いずれも比誘電率は数100程度といわれている。各デバイスメーカーごとに独自の材料を選択している。

電極材料も選択肢が多い。ポイントはDRAMキャパシタにおけるBST膜と同様に膜の劣化を起こさせない材料を用いることである。すなわち，上記の強誘電体膜は複合酸化膜であり，ペロブスカイト構造と呼ばれる結晶体として強誘電体特性を保つため，そこから酸素を奪ったり，ストイキオメトリ（化学量論比）を崩すような工程は避けなければならない。それらの観点から，電極材料としてAl，Tiなどの酸素との親和力の強い金属は用いることができず，また，還元性雰囲気での成膜はできないことになる。

強誘電体膜の取扱いには非常な注意を要し，デバイスの信頼性低下や，疲労（fatigue）と呼ばれる書込み回数に応じた記憶特性の劣化などが課題であり，これらはすべて膜および製造プロセスに依存している。

2 FRAMの構造の形成

図6-39は代表的なFRAM構造断面図である。(a) ではPZTを強誘電体膜として用いているが，一方 (b) はSBTである。これを対比させてみると次のようになる。

	(a)	(b)
強誘電体膜	PZT（$PbZr_xTi_{1-x}O_3$）	SBT（$SrBi_2Ta_2O_9$）
上部電極	Pt	Pt
下部電極	Pt	Pt/IrO_2/Ir
バリア	SiN	TaSiN

キャパシタの構造はMIMであり，Pt, Irなど酸素との親和力の弱い金属あるいは酸化物が用いられている。このようなデバイス構造は通常のCMOSデバイスに組込まれるが，キャパシタの部分のみをプロセスフローのなかに挿入するだけでデバイスとしての整合性は容易にとれると考えられている。

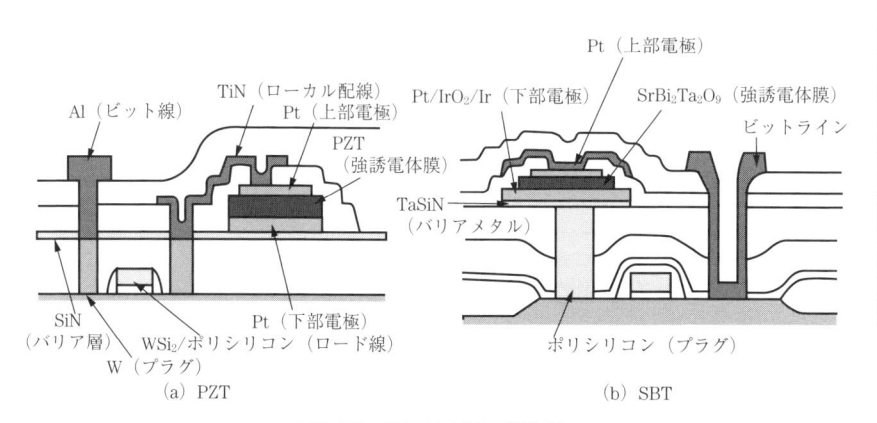

図6-39 FRAMの断面構造例
((a)：山崎：セミコンダクターワールド，1998年7月号，p. 85)
((b)：工藤：セミコンダクターワールド，1998年7月号，p. 102)

表6-6 FRAMに用いられる各種膜材料

膜　種	求められる膜質・条件	具　体　例
強誘電体膜	熱的安定性 加工性（ドライエッチング） 分極特性・保持特性 耐疲労性 ペロブスカイト構造 非還元性雰囲気での処理	PZT　　　　$(PbZr_xTi_{1-x}O_3)$ PLZT　　　$(Pb_{1-x}La_yZr_xTi_{1-x}O_3)$ SBT（Y_1）　$(SrBi_2Ta_2O_9)$
電極材料	加工性（ドライエッチング） 非還元性雰囲気の成膜 酸素との親和力の弱い材料	RuO_2 IrO_2 Ir，Pt，Ru
層間膜	非還元性雰囲気の成膜 SiH_4系ガスを用いないこと TEOS系のSiO_2：PETEOS 　　　　　　　　　O_3/TEOS 成膜時にH_2を発生させない	PETEOS O_3/TEOS
パッシベーション	非還元性雰囲気の成膜	PETEOS，O_3/TEOS

　FRAMに用いられるプロセスに関する要求事項を**表6-6**にまとめた。強誘電体膜そのものおよび電極材料，層間絶縁膜材料に関する具体的な膜質の要求と用いられている具体例を示す。

　強誘電体膜と電極材料についてはこれまで述べたとおりの内容である。電極形成前の強誘電体膜の洗浄，熱処理等の場合にも細心の注意が必要であり，また層間絶縁膜やパッシベーション膜に関しても非還元性雰囲気の成膜が必要である。プラズマ雰囲気も問題になる可能性があり，成膜やドライエッチングでは条件の最適化が必要である。成膜では，SiH_4系でなくTEOS系の膜が用いられる。

3 プロセス上の課題

　FRAMを形成するためのプロセス技術は全般的に課題を多く抱えている。
　特に膜形成に関しては課題が多く，量産上のネックとなっている（**表6-7**）。まず強誘電体膜の形成には現在ゾル-ゲル法と呼ばれるSOG（塗布ガラス）膜に近い技術が用いられているが，いつCVD法の実用化が可能になるか

表6-7 強誘電体膜，電極材料膜の形成法

強誘電体膜 PZT PLZT SBT(Y_1)	MOCVD	・有機ソース（β-ジケトン系）を使用した熱CVDまたはプラズマCVD法 ・ソースの蒸気圧は低く，取扱い困難
	ゾル-ゲル法（塗布法）	・有機ソースを溶媒に溶かして塗布する 焼成（ベーキング，キュア）により成膜化，緻密化，結晶化させる
	スパッタ法	・材料（複合酸化物）そのもののターゲット材，または複数の金属元素のターゲットをO_2中で同時にスパッタさせる（反応性スパッタ）ことにより形成
電極材料膜 Ru, RuO_2 Ir, IrO_2 Pt	MOCVD	・Ru, RuO_2など
	メッキ	・Ru, Pt, Ir
	スパッタリング	・すべての材料で可能

といわれている。CVD法ではβ-ジケトン系のMO（有機金属）原料を用いるが，蒸気圧が非常に低く，CVD用としては不適当である。スパッタ法は結晶性やストイキオメトリ（化学量論比）に問題がある。

電極材料としてのRu, RuO_2, Pt, Irなどもスパッタ法ではすべて可能である。MOCVDではRu, RuO_2, メッキ法では金属のRu, Ir, Ptが検討されている。いずれも技術的にも標準化されておらず，各所固有の成膜法と材料選択が行われている。

これらの技術開発はまだ開始されたばかりで確立されていない。そのほか，ドライエッチングや洗浄などのプロセスも，どのような方法が最適かは決まっていない。

4 今後の展開

FRAMのキャパシタ形成技術では成膜技術とそれによって安定した膜が量産レベルで形成できるかどうかが今後のポイントである。また，CMOSデバイスの中にどのように組込まれるかも焦点であり，場合によってはFRAMセルの部分を完全に分離してシールする必要があるかもしれない。

ともかくここで用いられるのはすべてエキゾチックマテリアルである。

6.11 Al電極形成技術

シリコンデバイスの電極としてAlが用いられるのはなぜか。n型Siともp型Siとも良好なオーミック接触を示すこと，SiO_2との密着性が優れていること，成膜が容易なことなどいろいろあるだろう。その一方でAlとSiの関わりは半導体製造技術のなかで常にトラブルの根源でもあった。そしていま一部Alに代えてCuを配線に使うデバイスが登場している。Alより低抵抗というならなぜAuやAgではないのだろうか。

1 技術のアウトライン

Siデバイスの電極材料として最も広く，かつ古くから用いられてきた金属はAlでありその合金である。合金としてはAl-Si，Al-Si-Cuなどがある。

Alが伝統的に用いられてきたのは前記の理由に加えて酸素との親和力が強いこと，すなわち還元性をもっていることがあげられる。AlとSiとの接触面において，シンタリング処理によりSi上の自然酸化膜はAlと反応し，

$$2Al + \frac{3}{2}SiO_2 \rightarrow Al_2O_3 + \frac{3}{2}Si$$

として除去され，AlとSiの接触が可能になるからである。

表6-8は主要な金属物性の比較を示す。比抵抗を比較するとAlは$2.8\mu\Omega$cm，Agは$1.6\mu\Omega$cm，Auは$2.2\mu\Omega$cm，そしてCuは$1.7\mu\Omega$cmである。Alより低抵抗値ということでCuが注目されているがAgはさらに，低抵抗である。しかしSiO_2に対する密着性，加工性およびここには記されていないがマイグレーションを起こしやすいとか，他の金属と低温で共融してしまったり合金化してしまうことなどを考えると選択肢としてはCuということになる。

一方，Ag，Au，Cuいずれの金属もSiO_2，Si中の拡散速度はきわめて大きく，Si中ではライフタイムキラーとなって結晶の電気的特性を劣化させるという共通の問題点をもっている。

ともかくAlはすべての点でSiデバイスに対して優れた適合性をもっている。

表6-8 主要金属材料の物性

メタル	比抵抗 ρ (300°K) ($\mu\Omega$cm)	比抵抗 Agに対する比	酸化物生成自由エネルギー ΔF (kcal)	最も安定な酸化物	融点 T_m (℃)	SiO_2に対する密着性 1*	ホトレジストマスクによるエッチング加工性 2*	ボンディング性 (Auワイヤ) 3*
Ag	1.6	1.0	−2.6	Ag_2O	961	1	2	3
Al	2.8	1.8	−376.7	Al_2O_3	660	4	3	3
Au	2.2	1.4	+39.0	Au_2O_3	1,063	1	3	3
Cd	6.9	4.3	−53.8	CdO	321	1	3	2
Co	6.2	3.9	−51.0	CoO	1,495	3	3	2
Cr	12.3	7.7	−250.0	Cr_2O_3	1,890	4	2	1
Cu	1.7	1.1	−35.0	CuO	1,083	2	3	2
Fe	8.4	5.3	−177.0	Fe_2O_3	1,539	3	3	1
Mg	4.4	2.8	−136.1	MgO	650	3	3	2
Mo	5.5	3.4	−162.0	MoO_3	2,625	3	3	1
Ni	6.8	4.3	−51.7	NiO	1,455	3	3	1
Pb	15.3	9.6	−45.3	PbO	621	1	3	1
Pd	8.5	5.3	−52.2	PdO	1,554	1	3	1
Pt	10.5	6.6	—	—	3,224	1	2	1
Sn	11.3	7.1	−124.2	SnO	232	1	3	3
Ta	13.0	8.1	−471.0	Ta_2O_5	2,850	3	1	1
Ti	54.0	33.8	−204.0	TiO_2	1,820	4	2	1
V	26.2	16.4	−271.0	V_2O_3	1,860	3	3	1
W	5.2	3.3	−182.5	WO_3	3,410	3	2	1
Zn	5.8	3.6	−76.0	ZnO	420	1	3	2
Zr	40.5	25.3	−244.0	ZrO_2	1,750	3	1	1

1*. 1—不良　2*. 1—不可　3*. 1—不良
　　2—困難　　　2—困難　　　2—可
　　3—良好　　　3—可　　　　3—良
　　4—きわめて良好

(H. F. Wolf: Silicon Semiconductor Data, Pergamon Press (1969))

表6-9 半導体デバイスにおけるAlのメリット・デメリット (1969)

	メリット		デメリット
1	単一組成金属	1	CVDによる形成困難
2	低価格材料	2	電気メッキによる形成困難
③	高導電性	③	エレクトロマイグレーションを起こしやすく,制限電流密度小
4	タングステンヒータによる抵抗加熱での蒸着容易	4	エレクトロマイグレーションの結果,層間ショートをひき起こしやすい
⑤	SiO_2との良好な密着性	5	異種金属との共存において電気化学的コロージョンを起こす
⑥	パターン加工性		
7	Si,SiO_2との選択エッチング可	6	低温で再結晶化し,突起等の原因となる
⑧	SiO_2に対する還元作用(コンタクトホール内)	⑦	500℃でのSiO_2との反応
⑨	n^+-Si,p^+-Siに対する低抵抗オーミックコンタクト形成	8	Al-Au間での化合物の生成(抵抗増加)
		⑨	Al-Auワイヤをボンディングする際の信頼性の問題発生
10	安定したAl-Si合金層の形成	⑩	軟らかく,機械的損傷を受けやすい
11	Al-Si間での化合物の形成がない	⑪	Al粒界にSiが沈澱しやすく,信頼性の問題をひき起こす
12	Al-Si合金化による抵抗の上昇がない		
13	Al-Si溶液から再結晶化したSiはAlを含むp型となる	12	内部応力の存在
⑭	Au,Alワイヤでのボンディング可	13	Siより大きい膨張係数
15	展性にとみ,温度サイクルに耐える	14	Al-Al間に良好なコンタクトがえられにくい*
16	酸化性雰囲気で安定	15	電解液中で腐食する
17	単一組成金属であり,電気化学的相互作用のおそれがない	16	ハンダ付け困難
18	577℃の共融点(対シリコン)	17	仕事関数値が大きい→MOSのV_{th}が高い
19	耐放射線デバイスに適していること	18	SiO_2エッチング液に侵される

○特に注意すべき点(原著者注)
＊多層配線技術がまだ確立していなかったためである(原著者注)
(G. L. Schnable and R. S. Keen: Proc, IEEE, Vol. 57, No. 9, p. 1570 (Sept., 1969))

しかし同時に多くの悩みの種も抱えている。1969年発表の論文には半導体デバイスにおけるAlのメリットとデメリットの比較が示されている(**表6-9**)。その表を30年後の今ながめてもあまり違和感を覚えないのは,Alの物性は変りようがないからである。

図6-40はAl-Siの合金状態図である。Alを電極として用いる場合に必要なデータである。AlとSiは577℃で共融するので,Al電極形成後の温度管理は非常に重要であり,それがデバイスの信頼性などと深く関係する。

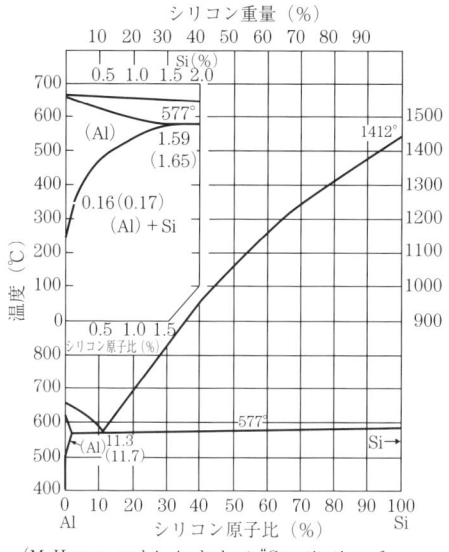

図6-40 Al-Si合金状態図

2 Al電極材料

　Al電極形成は現在ではスパッタ法が主流である。高純度AlあるいはAl-Si,Al-Si-Cuなどの合金ターゲットを用いる。

　以前はAlは真空蒸着法によって成膜されていた。Alは低融点であり，真空蒸着法で容易に成膜できることもメリットの一つには違いなかった。真空蒸着法ではAlを蒸発させるためのヒータ，るつぼ材やそれらに含まれる不純物（アルカリ金属等）の膜中への混入により$Si-SiO_2$界面特性の不安定化をよぶ結果となった。そしてスパッタが現在主流の成膜方法となっている。

　Al中にSi，Cu，Ti，Geなどを数％程度添加した合金膜が使われている。なぜそのような金属を添加するのかには，おのおの理由がある。Siの添加はpn接合へのスパイク発生の防止，CuやTiはエレクトロマイグレーションの防止などに有効とされ，Al-Si-Cuなどの三元合金も用いられる。また，Geを添加す

るとリフロースパッタの場合効果があるとされている。

　CVDによるAl成膜も開発されている。原料としてAlH（CH$_3$）$_2$などを用い，300～400℃で成膜を行う。スパッタと異なり，CVD法ではステップカバレージは優れているはずである。この方法は15年以上の開発の歴史があるが，誰もまだ成功していないし，成功する見込みはなさそうである。CVD法による合金の成膜は困難であり，現在のスパッタ技術を越えることは不可能である。ただCVD法の特徴である選択成膜やエピタキシャル成長が可能となれば別である。

❸ Al電極における信頼性の問題

　SiデバイスにとってAlは最良のパートナーであると同時にトラブルの原因でもある。デバイスの信頼性の問題，フィールドでのトラブルなどAlが関係した内容が多いことはよく知られている。**表6-10**にAl電極における信頼性の問題をまとめて示す。

　このような現象によって引き起こされる結果はオープンかショートである。Alのスパイク現象に関してはコンタクト形成技術の項でも説明した。現在Al

表6-10　Al電極における信頼性の問題

スパイク	～熱処理（シンター），通電により発生 横方向および縦方向，pn接合ショート
エレクトロマイグレーション	～電流容量 エレクトロンとAl原子の運動量交換により，Alが移動してボイド発生 ――電流集中，断線
ストレスマイグレーション	～ Al自身および上下の膜のストレスによる断線 特にパターン幅がせまい場合，パターンを横切る粒界（グレインバウンダリー）で断線
ヒロック	～層間，線間で絶縁膜を破ってショートする
コロージョン	～プラスチックパッケージ中での湿気との反応
SiO$_2$とAlの反応	～ AlによるSiO$_2$の還元反応 （高温処理の場合）

電極および配線の信頼性上の2大テーマはエレクトロマイグレーションとストレスマイグレーションである。

エレクトロマイグレーションは，デバイスの通電によって長時間動作中に徐々に現われ，局所的電流集中から断線に到る典型的な信頼性上のトラブルである。この現象は四半世紀以上も前に見い出され，それをめぐる技術改良，物理的解析が行われてきた。現在ではほとんどその現象は解明されており対策も十分である。なるべくAlのグレインサイズ（粒子サイズ）を大きくし，パッシベーション膜としてSiNなどを用いてAlの動きを押える必要がある。Al-Cu合金の適用は有効である。

ストレスマイグレーションはAl自身およびパッシベーション膜との間のストレスによりAlが断線を引き起こす現象で，特にAlのパターン幅が狭くなると問題になる。Alのグレインバウンダリー（粒界）が大きくなり，配線幅が狭くなると粒界がパターンを横切る確率が高くなり，断線はその個所で起きてしまう。粒界が細いパターンを横切るような構造をその形状から"バンブー構造"などと呼んでいる。

このための対策はストレスの緩和であり，パッシベーション膜構造の最適化である。大きい圧縮応力をもつパッシベーション膜は使わない傾向にある。こうしてみるとエレクトロマイグレーション対策とストレスマイグレーション対策は矛盾する点が多い。

ヒロック，コロージョン，AlとSiO$_2$の反応によるトラブルなどもAlの本質的な問題である。しかし現在では対策は十分とられている。

❹ Al電極構造の形成法

図6-41は，Al電極構造と，Al以外の金属とSiの接続，またAlと他の金属との接続をどのように行うかを示す。特に（c）はハンダバンプとの接続法であり，半導体プロセスとアセンブリ工程の境界領域として今後重要となる技術である。

Al電極コンタクト部は通常，（a）のようにバリアメタルをはさんで反射防止膜との積層構造となっており，配線部分も共通である。Alの代わりに他種

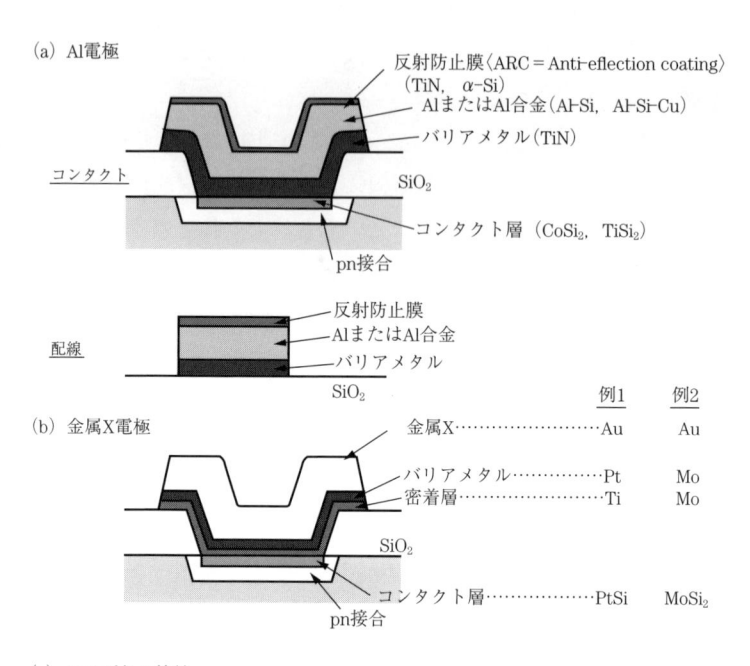

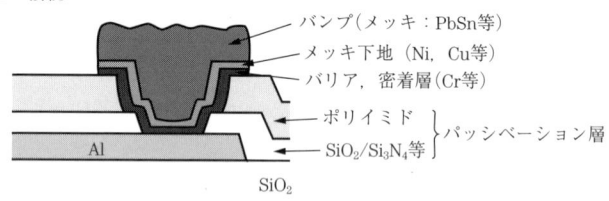

(a) Al電極
- 反射防止膜(ARC = Anti-eflection coating) (TiN, α-Si)
- AlまたはAl合金(Al-Si, Al-Si-Cu)
- バリアメタル(TiN)
- コンタクト
- SiO₂
- コンタクト層(CoSi₂, TiSi₂)
- pn接合

配線
- 反射防止膜
- AlまたはAl合金
- バリアメタル
- SiO₂

(b) 金属X電極

	例1	例2
金属X	Au	Au
バリアメタル	Pt	Mo
密着層	Ti	Mo
コンタクト層	PtSi	MoSi₂

- SiO₂
- pn接合

(c) バンプとの接続
- バンプ(メッキ：PbSn等)
- メッキ下地(Ni, Cu等)
- バリア, 密着層(Cr等)
- ポリイミド ｝パッシベーション層
- SiO₂/Si₃N₄等
- Al
- SiO₂

図6-41　Al電極構造と金属X電極構造

の金属，たとえばAuなどをSiと接続させようとするときには（b）のように密着層とバリアメタルを介して行う。金属XがSiと低い温度で共融してしまう場合にはバリアメタルがそれを完全に防止する。

　Auの場合，Au/Pt/Ti/PtSi，Au/Mo/MoSi₂などが用いられる。1960年代にバイポーラトランジスタにAuの配線を施したデバイスが製品化され，このようなメタル系を用いていた。

　さて，(c)のバンプとの接続である。組立工程においてCSP（チップスケー

ルパッケージング）技術が注目され，パッケージングの超小型化（チップサイズに近いサイズのパッケージ）が進められている。その場合のボンディングはワイヤではなくバンプ方式のフェイスダウン実装となる。したがってボンディングパッド領域にハンダバンプを形成しなければならない。ここがプロセスとアセンブリの境界領域である。

　Alとバンプとの接続にはAl上にバリア層としてのCr，メッキ下地としてのNi，Cuなどの薄膜を形成してからPbSnなどのハンダメッキを行う。メッキ以外の方法でバンプを形成する場合もあるが，バリア層，密着層は必要である。これからはAlと異種金属との間で合金化，共融，剥離などが起きないようにオーミックに接続する方法が再び必要とされるようになる。

5 今後の展開

　今後の先端デバイスではCu配線が応用されるが，配線層と電極がすべてCuになるわけではなく，Alとの併用である。Cu配線のメリットとしてはAlに比べて融点が高く，エレクトロマイグレーションも起きないので電流容量を大きくとれることがあげられる。したがって，電流を多く通す配線部にはCuを用い，そうでない部分にはAlを用いるという組合せとなる。電流を多く流すことによってジュール熱が発生し，その結果マイグレーションが起きやすくなり，熱のために抵抗値が上昇してさらに熱が発生するというAl配線のもつ悪循環を断つことができる。

　Alは今後もSiデバイスの電極配線として用いられる。今後の焦点の一つは前項で述べたようなバンプあるいは外部異種金属との接続である。

6.12 多層配線構造形成技術

多層配線技術は長い歴史をもっており，Cu配線の導入によってまた新しい転換期を迎えている。新しい応用はCuとlow k膜の組合せである。

基板工程を終えてここから配線工程が始まる。配線工程は，バックエンド（back end），FEOL，後工程などとも呼ばれ，デバイスメーカーにおいてもその組織で課名や部名として採用されるようになった。現在，最先端のマイクロプロセッサでは6～7層配線化がされているが2014年には10層配線になると予想されている。

1 技術のアウトライン

多層配線はチップ上において配線を立体化させたものであり，そのプロセスフローはトランジスタ構造を形成する基板工程に対して配線工程そのものである。多層配線技術の始まりは1960年代の第1世代であり，そこから現在のCu/low k構造の第4世代へと続いている。

多層配線構造の必要性は次のようにまとめられる。
①パターン設計自由度の増大～シリコン基板内に素子の高密度配列が可能
②高密度化，高集積化のための3次元構造化
③チップ表面の有効利用とチップサイズ縮小
④配線長の短縮と配線寸法設定の自由度増加とによる，デバイス特性と信頼性の向上（配線抵抗増加，熱発生，エレクトロマイグレーション発生への対応）

図6-42は多層配線技術のロードマップである。1999年から2014年に至る最先端デバイスの配線層数の推移を予想している。ロジックLSIの配線は2014年には10層にもなるとみている。DRAMはメモリセル部が主体であり配線の層数はそれほど必要はない。

図6-42ではCu 6層配線の模式図を示している。コンタクトプラグにWが使われているほかはビアプラグおよび配線を含めてすべてCuを用いている。

ちなみにIBM社のホームページにはこのようなCu配線構造のSEM断面写真が公開されている。Cu配線の部分は確かにCuの色をしているのでCu多層配線であると納得できるようになっている（??）

〈配線層数〉

	メモリ(DRAM)	ロジックLSI
1999	3	6〜7
2000	3	7
2001	3	7
2002	3〜4	7〜8
2003	4	8
2004	4	8
2005	4	8〜9
2008	4	9
2011	4	9〜10
2014	4	10

〈ロジックLSIの断面図（Cu6層配線）〉

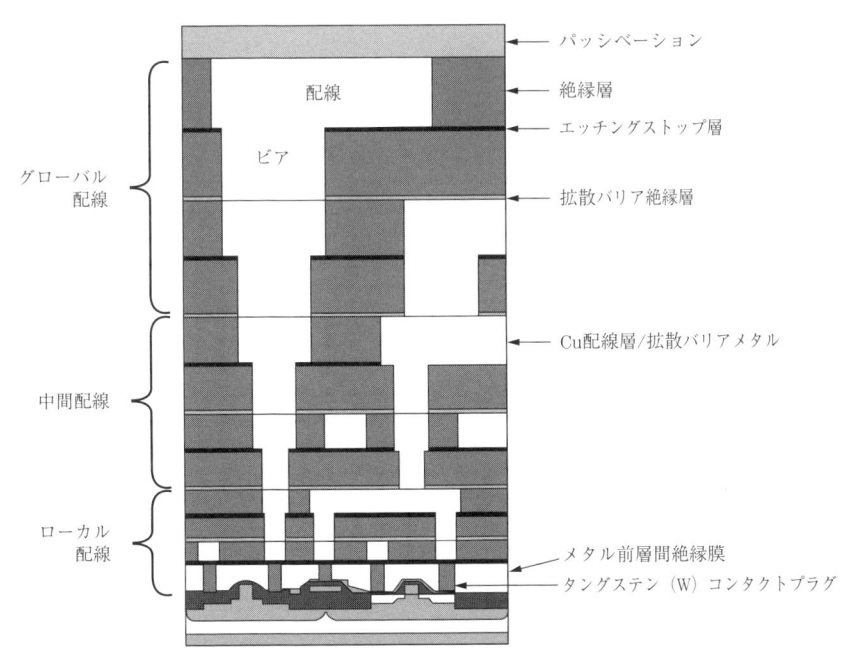

図6-42　多層配線技術のロードマップ
(ITRS：International Technology Roadmap for Semiconductors,（Nov. 1999))

6.12　多層配線構造形成技術

2 半導体デバイスと多層配線技術（ヒストリー）

前項で第1世代から第4世代と述べたが，ここで簡単に多層配線技術のヒストリーについて触れておこう。表6-11は4つの世代に区分した多層配線技術である。現在は第3世代から第4世代への推移期にある。また第3世代においては平坦化技術としてCMPが導入され，配線工程の全プロセスにおけるCMPのウエイトが高まり，ほかにも多くの新技術が生まれた時期である。第4世代ではCu配線とlow k 層間絶縁膜の導入で21世紀はlow k 膜のk値を低減させ，デバイス性能を向上させる技術競争の時代である。

(1) 第1世代多層配線

図6-43は第1世代多層配線技術のプロセスフローと用いられたメタルと絶縁膜の種類である。絶縁膜としてのSiO$_2$でもCVD法がまだ確立されていなかった時代である。デザインルールは10μm程度であり，まだ平坦化を考える必要はなかったが，段差部でのメタルの断線は現在と同様厳しい問題であり，さまざまな対策がとられている。

表6-11　多層配線技術の世代

第1世代	1970年頃以降	バイポーラIC（TTL，ECL，メモリなど） 　　―Al，2-3層配線 SiゲートMOSLSI 　　―Al―ポリSi，2層配線
第2世代	1985年頃以降	CMOSロジックLSI（CPU，ゲートアレイなど） 　　―Al，2-5層配線 1Mあるいは4M以上のDRAM 　　―Al，2層配線
第3世代	1995年頃以降	CMOSロジックLSIおよび64M以上のDRAM 　　―CMP平坦化プロセスの導入―
第4世代	2000年以降	最先端ロジックLSIデバイス 　　―Alに代わる高電導金属材料としてのCuの導入（銅配線，Damascene） 　　―SiO$_2$に代わる低比誘電率層間絶縁膜の導入（low k）

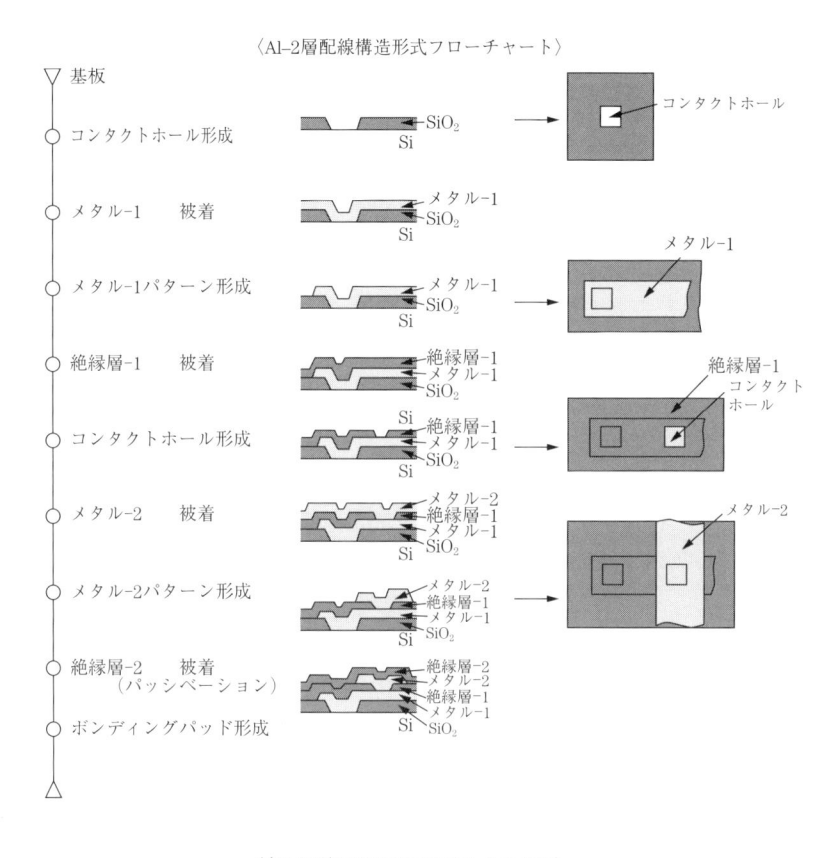

〈Al-2層配線構造形式フローチャート〉

▽ 基板
○ コンタクトホール形成
○ メタル-1 被着
○ メタル-1パターン形成
○ 絶縁層-1 被着
○ コンタクトホール形成
○ メタル-2 被着
○ メタル-2パターン形成
○ 絶縁層-2 被着
　　（パッシベーション）
○ ボンディングパッド形成
△

〈多層配線用薄膜の形成法とその選択〉

メタル膜	絶縁膜
スパッタリング（Al合金, Mo, W, シリサイド等） 真空蒸着（Al, Ti, Pd, Pt, Au等） CVD（Mo, W等）	スパッタリング（SiO_2, Si_3N_4等） CVD（SiO_2, PSG等） プラズマCVD（SiO_2, Si_3N_4等） 塗布法（SiO_2, ポリイミド等） 陽極酸化法（Al_2O_3）

図6-43　第1世代多層配線技術

(2) 第2世代多層配線

図6-44は第2世代のアウトラインである。この世代ではパターンの微細化が進展してきたため狭いギャップを絶縁膜で埋める工程が重視され，SOGを補助的に用いる技術が導入された。また犠牲膜（ホトレジスト等）を用いたエッチバック平坦化法もさかんに用いられている。しかしこれは完全な平坦化ではなかった。

(3) 第3世代多層配線

図6-45に示す第3世代ではデザインルールは0.25μm以下となり，狭いギャップへのメタルの埋込み，メタル間の狭いギャップへの絶縁膜の埋込みも厳し

〈第2世代多層配線プロセスの特徴〉
・ホトレジストエッチバック法による絶縁膜平坦化
　　　　　　　　　　　—プラズマCVD酸化膜による埋込み層間膜
・SOG（塗布ガラス）膜による補助的埋込み平坦化
　　　　　　　　　　　—プラズマCVD酸化膜によるサンドイッチ構造
・BPSGリフローによるメタル前平坦化絶縁膜形成
・タングステン（W）CVD膜のエッチバックによるプラグ構造
・エレクトロマイグレーション対策のためのAl-Cu-Si合金膜

〈SOGを用いた第2世代多層配線構造〉
0.5μmルールによる3層配線構造

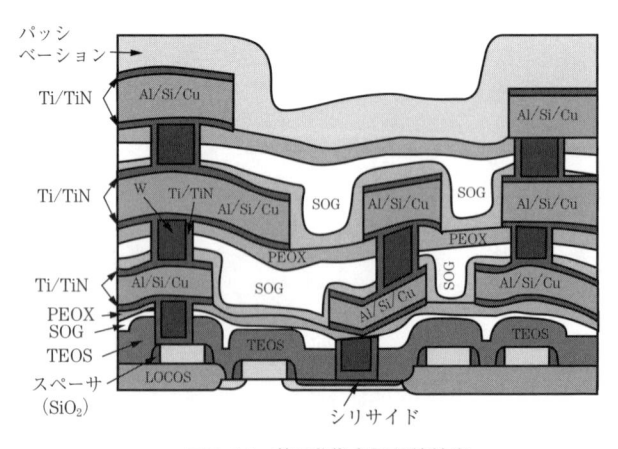

図6-44　第2世代多層配線技術
(P. Singer: Semiconductor International, p. 57（Aug. 1994）)

くなり，平坦化手法の導入が不可欠となった．CMP技術が開発され，Wプラグの形成，絶縁膜の平坦化に応用されている．Alリフローも平坦化の手法の一つとして用いられている．そしてグローバル平坦化の思想が導入され，メタル下の層間絶縁膜（BPSG）には完全な平坦化のためにリフローに加えてCMPも用いられている．

──そして第4世代の多層配線技術に入る．

〈第3世代多層配線プロセスの特徴〉

・平坦化のためのCMPプロセスの部分的導入
　──STI（Shallow Trench Isolation）が部分的に導入されている
　──メタル前平坦化BPSG膜
　──Al-Al層間絶縁膜
　　　SiO_2あるいは一部SiOF等のlow k膜
　──一部，Wプラグ形成にエッチバック法に代わり用いられている
・浅い接合コンタクト形成のための$TiSi_2$層およびTiNバリア層
・Al上の反射防止膜形成
・セルフアラインコンタクト構造の導入（メタル前平坦化膜）
・Alリフローによる埋込みプラグ形成

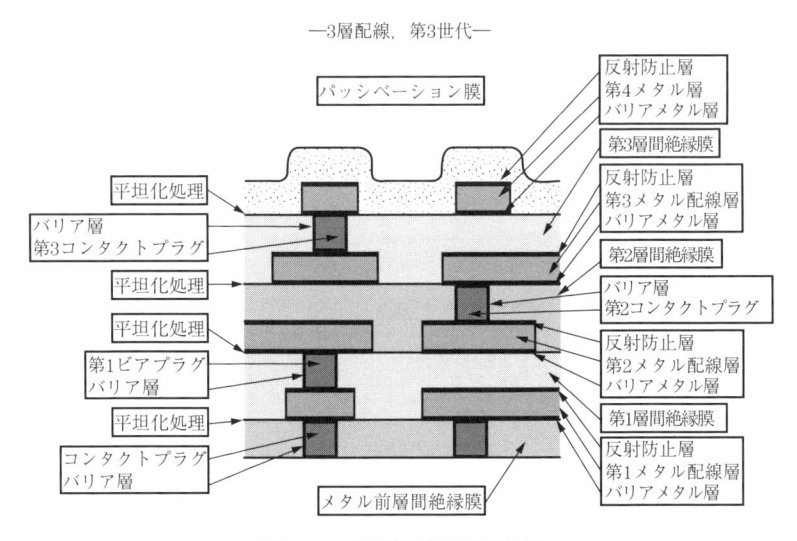

─3層配線，第3世代─

図6-45　第3世代多層配線技術

6.12　多層配線構造形成技術

3 第4世代の多層配線技術

図6-46は21世紀の多層配線構造とも呼ぶべき第4世代の技術内容を示す。ここにはCu（$\rho_{eff}=2.4\mu\Omega cm$），low k ILD（$k_{eff}=2.5$）と記されているが，これらは実効的な比抵抗および比誘電率である。Cuの固有抵抗は$1.7\mu\Omega cm$であるから$2.4\mu\Omega cm$という値は不十分であるが，これはバリアメタルなどを積層

〈第4世代多層配線プロセスの特徴〉
―デバイス高性能化のための新材料，新プロセスの導入―
・平坦性向上と高密度素子配列のためのSTI構造
・メタル前層間絶縁膜のCMP加工
・ダマシン法によるWプラグ形成
・低比誘電率（low k）膜による層間絶縁膜構造
　　―CMP平坦化プロセス不要
・銅（Cu）配線構造
　　―絶縁膜バリア（Si_3N_4）膜
　　―メタルバリア（TaN等）膜
　　―ダマシンプロセスによるパターン形成

―21世紀の多層配線構造―

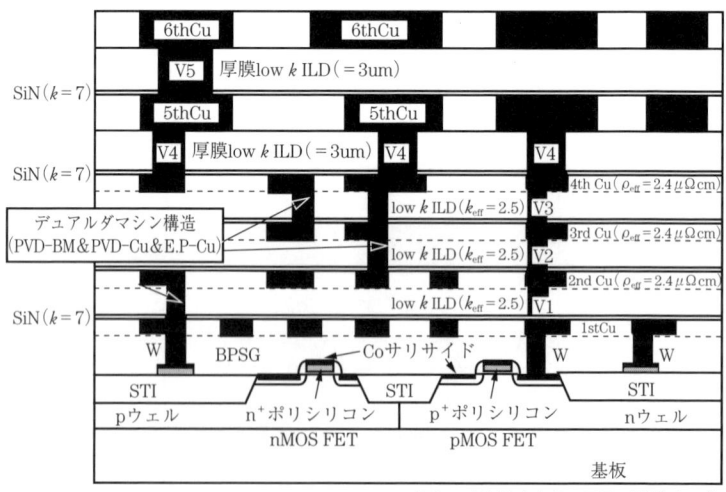

BM：バリアメタル，E.P：電界メッキ

図6-46　第4世代多層配線技術
（柴田：『1999年国際固体素子コンファレンス・ショートコーステキスト』（1999.6.））

させているためである。比誘電率でも同じである。

第4世代ではWプラグをコンタクトプラグとして用いるほかはすべてCuのデュアルダマシン（Dual Damascene）工程を用いて多層構造が形成される。しかし，このような構造が用いられるのは，最先端デバイスのみであり，第2，第3世代の技術もそのまま依然として用いられる。

第4世代においては，実効的な配線抵抗と実効的な比誘電率の低減が進められる。low k膜はここでは2.5とされているが技術ロードマップでは2005年頃には2.0前後が見込まれており，基礎開発が精力的に行われている。

ところで究極の比誘電率は空間の1.0である。配線間の絶縁膜をすべて取り去り，配線のみが中空の状態で組み合わされた構造ができればlow k膜の開発など無用となってしまう。アイデアとしては通常の多層配線構造形成後に絶縁物の部分をガス化して抜いてしまうという方法がある。この実現にはさまざまな前提条件が必要である。

第4世代の多層配線構造では絶縁膜の埋込み技術は不要となり，メタルのエッチング技術も不要である。

4 多層配線の要素技術

第4世代の多層配線技術はほとんどCuのダマシン配線構造とlow k層間絶縁膜構造で作り上げられている。これらの構造およびプロセスについては，次の6.13, 6.14で説明するので，ここでは第3世代の多層配線構造における要素技術について述べておこう。図6-47はそのまとめである。この配線形成技術そのものがいくつかの複合プロセスの組合せでもある。

5 今後の展開

多層配線技術はこれから第4世代に入る。この世代ではCuとlow kがキーワードである。Cuに関してはその成膜法，平坦化CMP技術，バリア層形成などほぼ技術的に確立されつつある。しかしlow k膜に関しては多くの点でまだ確立された技術とはいえない。

第4世代といってもCu配線とlow k膜が同時に組み合わされるまでには漸次

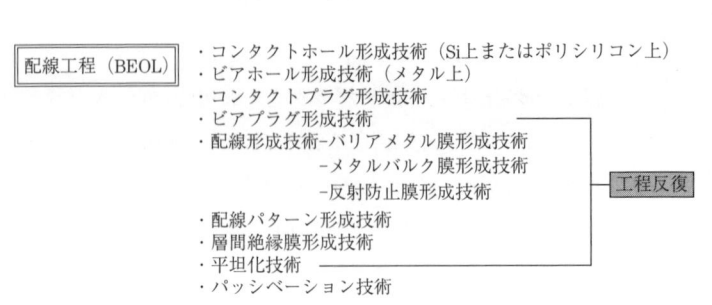

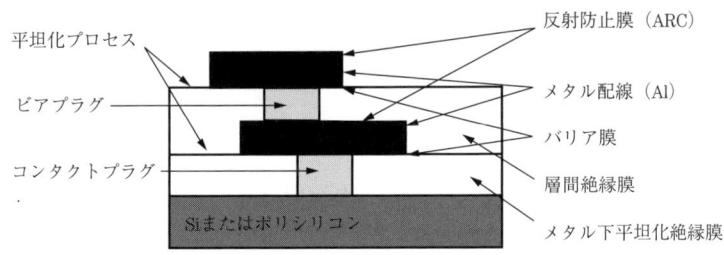

```
配線工程（BEOL）
・コンタクトホール形成技術（Si上またはポリシリコン上）
・ビアホール形成技術（メタル上）
・コンタクトプラグ形成技術
・ビアプラグ形成技術
・配線形成技術-バリアメタル膜形成技術
        -メタルバルク膜形成技術
        -反射防止膜形成技術         ─┐
・配線パターン形成技術                 ├ 工程反復
・層間絶縁膜形成技術                   │
・平坦化技術                          ─┘
・パッシベーション技術
```

図6-47 多層配線プロセスの要素技術（第3世代）

的な技術移行が必要である。そこで，

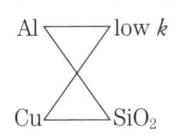

```
    Al ─────── low k
        ╲   ╱
         ╳
        ╱   ╲
    Cu ─────── SiO₂
```

のような図式で，まずAl-low k，Cu-SiO$_2$で配線構造が形成され，最終的にCu-low k膜の組合せが達成されれば合理的である。それまでにCuやlow k膜の課題が分離された状態で解決できるからである。しかし，一気にCu-low k膜のプロセスインテグレーションを進めようとするアプローチはさかんである。ともかくプロセスインテグレーションを進めてしまおうというのが一つの流れになっている。

6.13 低比誘電率（low k）膜形成技術

いつのまにかlow k, high kという表現が定着してしまったが，いずれも現在最もホットな技術開発テーマである。low k, Cuなどをテーマとして取り上げれば多くの関心を呼び，セミナーの聴講者を集めることができる。技術的関心のほかにビジネスチャンスがあるかもしれないからである。

このlow k膜は従来の半導体プロセスとは異質の技術と材料を扱うため，異業種からの新たな参入を呼んでいる。技術開発の現状も百家争鳴に近く，誰が勝利者になるかもわからない競争の世界である。

1 技術のアウトライン

low kの必要性はデバイスの高性能化にある。配線を通る信号の遅延を左右する要因としてRC積があり，RC遅延と呼ばれている。つまり配線抵抗Rと配線間容量Cの積を小さくすることが遅延を小さくするというわけである。

まずRを低減させるには配線材料をAlからCuに変更する。これで抵抗値は約50％減少する。Cに関しては，DRAMキャパシタの項で説明したのとちょうど逆で，面積の減少，膜厚の増加，比誘電率の低減の3つが要素として考えられる。微細化の進行と配線抵抗の増大から前二者ははずれ，比誘電率の低減のみが残る。そこで，low kに焦点が絞られる。

SiO_2の比誘電率は約4.0であり，それが小さくなればRC積を小さくできるわけで，1990年代の半ばからまずkが3.6程度を下限とする絶縁膜としてFをドープしたSiO_2（FSG, SiOFなどとも呼ばれる）が応用されるようになった。この膜中にはSi-F結合があり，プロセスの過程で遊離してデバイス構造に悪影響を与えることが考えられるため，PETEOSなどでサンドイッチ構造にして応用されている。したがって，実効的な比誘電率は3.5というわけにはいかないのが現実である。

これは第3世代の多層配線構造のケースである。そしてさらに比誘電率の低い膜の実用化が進行中である。FSG（$k \simeq 3.5$）の次はkが2.8～3.0程度の膜がタ

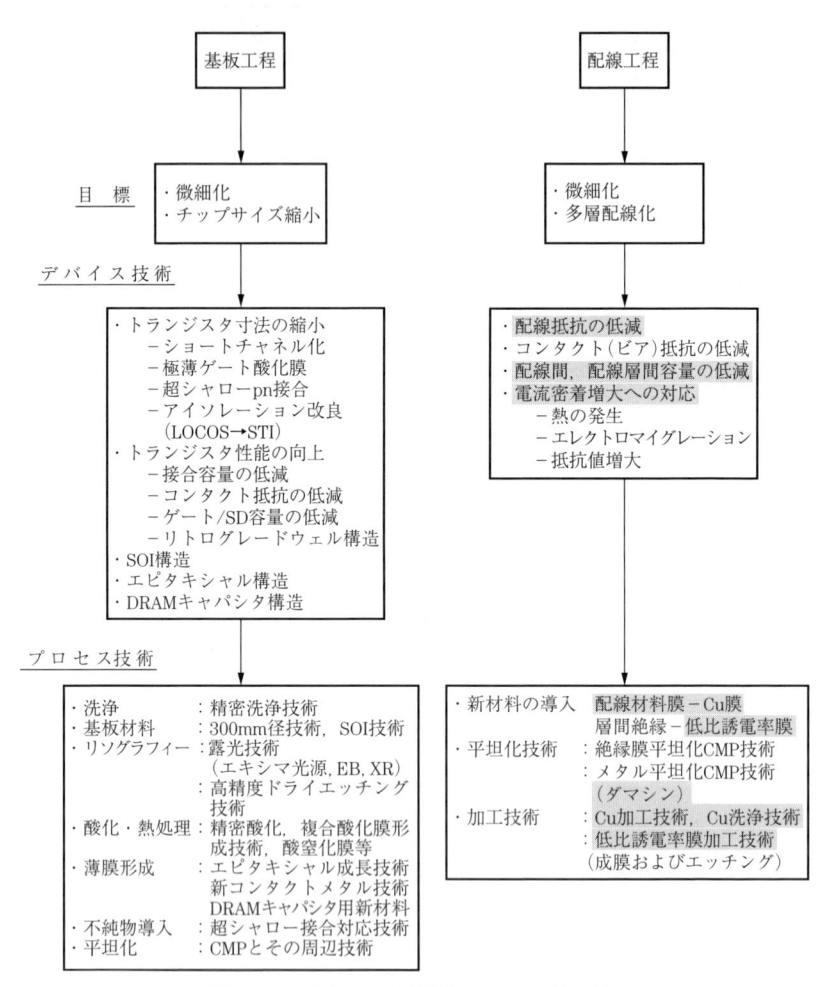

```
                    ┌─────────┐                          ┌─────────┐
                    │ 基板工程 │                          │ 配線工程 │
                    └────┬────┘                          └────┬────┘
                         │                                    │
   目 標         ┌───────┴────────┐              ┌────────────┴────────┐
                 │ ・微細化        │              │ ・微細化             │
                 │ ・チップサイズ縮小│              │ ・多層配線化         │
                 └───────┬────────┘              └────────────┬────────┘
                         │                                    │
   デバイス技術           │                                    │
        ┌────────────────┴──────────────┐    ┌────────────────┴──────────────┐
        │ ・トランジスタ寸法の縮小         │    │ ・配線抵抗の低減               │
        │   －ショートチャネル化           │    │ ・コンタクト(ビア)抵抗の低減     │
        │   －極薄ゲート酸化膜             │    │ ・配線間，配線層間容量の低減     │
        │   －超シャローpn接合             │    │ ・電流密着増大への対応          │
        │   －アイソレーション改良          │    │   －熱の発生                  │
        │     (LOCOS→STI)               │    │   －エレクトロマイグレーション    │
        │ ・トランジスタ性能の向上         │    │   －抵抗値増大                │
        │   －接合容量の低減               │    └───────────────────────────────┘
        │   －コンタクト抵抗の低減          │
        │   －ゲート/SD容量の低減          │
        │   －リトログレードウェル構造      │
        │ ・SOI構造                      │
        │ ・エピタキシャル構造             │
        │ ・DRAMキャパシタ構造            │
        └───────────────────────────────┘

   プロセス技術
        ┌───────────────────────────────┐    ┌───────────────────────────────┐
        │ ・洗浄     ：精密洗浄技術        │    │ ・新材料の導入 配線材料膜－Cu膜 │
        │ ・基板材料 ：300mm径技術，SOI技術│    │              層間絶縁－低比誘電率膜│
        │ ・リソグラフィー：露光技術         │    │ ・平坦化技術 ：絶縁膜平坦化CMP技術│
        │             (エキシマ光源, EB, XR)│    │             ：メタル平坦化CMP技術│
        │           ：高精度ドライエッチング │    │             (ダマシン)         │
        │             技術                │    │ ・加工技術  ：Cu加工技術，Cu洗浄技術│
        │ ・酸化・熱処理：精密酸化，複合酸化膜形│    │             ：低比誘電率膜加工技術│
        │             成技術，酸窒化膜等    │    │             (成膜およびエッチング)│
        │ ・薄膜形成 ：エピタキシャル成長技術 │    └───────────────────────────────┘
        │             新コンタクトメタル技術 │
        │             DRAMキャパシタ用新材料│
        │ ・不純物導入：超シャロー接合対応技術│
        │ ・平坦化   ：CMPとその周辺技術    │
        └───────────────────────────────┘
```

図6-48 デバイス高性能化のための技術目標

ーゲットとなっている。塗布タイプのポリマー（SOD：Spin on Dielectrics）対CVD SiOC（カーボンドープのSiO$_2$という意味）あるいはOSG（Organo Silica Glass：有機シリカガラス）という技術競合である。この優劣はまだ決まっておらず，おのおのについてインテグレーションが検討され，評価が進みつつある。

次の世代は2.5程度あるいはそれ以下のk値がターゲットとなる。

図6-48にデバイス高性能化のための技術目標をまとめた。基板工程においてもいくつかの開発ターゲットがあるが，配線工程では何といってもRCの低減が最優先される。またそれらのための新しい材料導入に関連して派生的に洗浄，エッチングなどの加工技術，成膜技術の開発が必要となっている。

2 low k膜の技術ロードマップ

図6-49はlow k膜の開発ロードマップとして1999年末に発表されたデータである。実は元のロードマップでは同一の表内にhigh k膜についても示されているがその部分は切り離した。

図の一番下に示されているように，kの要求値としては，2002年に2.7〜3.5，2005年に1.6〜2.2とされており，現実的な数字と考えられる。1997年に発表されたロードマップではこのk値はもっと進んだものであり，2000年には2.0程度が要求されるというものであったがそれは先送りとなってしまった。技術開発の進行がロードマップどおりにいかなかったことを示している。

low k層間絶縁膜にはさまざまな選択肢があって2.5〜3.0ではSOD，SOG，CドープSiO$_2$等がある。次の1.8〜2.3になると材料としての候補はいくつかあるが，しだいに絞られていくとみられている。1.5以下では配線間の絶縁物をすべて除去するエアギャップあるいは空中配線が究極のソリューションになる。このロードマップは技術開発の困難さが増せばまた先送りの数値を発表してくるだけである。指針は与えてくれるが具体的なヒントを教えてくれるわけではない。

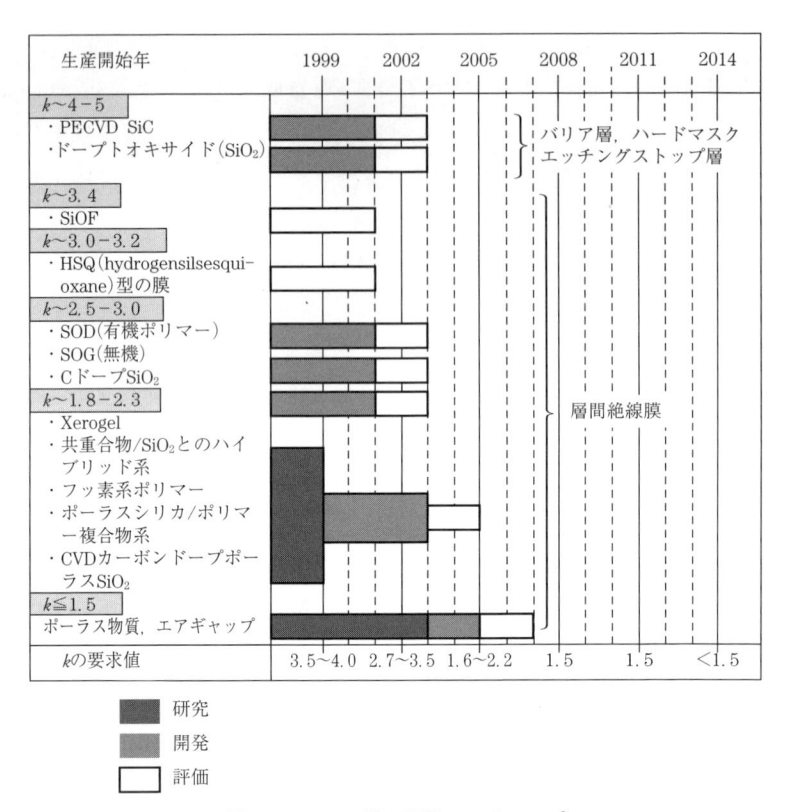

図6-49 low k膜の開発ロードマップ
(ITRS：International Technology Roadmap for Semiconductors, (Nov., 1999))

3 low k膜とその種類

ロードマップにはいろいろなlow k膜が示されているが，これを**表6-12**にもう少し詳細に示す．

まずkが2.5程度までの現実的なlow k膜については無機物系と有機物系に分類する．

無機物系では，まず，技術のアウトラインの項で述べたSiO_2（比誘電率4.0），FSG（SiOFとも呼ばれる）を示した．

Fの代わりにBの入ったSiO_2であるBSG膜でも3.5程度の低比誘電率が得られ

表6-12 主なlow k膜とその構造

種類	新材料		膜形成法	比誘電率 (k)	構造
無機絶縁膜	SiO_2		酸化，CVD	4.0	—
	SiOF		CVD	3.4～3.6	—
	BSG (SiO_2-B_2O_3)～SiOB		CVD	3.5～3.7	—
	Si-H含有SiO_2，HSQ (hydrogensilsesquioxane)		塗布法	2.8～3.0 <2.0	$\begin{bmatrix} H & O \\ -Si\text{-}O\text{-}Si\text{-}O- \\ O & O \end{bmatrix}_n$
	カーボン含有SiO_2膜（SiOC）		プラズマCVD	2.5～2.8	$\begin{bmatrix} CH_3 & O \\ -Si\text{-}O\text{-}Si\text{-}O- \\ O & O \end{bmatrix}_n$
	多孔質シリカ膜		塗布法	<3.0	—
有機絶縁膜	メチル基含有SiO_2，MSQ (methylsilsesquioxane)		塗布法	2.5～3.0	$\begin{bmatrix} CH_3 & O \\ -Si\text{-}O\text{-}Si\text{-}O- \\ O & O \end{bmatrix}_n$
	高分子膜	ポリイミド系膜	塗布法		$+[R_1\text{-}N(CO\text{-}R_2\text{-}CO)(CO\text{-}R_2\text{-}CO)]_n$ (R_1, R_2芳香族基)
		パリレン系膜	プラズマ重合法 塗布法		$+[CF_2\text{-}\bigcirc\text{-}CF_2]_n$
		テフロン系膜	プラズマCVD		$-(CF_2\text{-}CF_2)_m\text{-}(CF\text{-}CF)_n-$ $O\text{-}C\text{-}O$ CF_3 CF_3
		その他共重合膜等			—
	アモルファスカーボン膜（Fドープ）		プラズマCVD	<2.5	—

る。SiO_2に中にSi-H結合を含む一般的にHSQと呼ばれるH含有ポリシロキサンでは3.0程度のk値を示す。3.0程度では特性的にあまり魅力的ではないとして，2.5～2.8程度のk値をもつカーボン含有SiO_2膜（SiOC）と呼ばれる膜が注目されている。

これは実際には有機系と無機系の中間的な化合物であり，実体はSi-CH_3基を多く含むメチル含有ポリシロキサンである。CVD法で形成されるこの膜は実は塗布法で形成されるMSQとまったく同じ構造をもっている。SiOCというのは何の意味ももたない名称である。

メチル含有ポリシロキサン, すなわちSi–CH$_3$結合を含むSiO$_2$膜はメチル基の存在により分子構造内に間隙を生じるために膜はポーラス（多孔質）となり, k値が低下すると説明される。したがってポーラスシリカ膜とも呼んでいる。

有機系の膜はポリマー（高分子）膜であり, ほとんど塗布法（SOD）で形成されているが表面重合法やCVD法のような成膜法もある。ポリイミド系, パリレン系, テフロン系などがあり, 2.5～3.0程度のk値を示す。ポリアリルエーテル系の高分子膜ではすでに実用化が始まっている。

膜形成法は, 無機物ではCVD, 有機高分子膜は塗布法というのが標準となりつつあり, 2.5～3.0程度のk値をもつ膜として競合状態にある。

一方, 材料メーカーを中心としてポーラスなシリカ膜を微粉末の塗布・焼成によってシリコン基板上に形成する方法が提案されており, low k競争に加わっている。

物理的にlow kを達成できること, 膜としての安定性や再現性はともかくとしてもインテグレーションが可能かどうか, そのために周辺のプロセスにどのような制約が必要なのかが明らかにされなければならない。

4 low k膜構造のインテグレーション

究極の配線工程インテグレーションはCu/low k構造であるがそれは次項にするとしてここではlow k膜に限定してインテグレーション上の問題にふれることとする。

図6-50はlow k層間絶縁膜構造である。low k膜はいずれにしても通常のSiO$_2$とは異なるため, ドライエッチング加工性も同一とはいかない。したがって, 周辺のプロセスが一変してしまう可能性がある。特に膜自身が有機系であったり, メチル基を含有するとホトレジスト処理を通常どおり行うことができなくなる。そのためハードマスク（SiO$_2$膜など）の使用が必要となる。また, 有機系の膜の場合, 密着性や膜の保護のためライナ, キャップ, エッチストップなどの機能をもつ膜が必要となる。

課題はこれらの機能をもつ薄膜をどのように選択し, 共通化してプロセスフローをシンプルにするかにある。

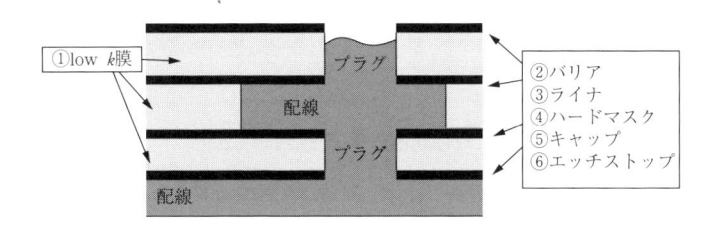

膜の種類	目的	要求
①low k膜	容量低減のためのメインの膜	low k
②バリア膜	メタルとlow k膜を隔離する膜 －メタル（たとえばCu）の拡散防止	・同一種膜(共通) ・できる限り 　　　low k ・できる限り薄膜
③ライナ膜	メタルとlow k膜の密着性向上のために用いる	
④ハードマスク膜	low k膜のパターン形成(コンタクト，ビアホール)のためのマスクとして用いる （ホトレジストマスクが使用できない場合－たとえば有機系の膜）	
⑤キャップ膜	low k膜の表面保護	
⑥エッチストップ膜	デュアルダマシン構造形成のために用いる （low k膜との間のエッチング選択比がとれること）	

図6-50 low k層間絶縁膜の構造

5 今後の展開

low k膜は今後のデバイス高性能化の鍵である。RC遅延のうち，RはCuの採用で決まりと考えられるが，low k膜の世界は依然としてカオスの状態である。そこには成膜法，材料の問題が多く存在する。

いずれにしても最終的にはインテグレーションが合理的に行えるかどうかであり，単にlow kであるというだけでは解決にはならない。また，経済性（コスト低減）は最後の判断基準となりそうである。

コラム 7

装置における個体差と機差

　半導体農業論について述べたコラムでは，半導体プロセスにおける原材料がばらつきや再現性の低下をもたらす一因であると述べた。もう一つの要素が半導体製造装置である。

　いま，同一の設計図面を用いてまったく同じ装置（反応チャンバ）を何台か製造したとする。各チャンバはまったく同じように寸分たがわず作られているはずである。それらについて，まったく同一のプロセス条件（たとえば温度，圧力，原料の供給量等々……）を用い，処理を行った結果を比較するとどうだろうか。

　何もかも同一だし，人為的要因がないのだからまく同一の結果にならなければならないし，一般には誰もそれを疑わない。しかし結果が同一になることはまれである。もちろんエラーの範囲内（±1％以内というような……）で同一といえる場合もあるがこの現象は同じ設計図に従って製造された何台かの装置でもみられるし，複数の反応チャンバをもつ装置についても同じである。これが個体差，機差といわれるものである。

　なぜこのようなことが起きるのだろうか。いまだに解明はされていない。CVDやドライエッチングなどでよくみられる現象である。これでは実用上困るので，結果が同一になるようにプロセス条件を操作することが行われている。

　プロセス結果にばらつきを生ずるのは，まったく同一に作られているはずのチャンバに微妙な違いが存在し，プロセス結果ではそれが増幅されて現れてしまったともいえるし，各々で用いる原材料にばらつきが存在していたともいえる。双方の効果が同時に出たのかもしれない。

　ネガティブないい方をすれば，ハイテクの裏側，半導体プロセス農業の根拠といえそうである。以上とは少し異なるがステッパにおいても個々の装置における光学系のわずかなくせに起因する"号機差"と呼ばれる要素があるらしい。これこそプロセス技術者にとってはどうにもならないしろものといえる。

6.14 銅配線ダマシン構造形成技術

　この技術はプロセスインテグレーションのコンセプトをフルに用いた複合プロセスであり，基本プロセス技術のデパートといってもいいほどである。ダマシン（Damascene）とはIBM社の命名と思われるが，象眼細工のことである。かつてアイソレーション構造の形成においてポリシリコンを同じようにポリッシングで平坦化した例がある。しかし，Damasceneというと新技術の響きをもっているようだ。

■1 技術のアウトライン

　最先端デバイスの配線になぜ銅が用いられるのかはこれまで繰り返し説明したがここでそれをまとめてみる。
　Cuを配線に用いるメリットは，
・比抵抗がAlに比べて50％程度低い（Al：$2.8\mu\Omega cm$，Cu：$1.7\mu\Omega cm$）
・融点が高く，エレクトロマイグレーションが起きない
・ストレスマイグレーションも起きにくい
などである。
　一方のデメリットとしては，
・CuはSiおよびSiO_2にとって最も有害な元素の一つであること（拡散係数が大きい）
・CVD法による成膜は原料の問題から見通しは暗い
・ドライエッチングが不可能
・SiO_2との密着性不良
があげられる。
　そこでメリットを活かし，デメリットを結果的に排除した加工プロセスがダマシン法ということになる。ダマシン法が提案されるまで，Cuの加工のためにドライエッチングを含めて多くのパターニング技術が検討されたが成功した例はなかった。ダマシン法に関するIBMの特許は1985年にすでに日本で公開さ

れている（特許の成立は1992年）。

Cu配線ダマシン構造形成技術は，層間絶縁膜の形成，ビアと配線領域の形成，バリア層の形成，メッキシード層の形成，Cuのメッキ，CMP（ダマシン）から構成されている。銅配線モジュールとしては多くの種類の半導体製造装置が関係する。

2 デュアルダマシン構造の形成

図6-51は銅二重ダマシン（Cu Dual Damascene）構造の断面図である。ここには各要素技術別に競合の状況をしるした。

まず層間絶縁膜としてSiO_2を用いる場合も，low k膜を用いる場合でも絶縁膜バリアは必要である。これはCuの層間膜への侵入をブロックするためである。SiNあるいはSiCが用いられれば完全である。

デュアルダマシン（Dual Damascene）法とは，ビアホールと配線部を形成しておき，一度にプラグと配線を形成する方法である。シングルダマシン（Single Damascene）と呼ばれる方法ではビアと配線を別々に形成する。

ビア部と配線部にはCuが埋込まれるが，その前にCuの層間膜中への侵入を防止するためのメタルバリア層とメッキのシード層となるCuの薄膜を形成する。それに電極を取り付けて電解メッキを行う。その後はCMP——Damascene——である。

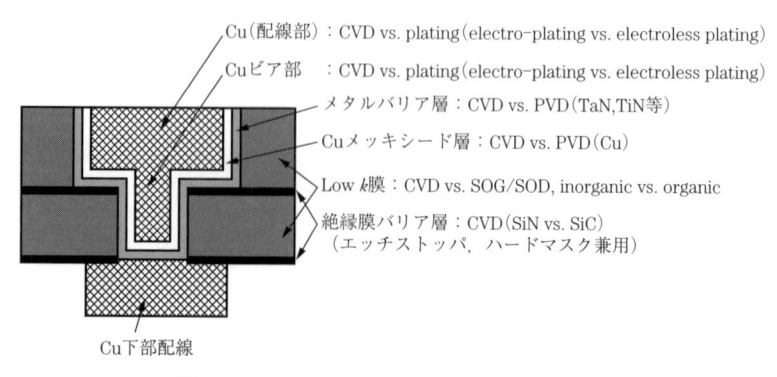

Cu（配線部）：CVD vs. plating（electro-plating vs. electroless plating）
Cuビア部：CVD vs. plating（electro-plating vs. electroless plating）
メタルバリア層：CVD vs. PVD（TaN,TiN等）
Cuメッキシード層：CVD vs. PVD（Cu）
Low k膜：CVD vs. SOG/SOD, inorganic vs. organic
絶縁膜バリア層：CVD（SiN vs. SiC）
　（エッチストッパ，ハードマスク兼用）

Cu下部配線

図6-51　銅二重ダマシン構造——競合技術——

ところでデュアルダマシン構造の形成には，いろいろなルートがある。最終的な構造が図6-51のようになるとして，**図6-52**に3通りの手法を比較する。

①は配線部分を先に形成する方法，②はビア部を先に形成する方法である。どちらかというと②の方がプロセスは容易であり，使われている例も多い。③はエッチストッパ（バリア）膜のビア部分をあらかじめパターニングしておく方法である。いずれの方法でも層間絶縁膜はバリアあるいはエッチストッパで積層化されている。

この膜の役割は，
・層間絶縁膜（たとえばlow k膜）パターニング用のハードマスク
・Cu拡散防止のためのバリア
・low k膜のエッチングを停止させるエッチストッパ（low k膜とエッチング選択比を大きくとれる材料）

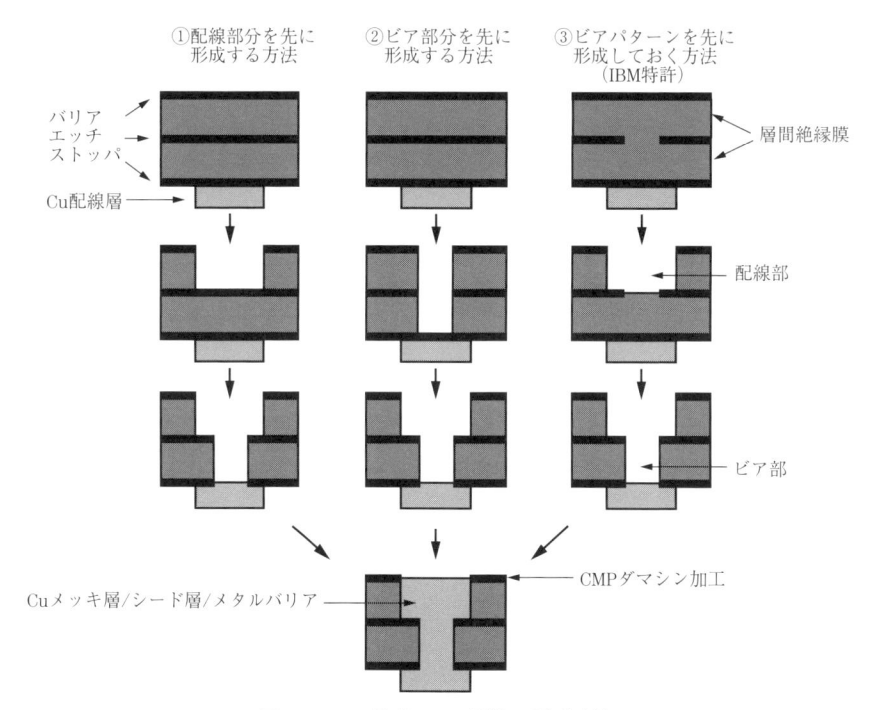

図6-52　二重ダマシン構造の形成方法

6.14　銅配線ダマシン構造形成技術

・low k膜の保護と下地への密着性の向上

などであり，一種類でこれらすべてをカバーできる膜が要求される。

また，low kと組み合わせて，せっかくの低比誘電率を損うことがないように，比誘電率はなるべく低いことが望ましい。しかしバリア性とk値とを両立させるのは困難である。現在用いられているSiNはk値が高いという点で優れた材料とはいいがたい。

メタルバリア層はCuの侵入を完全にブロックするために必要で，温度サイクルやバイアス印加に耐えなければならない。現在ではTaNが最も有効とされている。

low k膜で"実効的k値"が存在するようにCuでも"実効的R"が存在する。つまり，Cuの比抵抗がバルク値の$1.7\mu\Omega cm$というわけにはいかず，成膜されたCu膜が本当にバルクと同じ固有抵抗値をもつか，バリアメタルの抵抗値が高いために"実効的R"が上昇しているのではないかなどの問題点がある。

ダマシン工程のCMPはメタルバリア層が表面でのストッパとなり，Cuの埋込み配線とビアプラグが同時に形成される。

3 Cuダマシン構造形成の要素技術

Cu-low kの組合せは究極的な形であるが，まずCu-SiO_2でのデバイス実現がその前段階として進められている。

絶縁膜バリアには先に述べたようにSiNが用いられる。バリア性は完全であるが比誘電率が7.0であり，これがせっかくのlow k膜の実効的比誘電率を上昇させる。SiC系のバリア膜も開発されているが，リークなどの電気特性が問題である。技術ロードマップでもそれが指摘されており，k値の低いバリア膜開発はlow k膜開発よりも重要とする見方もある。

Cu拡散のブロッキング特性はバリア膜の結晶粒界と関係がある。メタルバリアではスパッタ法でのTaNが最もバリア性に優れているといわれている。TiNもバリア膜として用いられてはいるがTaNより性能は劣る。

ところでTi，Taなどのような遷移金属の窒化物は電導性があり，薄膜としてシリサイド同様よく用いられる。表6-13は各種シリサイド，ナイトライド

表6-13 遷移金属のシリサイド，ナイトライドの物性
―なぜ注目されるのか―

(a) シリサイドの物性

名　　称	化学式	分子量	融点 (℃)	比抵抗値 (20℃) ($\mu\Omega$cm)	硬度[*1] (kg/mm^2)	耐酸化性[*2]
クロムシリサイド (chromiumsilicide)	$CrSi_2$	108.13	1570	—	1150	—
モリブデンシリサイド (molybdenumsilicide)	$MoSi_2$	152.07	1870	21.5	1290	1
ニオブシリサイド (niobiumsilicide)	$NbSi_2$	121.50	1950	6.3	1050	4
タンタルシリサイド (tantalumsilicide)	$TaSi_2$	237.00	2400	8.5	1560	3
チタンシリサイド (titaniumsilicide)	$TiSi_2$	104.02	1540	123.0	986	4
タングステンシリサイド (tungstensilicide)	WSi_2	240.04	2050	33.4	1890	4
バナジウムシリサイド (vanadiumsilicide)	VSi_2	107.07	1750	9.5	1090	1～2

(b) ナイトライドの物性

名　　称	化学式	分子量	融点 (℃)	比抵抗値 ($\mu\Omega$cm)	硬度 (モース)	耐酸化性[*2]
ニオブナイトライド (niobiumnitride)	NbN	106.92	2050	200	8.0	3
タンタルナイトライド (tantalumnitride)	Ta_2N	375.77	3090	135	8.0	5
チタンナイトライド (titaniumnitride)	TiN	61.91	2930	21.7	9～10	3
バナジウムナイトライド (vanadiumnitride)	VN	64.96	2050	200	—	—
ジルコニウムナイトライド (zirconiumnitride)	ZrN	105.22	2980	13.6	8.0	3

*1：100g負荷のときのマイクロハードネス
*2：1. >1700℃，2. ～1700℃，3. 1100～1400℃，4. 800～1000℃，5. 500～800℃

(R. C. Weast："CRC Handbook of Chemistry and Physics"，CRC Press Inc.（1987））

の物性である。TaNの比抵抗値は135μΩcmであるのに対して，TiNは21.7μΩcmでありかなり低い。もっともこれはバルク値であり，成膜された状態での比抵抗値は異なると考えられる。しかし，この表をみると注目される理由が納得できる。

　メッキのためのCuシード層は薄膜であり，メッキのための電極取付用でもあるため，CVDまたはスパッタで成膜される。深いビアホール部ではステップカバレージの点でCVDが望ましいが今のところスパッタに利がある。

　Cuの埋込み層は埋込み性，スループット（形成速度）などからメッキが主流となった。市販装置も多く，メッキによる成膜そのものには何の問題もない。しかしメッキ特有のセルフアニール効果が問題となっている。これはメッキされたCu膜が常温で放置時間とともに結晶性を変化させる現象で，その変

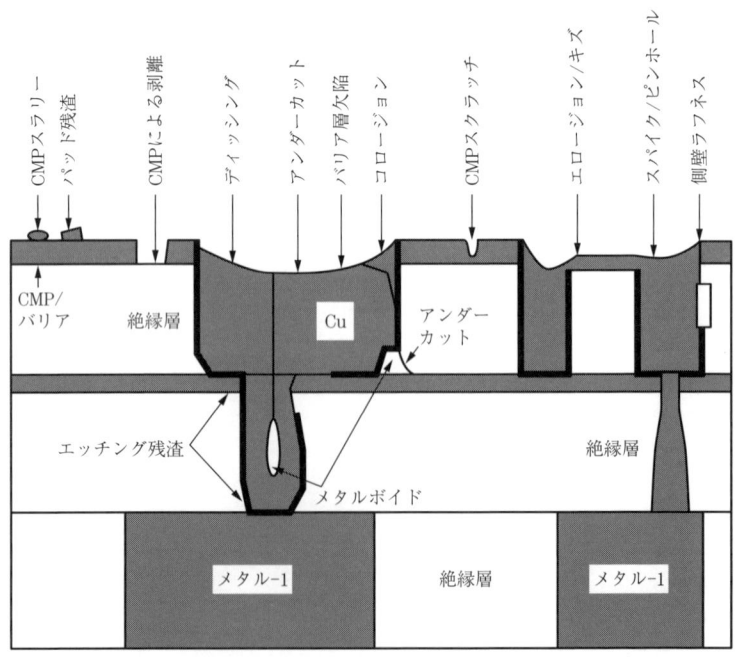

図6-53　銅二重ダマシン（Cu Dual Damascene）プロセスの問題点
（L. Peters: Semiconductor International, p. 52（Jan., 2000））

化を見込んでその後のプロセスを行うか，ファーネスでアニールする必要を生じさせている。

メッキ法は通常は電解メッキであるが，一種の置換反応の原理に基づく無電解メッキが可能となればCuメッキシード層は不要となり，プロセスは簡略化される。

最後にCMPであるが，現在ではCu CMP専用スラリーも開発されており，ケミストリーの要素を強調してダマシン工程を行う。CuのCMP工程にはさまざまな問題点が指摘されている。図6-53はそのまとめである。

4 今後の展開

Cuダマシン構造ではlow k膜，バリアとしての絶縁膜およびメタル膜を含めて新材料が続々と開発され，進化を続けると考えられる。Cu膜そのものも現在のメッキ法が唯一の選択とは考えられず，新しい手法の開発が期待される。

プロセスインテグレーションは単に装置の集合体を導入するという考え方ではなく，個々のプロセスとしてクローズアップされる技術（基本プロセス）の追求が背景になるべきだろう。

6.15 パッシベーション技術

半導体プロセスの最後の複合プロセスはパッシベーション技術である。しかもこの技術はアセンブリ工程への橋渡しのプロセスでもあり，パッケージング技術の新しい展開（フェイスダウンボンディングによる超小型パッケージ）においてはちょうど境界領域のプロセスとしてクローズアップされる技術である。

1 技術のアウトライン

パッシベーション（Passivation）は表面の不働態化であり，デバイス最終表面の保護と安定化の技術である。メタル配線が終了し，その表面を最終的に保護するための被膜を形成する技術であることから"post-metallization coating"とも呼ばれる。場合によってはカバー膜などとも呼ばれる。

パッシベーション技術が必要な理由を**図6-54**にまとめた。

半導体デバイスがさらされるさまざまな環境に対する保護が目的である。最も直接的な理由は表面の機械的損傷から配線を守るためで，表面に保護のための絶縁膜を被覆する。またその絶縁膜は内部を，腐食性ガス，水分，金属イオンの汚染などからも保護する。

パッシベーションはエレクトロマイグレーション，ストレスマイグレーションとも密接な関係がある。最近ではアセンブリ工程と直結するようになり，その重要性が再認識されるようになった。つまり，小型化実装のために，ほとんどチップサイズのままパッケージレスの状態でプリント基板上に取付けられるようになったためである。チップ上のパッシベーション膜が直接外気にさらされたまま実装されることになり，パッシベーションの完全さが強く求められている。

2 パッシベーションの具体的手法

パッシベーションの具体的手法を**表6-14**にまとめた。

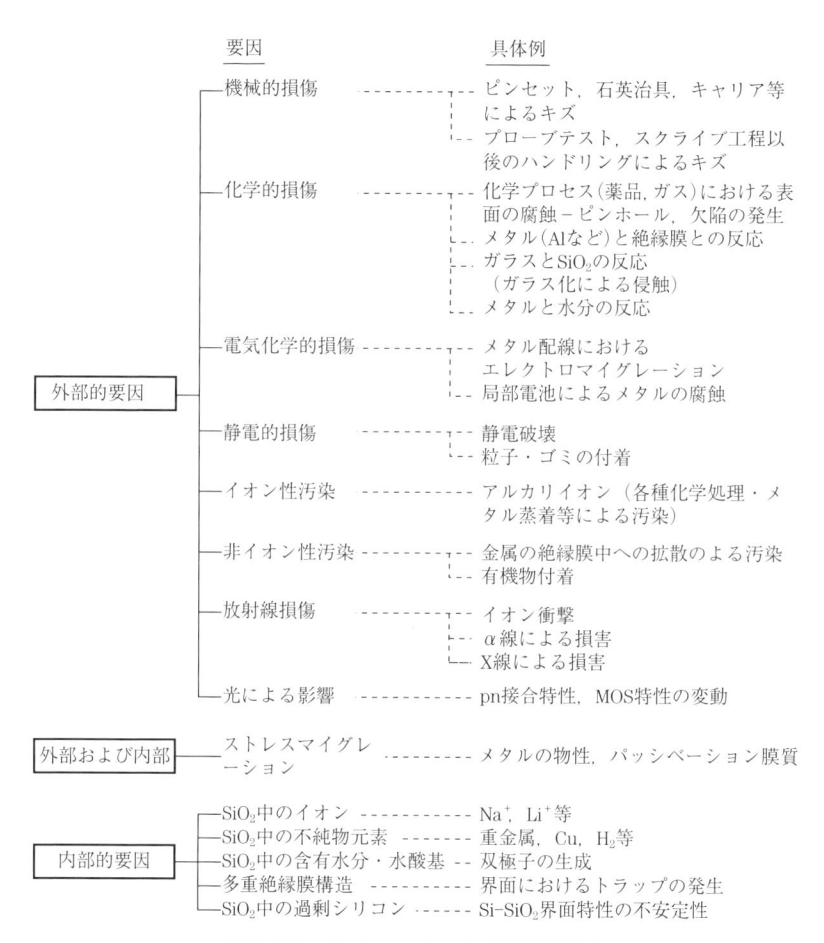

```
                要因                      具体例
             ┌─ 機械的損傷 ────────┬─ ピンセット，石英治具，キャリア等
             │                    │   によるキズ
             │                    └─ プローブテスト，スクライブ工程以
             │                        後のハンドリングによるキズ
             ├─ 化学的損傷 ────────┬─ 化学プロセス(薬品，ガス)における表
             │                    │   面の腐蝕－ピンホール，欠陥の発生
             │                    ├─ メタル(Alなど)と絶縁膜との反応
             │                    ├─ ガラスとSiO₂の反応
             │                    │   （ガラス化による侵触）
             │                    └─ メタルと水分の反応
             ├─ 電気化学的損傷 ────┬─ メタル配線における
             │                    │   エレクトロマイグレーション
外部的要因 ──┤                    └─ 局部電池によるメタルの腐蝕
             ├─ 静電的損傷 ────────┬─ 静電破壊
             │                    └─ 粒子・ゴミの付着
             ├─ イオン性汚染 ──────── アルカリイオン（各種化学処理・メ
             │                        タル蒸着等による汚染）
             ├─ 非イオン性汚染 ────┬─ 金属の絶縁膜中への拡散のよる汚染
             │                    └─ 有機物付着
             ├─ 放射線損傷 ────────┬─ イオン衝撃
             │                    ├─ α線による損害
             │                    └─ X線による損害
             └─ 光による影響 ───────── pn接合特性，MOS特性の変動

外部および内部 ── ストレスマイグレ ──── メタルの物性，パッシベーション膜質
                 ーション

             ┌─ SiO₂中のイオン ────── Na⁺，Li⁺等
             ├─ SiO₂中の不純物元素 ── 重金属，Cu，H₂等
内部的要因 ──┼─ SiO₂中の含有水分・水酸基 ── 双極子の生成
             ├─ 多重絶縁膜構造 ────── 界面におけるトラップの発生
             └─ SiO₂中の過剰シリコン ── Si-SiO₂界面特性の不安定性
```

図6-54　パッシベーションが必要な理由

　パッシベーションはチップ表面の最終保護のみでなく，以前はpn接合の保護，シールという目的で用いられる保護膜（界面保護膜）もパッシベーションであった。ジャンクションシールともいわれていた技術である。現在では工程上自動的にこのような処理が行われるので特別にこのプロセスが行われることはない。

　現在の最終パッシベーションはほとんどメタル配線後のコーティングのこと

を指していて，SiO$_2$あるいはPSGとプラズマCVDによるSiNの2重層が用いられている。SiO$_2$あるいはPSGはメタル配線（Al）上でSiNとの間のストレス緩和の役割を果たし，通常引張り方向（テンサイル）のストレスを有している。

表6-14 パッシベーションの具体的手法
（古典的な手法も含む）

パッシベーションの目的	方法	具体的な処理法
Si-SiO$_2$界面保護用パッシベーション（junction seal）	熱酸化膜の改良によるパッシベーション	ハロゲン含有酸化膜（Cl$_2$, TCE, HCl） N$_2$アニール H$_2$アニール リンガラス処理（P$_2$O$_5$, PSG）
	CVD膜によるパッシベーション（～800℃）	Si$_3$N$_4$ SiO$_2$ P$_2$O$_5$・SiO$_2$（PSG） Al$_2$O$_3$
	ガラス層によるパッシベーション	PbO-SiO$_2$ Al$_2$O$_3$・SiO$_2$
配線保護用パッシベーション（post-metallization coating）	CVD膜によるパッシベーション（～450℃）	PSG, PSG/SiO$_2$, SiO$_2$/PSG/SiO$_2$ SiN（Plasma CVD） SiON（Plasma CVD）
	ガラス膜によるパッシベーション（沈澱法）	PbO・SiO$_2$ PbO・Al$_2$O$_3$・SiO$_2$ PbO・B$_2$O$_3$・SiO$_2$ PbO・Al$_2$O$_3$・B$_2$O$_3$・SiO$_2$
	樹脂膜によるパッシベーション	ポリイミド系樹脂

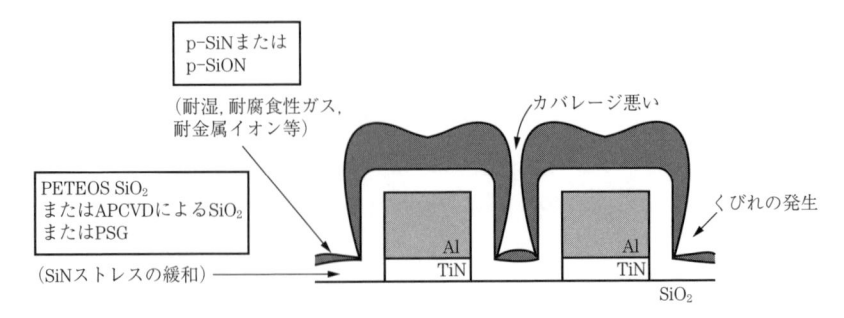

図6-55 最終パッシベーションの構造

プラズマSiNは圧縮方向（コンプレッシブ）のストレスを有しているので両者は打消し合ってAlにかかるストレスを低減させている。

プラズマSiNは酸素，水分，金属イオンなどに対して完全なブロッキング性をもっている。一方SiO_2はある程度の耐性はあるがほとんど無防備に近い。そこでリン（P）をドープするとP_2O_5はNaイオンや水分に対してゲッタリング性をもつようになる。この2つを組み合わせることがパッシベーション膜として有効ということになる。

図6-55は最終パッシベーションの構造を示す。

3 今後の展開

パッシベーション技術は，現在，微細Al配線のストレスマイグレーションと密接に関係している。ストレスの緩和のためにはSiON（オキシナイトライド）膜も候補である。

Alとハンダバンプとの接続の一例を図6-56に示す。ここでは引出し用の導体層（Cr，Tiなどが用いられる）とポリイミド層，そして厚い樹脂層が必要である。どこからがアセンブリの工程か区分ははっきりしない。半導体プロセスとしてポリイミド膜形成やバンプ形成などとの関わりをもつ必要も将来でてきそうである。

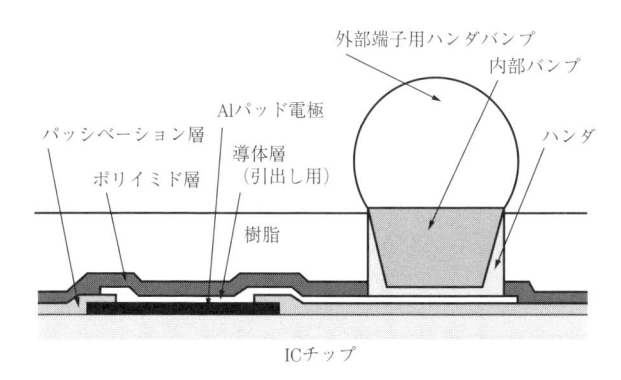

図6-56 ボールボンディングの場合のパッシベーション構造
（本多：電子材料，p. 22（1993.9））

7章 プロセス技術開発と装置・材料

7.1 優れたプロセス技術とは？

　半導体の50年の歴史のなかでは数多くのプロセス技術が開発され，その多くは何回も生れかわり，あるものは現在でも依然として用いられている。微細化，高性能化が高度に進んでも優れたプロセスは基本的には変らないということであり，例をあげればすでに存在しない企業名が残っているRCA洗浄などがある。

　しかしこのような技術は何10年も前から普遍的であったために業界全体において優れた技術であると認識されているのであって，どこか限定された場所で用いられているだけならそうはいかない。優れたプロセスはどこで用いても本当に優れているはずである。そしてその技術は標準化，共通化され，場合によってはさらに改善されて半導体製造プロセスとして拡散する。

　以前は，プロセスは半導体メーカーにとって門外不出のノウハウ，秘密であり，その中味が一般論として話されることはあっても各社の実際の技術内容を比較検討するなどということは考えられもしなかった。ついこの間までは半導体製造に進出したある鉄鋼メーカーの責任者から"半導体製造装置やプロセスにはなぜ絶対評価が存在しないのか？"という嘆きの声が出るような状態だった。しかし今では状況が変ってしまった。

たしかに，あるデバイスメーカーにとっては優れたプロセスでも他のメーカーにとっては使いにくいというような時代が続いた。しかし今では良いものは良いという時代である。プロセスはある程度標準化され，誰もが優れたプロセスを一様に選んで使えるようになった。プロセスがデバイスメーカー内部で開発されるのでなく，装置メーカーによって準備されるようになったこととも関係がある。そして"優れたプロセス"という概念も固まってきた。優れたプロセスとは次のような要素をもつものだろう。

- 目的に合致したもので，そのための高い性能をもっている。
- プロセス条件を設定すれば再現できる。
- なるべく複雑さが排除されている。したがって，コストが安く抑えられている。
- 最適条件の幅が広い。すなわちプロセスウィンドウが広い。
- 独創性はあるがトリッキーでもなくマニアックでもない。
- 基礎的学問に根ざしている。すなわちサイエンスの裏付けがある。

　これらのなかではトリッキーでないこと，サイエンスがあることなどについては異論も出そうである。トリッキーというのは主観的であるし，サイエンスが本当に半導体デバイスの加工技術に必要なのか，歩留まりや信頼性が高ければサイエンスがなくてもいいのではないかという理屈もある。しかし良いプロセスをあらためてながめると，それはトリッキーでもなく，必ず理にかなったものであると納得できる。

　また，最も重要なのはプロセスウィンドウである。これが十分広いこと，すなわち多少の条件の変動では得られる結果がそれほどゆらがないことが大事である。きわめて狭い条件範囲でしか良い結果が得られないプロセスはその結果がいくら優れていても良いプロセスとはいえない。プロセスには冗長性が必要なのである。

7.2 プロセス技術開発の方法論

プロセス開発に決まった手法はない。しかしその動機は必要であり，それは明確に決まっている。動機とは，あるデバイスを開発するために必要な加工技術上のニーズということである。そのニーズを満たすための努力がプロセス開発であり，それに関連した材料の開発である。

デバイスからのニーズを満足させるために，さまざまなプロセスが工夫され，応用される。プロセス開発努力はその結果，単に現状の要求を満たすだけでなく派生的に新しい技術的成果を生み，逆にデバイス開発におけるシーズを作り上げることにもつながっている。現在の最先端プロセス開発（low k やCu配線など）をみると，その傾向が顕著に現れていて，プロセス開発が連鎖的に起きているのを感じとることができる。

半導体草創期の頃はプロセス開発において新しい思いつきがそのまま応用され，ただちに生産に用いられたことがよくあり，昔プロセス技術者だった世代には必ずそのような経験をもっているはずである。当時は半導体産業全体がまだ未成熟であり，技術のロードマップなど存在しなかった時代である。しかし現在ではデバイスにしろプロセスにしろ10年以上先まで，どう推移していくかがある程度見通せるようになっている。かえってそのマップに束縛されて自由な発想ができず，たとえできてもそれをただちに量産に使おうという雰囲気は希薄になってしまいそうである。QC活動がさかんであった頃のように，現場作業者が提案した改善をただちに取り入れようなどというのは半導体製造に関してはもうあまりみられなくなってしまった。装置・プロセスは装置メーカーが提供し，装置のメンテナンスも現場の作業者レベルでは不可能になってしまったからである。

1950年代の米フィルコフォード社のマイクロアロイ・トランジスタというデバイスは同社の一工員が思いついたアイデアであったとして有名である。教科書にも書かれているこの事実は半導体プロセスのもつ面白さとあやうさを示していたともいえる。

ここで現代のわれわれにとってプロセス開発における方法論上で重要なポイントをいくつかあげよう。
- 基礎学問的な理解をもつこと。たとえば物理や化学の原則に反するような発想はすべきではないこと。
- しかし理屈で考えて無理そうだからやめてしまうというのではなく，不明であれば確かめてみることは必要である。
- 失敗を恐れないことが重要である。また，失敗してもそれをポジティブにとらえることも必要だろう。筆者の体験でも，実験で失敗した結果を報告書にすることをためらったとき，上司から"それも貴重なデータ"といわれて勇気付けられたことがある。
- 材料に関する十分な知見に基づいてプロセスを考えること。
- 異なる発想の異分野・異業種の知恵を取り入れる。――今までの閉鎖されていた半導体プロセス領域に限定せず，他の領域での知識の導入をはかる。たとえば新材料の導入に関しては現在でも不可欠のことである。
- 古い技術の発掘。半導体50年の歴史をふり返り，現代に活かせる技術を見い出す努力は無駄ではない。もっとも，そのような古い技術を知識としてもっている人たちはもう居ない。発掘するしかないかもしれない。

いま半導体プロセス上で今後10年間で必要とされる技術開発のヒントは以上のような考え方から得られるのではないかと思う。

7.3 プロセス開発成果としての装置化

プロセス開発は装置開発を予想する。プロセス開発の結果は最終的に必ず量産化，工業化されることがねらいでなければならない。またそうでなければ開発成果は評価されない。単に学会発表のための開発成果，学位の取得，論文発表件数の増加ということで終わってしまうかもしれない。もっとも，それも重要な目的の一つとすればそれまでであるが……。現在は，プロセス開発はデバイスメーカーの技術者が行ったとしても装置化は装置メーカーが行い，その装

置を用いたプロセスの条件や結果まで装置メーカーが提供するようになってしまった。しかし，本来，プロセス開発のニーズはデバイスメーカーから発信されるものであり，デバイスメーカーの技術者はそれを十分把握しているはずである。そして装置メーカーはそれをいち早く先取りして装置に盛り込んでしまう。

さて，プロセス開発と装置開発はどちらが優先するのだろうか。このことが議論されたのはすでに今は昔となっている。プロセス開発成果を装置メーカーが入手してそれに合った装置（チャンバ）を工夫する，というのがそれまでの常識であった。それはプロセスの良さを100％引き出すためでもあった。しかしいつからか装置はすでに存在し，それにプロセスを合せ込むようになってしまった。

デバイスメーカーではプロセス開発といってもそれを行う実験用のツールが存在せず，さまざまな規制のために基礎実験が不可能で，むしろ装置メーカーにプロトタイプ装置を用いた基礎実験が移ってしまっている。アメリカが以前からそうであるように，わが国でもデバイスメーカーのプロセス開発意欲は衰退してしまった。そしてインテグレーションが重視されるに至る。しかし，これとても今後は装置メーカーにシフトする傾向にある。これは健全な方向とは思われない。

アメリカのApplied Materials社の創始者の一人であった故W・C・ベンジング博士はかつて"装置メーカーの製品のアイデアの90％はユーザーからもたらされる"と語っていた。これは今でも真理だと思うが，現在では逆転現象が起きつつある。プロセス開発成果に基づいてそのたびにチャンバを作ると，とんでもない装置がたくさんできてしまう可能性があるので，装置に対してプロセスを合せ込む方が合理的という考え方も一理あるといわねばならない。しかしそれが行き過ぎるとプロセスが制約を受け，プロセスの良さを犠牲にしてしまうことはよくみられる。プロセスウィンドウの狭小化を招いてしまうことにもなりかねない。

少なくとも"プロセスを犠牲にしない装置"，できれば"プロセスと一体化した装置"という考え方が必要と思われる。筆者は"まずプロセスありき"派

である。もっともアメリカの装置開発では，ハードウェアやプロセスの完成前に制御用のソフトウェアが完成してしまうことも多い。ソフトウェア開発は最も時間を要する仕事であるため，先行してスタートしてしまうからだが……。

7.4 プロセス技術と装置の関わりの推移

いま述べたように，半導体製造においては装置が主役となり，プロセスはむしろそれに従属するようになった。装置メーカーとデバイスメーカーの関係は逆転し，プロセス開発はむしろ装置メーカーに移っている。以前，デバイスメーカー内で装置の内製化がさかんに行われた時期がある。市場で所望の性能をもつ装置が調達できず，やむを得ず内製化した例もあるし，逆にデバイスメーカーが装置メーカーの装置をコピーして内製化した例さえある。後者の場合は動機のいかんを問わず倫理に反することだが，結局，内製化は外部からの，つまり装置メーカーからの情報の流入をはばみ，差別化をするのではなく逆に差別化されることにつながってしまった。そのために内製化の傾向は衰退した。

以前，装置メーカーは単にハードウェアをデバイスメーカーに提供すればよかった。しかし，しだいに装置メーカーの責任範囲は拡大し，プロセス条件，プロセスデータを付加してデバイスメーカーに提供しなければならないようになった。デバイスメーカーはそれを用いて複合的プロセス，つまりプロセスインテグレーション開発をターゲットとするようになった。しかし装置メーカーも何種類かの装置をグループ化してモジュールとし，やはりプロセスを含めてユーザーに提供するという方向を打出してきている。つまりプロセスインテグレーションの領域までその役割を拡げつつある。もちろんそのような形で装置メーカーがユーザーにソリューションを提供することは間違いや勘違いとはいえないが，それをよしとするデバイスメーカーの姿勢も健全とはいえない。このような傾向が進めば，デバイスメーカーの仕事はVLSI製品（チップ）の開発と製造に限定されてしまう。以上のような，これまでの装置メーカーとデバイスメーカーの関わりを**図7-1**に示す。21世紀に入ってこの関係はどう推移し

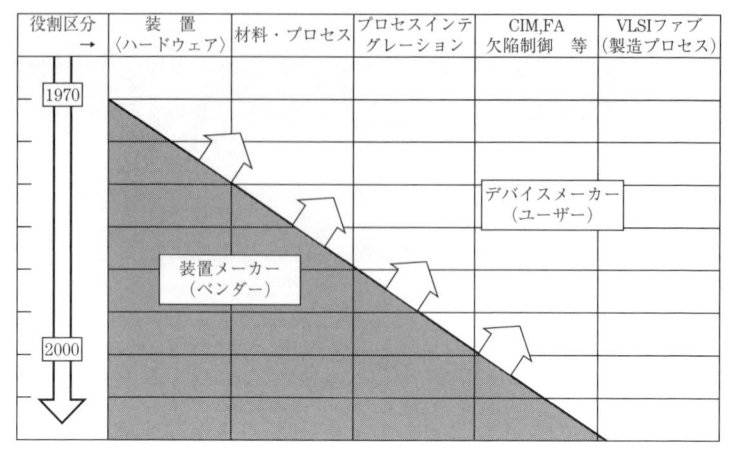

図7-1　半導体製造における装置メーカー（ベンダー）とデバイスメーカー（ユーザー）関係の推移

ていくのだろうか。

7.5 プロセス開発における材料の重要性

　プロセスと材料の関係は密接である。材料-プロセス-装置が3点セットといわれるのはそのためであり，われわれは材料に関する知見なしにプロセスや装置を取り扱うことはできない。材料といっても半導体プロセスに関連して考えると次のように区分される。

- ・半導体チップを構成する材料（各種の膜材料）
- ・半導体デバイス基板材料（シリコンウェハ，SOI基板など）
- ・ホトマスク基板材料（レチクル，マスクブランクスほか）
- ・各種治工具用材料（プラスチック材料）
- ・装置構成材料（チャンバ，配管その他——カーボン，石英，金属類ほか）
- ・プロセス用原材料（ガス，薬品など）

　材料の問題は重要で，かつ広範囲に展開する。半導体プロセスの良否は材料の良否，その選択によって決まるといってもいいすぎではない。材料の品質，

表7-1　半導体製造工程に用いられる材料

・半導体デバイス基板材料	シリコンウェハ（ミラーウェハ）シリコンエピタキシャルウェハ SOI基板		
・ホトマスク基板材料	レチクル		
・プロセス原材料	ガス	一般ガス	N_2, Ar, O_2他
		CVDソース	SiH_4, TEOS, PH_3, B_2H_6, WF_6他
		不純物導入用ガス	BF_3, AsH_3, PH_3, $POCl_3$他
		エッチング用ガス	CF_4, SF_6, NF_3, Cl_2他
		処理用ガス	HCl, NH_3, NO_2他
	塗布ガラス材料	SOG	
	ホトレジスト	ホトレジスト，現像液，剥離液等	
	超純水		
	薬品	洗浄工程用化学薬品	HF, H_2SO_4, HNO_3, H_2O_2, NH_4Cl, メッキ液他
	研磨（CMP）材料	スラリー，ポリシング，パッド等	
	スパッタソース	ターゲット材料	Al, Al合金, Ti, TiN, WSi_2他
・装置構成材料	高分子材料	ハンドリング材料，チャンバ構成材料他	
	セラミック材料	サセプタ，シャワーヘッド，チャンバ構成材料他	
	金属材料	チャンバ構成材料，配管材料	
	グラファイト材料	サセプタ，ホルダ，シャワーヘッド，チャンバ材料他	
	石英材料	サセプタ，シャワーヘッド，チャンバ材料他	
・治工具用材料	高分子材料	ウェハホルダ，カセット，ピンセット他	

純度，各基本プロセスとの適合性などがデバイスの歩留りおよび信頼性に影響を及ぼすためである。これは広範囲でとらえればマテリアルサイエンスの領域と半導体プロセスの関係であり，個々の材料に対する知見をもつことの意味がそこにある。半導体プロセスにおいては今後新しいデバイス開発とその高性能化のために新材料の導入が不可欠であり，また派生的に新たな材料のニーズを生むことになる。メッキ技術やCMP工程，Cu配線などがその代表例である。**表7-1**は半導体製造工程に用いられる材料の具体例を示す。まだこのほかにも多くの例があげられるだろう。これらの物性を理解し，どこにポイントがあるかを把握したい。

コラム 8

CMPと特許〜早すぎたデビュー

　CMP（化学的機械研磨）プロセスが製造ラインで広く実用化されるようになった。この急速な技術普及は目をみはるものがある。それだけCMPが半導体プロセスとして魅力的だったためであろう。

　このCMPによる平坦化技術について筆者の30年ほど前の経験を話してみよう。1969年，当時はまだバイポーラIC用の第1世代多層配線技術が実用化されつつある時代だったが，デザインルールはゆるいとはいえ，SiO_2段差部でのAl断線，クロスオーバー部の断線・ショートなどが大きな問題だった。そこでAlやSiO_2のテーパエッチング（もちろんウェット）などが工夫されていたのだが制御はかなり困難だった。そこで筆者らのグループでは凹凸のあるデバイス表面をダイヤモンドペースト（商品名）などで研磨して平坦にすることを思いついた。これは当時量産で使われることはなかったが，将来は生産用のツールを開発し，デバイス寸法が微細化された時に実用化しようと考えていた。アメリカ出張の際にデバイスメーカーの技術者達と議論したこともあった。

　1969年12月に特許出願を行った。特許庁の審査と補正を何回か繰返し，らちがあかないので1973年には審判請求を行った。1980年に最終的な審決がおり，結果は〈審判請求は成立しない（昭和48年審判第8020号）〉となった。その根拠として特許庁から示されたのがIBM Technical Disclosure Bulletinに1969年2月に掲載されていたAlのリフトオフ工程である。これが平坦化の概念として公知だとされた。われわれの出願内容は絶縁膜の研磨による平坦化として現在のCMP法を先取りしているものだったが結局"早すぎる登場"ということだったのだろう。

　当時（1970〜1980）の半導体技術の状況を考えてみれば審査する側に認識がなかったことはやむを得ない。そして今このような経験を語ってみても技術的にはほとんど意味がないかもしれない。

　この出願の審査を担当した当時の特許庁の審査官は現在半導体関連分野でも活動している著名な人物である。

8章 新しいプロセス技術のニーズ

8.1 なぜ新しいニーズが常に必要か

常に新しいプロセスが開発され，これまでの技術は改良され，その性能とデバイスの歩留りや信頼性などの検証を終えて製造ラインに導入される。新プロセスが実用化されるには次のようなステップを通る。

① プロセス性能の確認（再現性を含む）
② そのプロセスを用いたデバイス特性の確認（汚染テストなども含む）
③ 試作あるいは開発ラインにおける歩留り，信頼性の確認
④ 量産ラインでのテストラン
⑤ 本格量産導入

特に信頼性の確認などには時間を要し，数ヵ月あるいは半年以上を要することもまれではない。プロセスを新しくすること，変更することは装置や材料などの入れ替えの必要を生ずるため，安易にできることではない。しかしそのためにかえって新プロセス導入が遅れ，デバイス製品開発が遅延してしまうこともあり得る。逆に思いきって新技術を見切り発車させてしまうメーカーが成功するかもしれない。新プロセスに関する取扱い方はそのデバイスメーカーの半導体生産についての経験と理念に基づいて行われるように思われる。

ではなぜ新しいプロセスが必要なのか？ これはなぜ新しい装置が，または

なぜ新しい材料が，と置きかえてもいいだろう．この50年間，デバイスの微細化は進み，そのたびにデバイス構造，集積度などの世代交代が繰り返され，高性能化が進み，また新しい原理に基づくデバイスが開発されてきている．そのようなデバイス世代交代は常に新しいプロセス・材料・装置によって可能であった．したがってデバイスの世代交代はプロセスの世代交代でもあった．しかし本質的に変らないプロセスが存在することはこれまで述べてきたとおりである．

ここで新しい半導体プロセスの役割りをあらためてまとめておこう．
・新しいデバイス構造の形成
・デバイス性能の向上
・歩留りおよび信頼性の向上
・ウェハ大口径化への対応
・"新しい要素"というだけで実質的な効果とは別にポジティブなイメージをデバイス製品に与える

最後の項はやや皮肉な言い方であるが，実際にはたいした性能向上ではないのに low k 膜を用いているというだけでチップのユーザーをひきつけるデバイスが存在するということもあるらしい．

8.2 どんなプロセスが期待されているのか

21世紀を迎えて，半導体プロセスにはどのようなことが期待されているのだろうか．そしてどのような開発理念が必要なのだろうか．

デバイスの高度化に対応したプロセスでは材料・原料もこれまでとは異質のもの，経験したことのない物質が用いられるかもしれない．その安全性については十分な確認がされていないかもしれない．まず人体や環境に対する配慮が優先されなければならない．"地球環境にやさしい技術開発"といったことが叫ばれるようになったが半導体製造の分野ではそのような発想においてやや遅れている．高性能化のためには多少のことは犠牲にするといった考えがなくも

ないのだろう。しかしいまや,半導体産業においても"EHS"がキャッチフレーズとなった。Environment, Health and Safetyである。フロン系排ガスやCO_2の生成といったことだけでなく,新しいプロセスを開発する場合には有害な原料,有害な成分を放出する反応を極力避け,無害化,除害化を徹底する必要がある。しかし現在でも材料メーカーから購入してデバイスメーカーが量産に使用する資材のなかに,ホトレジスト,その剥離液,スラリー,low k 塗布材料などのようにさまざまな理由からその成分・組成が明らかにされていないものがある。それを問題と考える技術者も少なくないはずである。

現在,半導体製造装置はその多くが真空装置であり,チャンバは密閉され,ロードロックを介して間接的に外界と接続されているので作業者が直接原料ガスや生成物などの雰囲気にさらされることはまずない。したがって人体にとってきわめて有害でもプロセス高性能化に寄与するなら何でも使ってかまわないと発言したアメリカの技術者がいたが,今ならとんでもないことである。

人体,地球環境にとっては無関係でもシリコンにとって有害な材料が使われようとしている。相手がシリコンだからこれはESHには関係ない。シリコンやSiO_2からは完全に隔離し,直接に触れ合わないようにすればよい。それは銅–Cuである。

8.3 半導体技術ロードマップの解読

アメリカ,日本,EC,韓国,台湾の各国の半導体工業会,半導体製造装置協会(SEMI,SEAJ等)などが共同作業で作成したInternational Technology Roadmap for Semiconductors (ITRS:国際半導体技術ロードマップ)は2,3年に1回発表される。1977年まではアメリカの半導体工業会(SIA),SEMATEC,SEMIなどが中心だったが1999年末の発表からは国際版となった。半導体技術の今後15年間の進路について国際的なコンセンサスを作っておこうというものである。

関連業界はこのロードマップを指針として今後必要となる技術の開発課題を

知り，そこにフォーカスした企業戦略をたてることが可能である。その意味ではこのロードマップは非常によくできていて，いつ頃どのような技術が要求されるかということが詳細にわかるようなドキュメントが作られる。大学その他の研究機関でも研究テーマ指針の一つとなるようなものである。

このロードマップはデバイスの目標からはじまり，デザイン技術，各基本プロセス，配線技術，アセンブリ，テストなどへとブレークダウンさせている。すべての技術推移の基本となっているのが最小加工寸法の微細化である。したがって，いわゆるムーアの法則を展開したものということもできる。

ただこのロードマップが概して総花的となっている理由は，多くの意見を取入れて集約したからである。そして非常に多くの技術選択肢が示されているが，何が最も有望かを示しているわけではない。このロードマップからは，それを見る人がそれなりに解読して多数の選択肢のなかから何かを抽出しなければならない。したがってロードマップは単なるガイドラインを示すものとみる必要がある。選択肢が多いということは競合の世界であることを意味している。皆が一斉に同じ目標を異なる方法でめざすという面白さがある。

このITRSをベースにして半導体関連企業では自社としてのロードマップを作ることだろう。そして技術者一人一人も自分のロードマップをもつことになる。

第1章の表1-1には1999年に公表された半導体技術ロードマップの一部を示してあるが，2005年以降に最小加工寸法が100nmを切るところで技術的障壁があり，それを越えるのは"チャレンジ"であるとしている。最小加工寸法70nmではリソグラフィはじめ，すべてが困難さを増すと考えている。そして表8-1のように障壁に至るまでと，障壁を越えるための技術的チャレンジ項目を掲げている。2005年までは現状技術の延長線上で推移するがその先はまったく異なる世界というわけである。したがって2005年以降は記述内容も抽象的である。2005年まではそれに反して具体的である。

ロードマップが発表されるたびにこのような内容は修正される。たとえばlow k膜のロードマップは1994年公表の資料ではきわめて先進的に記述されていた。しかし1997年版では大幅に先送りとなり，1999年版ではさらに到達目標

表8-1　半導体プロセスにおけるチャレンジ項目

フロントエンド工程における5つのチャレンジ項目		配線工程における5つのチャレンジ項目	
～2005年 ＞65nm (ロジックゲート)	①積層ゲート絶縁膜構造 　：＞1.2nm　Si_3N_4系絶縁膜 　　＜1.2nm　高比誘電率膜 　　ボロン突抜制御 ②DRAMセル構造 　(スタックおよびトレンチ) 　：Ta_2O_5, BSTおよび電極材料 　開発などの実現 ③超シャロージャンクション形成 　：通常方式での実現 　R_s：＜300Ω/□, X_j：＜30nm ④実効チャネル長制御(L_{eff})： 　パターンエッチング， 　サイドウォール制御 　熱サイクル制御 ⑤評価技術	～2005年 ＞100nm	①新材料：low k用，high k用およびシステムLSI対応の新材料と新プロセス導入 ②信頼性：新材料導入に伴なう物性上の問題点などの解明とデバイス信頼性との関わり ③プロセスインテグレーション 　：Cu, Al, low k, high k, 強誘電体膜，新バリアメタル，シードメタルなどを含むインテグレーション技術の確立 ④ディメンジョン制御：多層配線構造全体のディメンジョンのコントロール技術 ⑤DRAMへの影響低減：ダメージ低減，汚染，熱バジェットなどの低減
2005年～ ＜65nm (ロジックゲート)	①超高誘電率積層ゲート構造 　：＜0.9nm(SiO_2換算) 　サーマルバジェットと安定性 　リーク電流低減 ②メモリ蓄積セル： 　超高比誘電率キャパシタ(エピBSTなど) ③超微細トランジスタ構造 　：CMOS構造上の工夫(エピソース/ドレインなど)新デバイス構造 ④シリコンに代わる材料 　：300nmウェハのコスト問題 　SOI, Si：Ge ⑤評価技術	2005年～ ＜100nm	①ディメンジョン制御と配線の評価技術 ②埋込みおよびエッチングのアスペクト比 　：DRAMにおけるアスペクト比の増大 　デュアルダマシンメタル構造形成の課題 ③新材料とサイズ効果：引き続き導入される新材料，新プロセスへの対応 　微細構造化と量子効果の重要性 ④Cu/low k以降の問題解決 　：材料革新と微細化のみではデバイス性を満たせなくなる 　デザイン，実装および特異な配線プロセス導入が求められる ⑤プロセスインテグレーション 　：複数の新材料，新プロセスの組合せ技術開発が継続的に必要 　ダメージ，熱履歴が重要な鍵となる

(ITRS：International Technology Roadmap for Semiconductors (Nov., 1999))

は後退している。だから表8-1もあてにはならない。そのような目でみればいいのではないだろうか。

8.4 新しいプロセス開発の着想

　デバイスの進歩のトレンドを把握し，そこにどのようなニーズがあるかを読みとる，そして発表されるロードマップを解読する。そこに新しいプロセス，新しい材料の発想が出てくると思う。着想は個々の技術者の個性や資質と関係があるので云々はできないが，決まった材料，決まった装置という束縛から解放されたときにはじめて生れてくる可能性がある。

9章 これからの半導体プロセス

9.1 半導体立国日本の落日

　1980年代は日本半導体産業にとっては最良の10年間であった。半導体生産高の全世界シェアは増加の一途をたどり，1989年には50％に達する。アメリカを追い抜いたのは1985年である。1989年をピークとして下降線をたどり，1992〜93年にはアメリカに逆転されてしまう。2000年になっても下降しつづけていることには変りなく，韓国および台湾の伸長が加わってシェア低下は今後もさけられない動きである。これをモデル的に示すのが図9-1である。なぜこうなってしまったのだろうか。

　いろいろな説がある。
- 日本が過信におちいっている間にアメリカの底力が発揮された。アメリカは半導体を国家の安全にも関わる最先端分野と考えて巻き返したのだ。
- 半導体摩擦などで日本に圧力をかけ，譲歩させた。
- 日本は"半導体立国ジャパン"などといって浮かれていた。実力などなかったのだ。またDRAMに集中しすぎていて，シリコンサイクルの波間につぶされてしまったのだ。
- 日本にはアメリカのような製品戦略がなく，利益も損失もDRAMに依存するという悪循環にはまってしまったからだ。

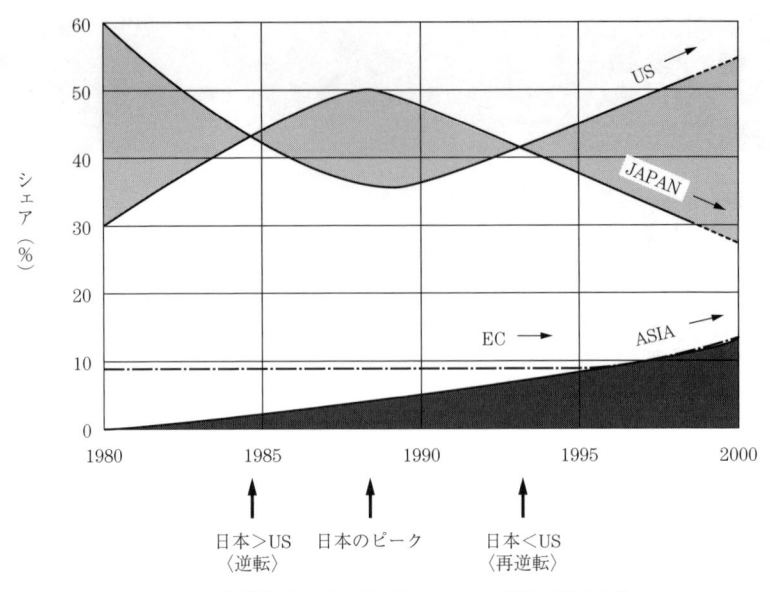

図9-1　半導体生産高の地域別シェアの推移（概念図）
（朝日新聞（2000年8月7日）の記事等により作成）

　残念ながら全部当たっている。最も重要なのは結果的に日本に実力がなかったということだと思う。生産技術は日本がトップ，半導体デバイスの信頼性や歩留りはアメリカをはるかに上まわっているという見方は確かに正しかった時期もあったかもしれない。しかし相手が同一レベルに到達してしまうのにそれほど時間はかからなかった。というより，アメリカを上まわっていたというのは錯覚だったのかもしれない。そして7年後，日本のシェアは下降線をたどり，アジアの他の地域のシェア上昇とのはざまで下降を続けている。
　この落日の様相が明らかなのは生産高のシェア低下においてばかりではない。シェア低下だけならあまり心配することはないかもしれない。チップ生産の絶対量は増加を続けていることは間違いなく，ただ統計上の比較だけだからだ。しかし半導体立国日本の落日の様相はプロセス技術，製造技術においても深刻である。**図9-2**に日本がピークにあると自他ともに認めていた1989年にアメリカで出版された『半導体産業における利益の管理法』（"Managing for

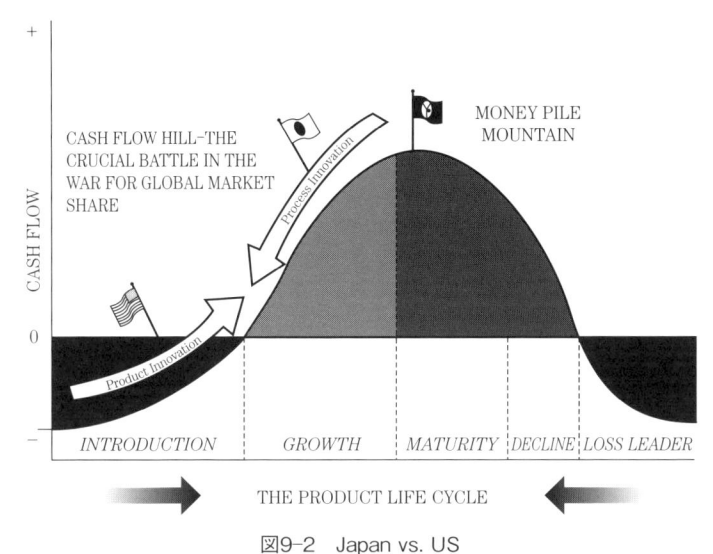

図9-2 Japan vs. US
(R. McIvor: "Managing for Profit in the Semiconductor Industry", Prentice Hall,-cover page (1989))

Profit in the Semiconductor Industry")という本の表紙のイラストを紹介する。日本はprocess innovation(製造技術の革新)をめざすがアメリカはproduct innovation(製品技術の革新)をターゲットとしているので利益の蓄積が可能であるということを示したものである。確かにいかに製造技術が高度であってもそれで利益を生み出せる製品が存在しなければ意味がない。製品と製造技術のどちらで差別化するのかという議論になる。

これは日本への警鐘だったのかもしれないが実はアメリカは何もproduct innovationのみをめざしていたのではなく，process innovationも日本以上に強力に進めていたのである。(ちなみに図9-2の頂上の旗は米Motorala社のロゴマークである。)

9.2 半導体製造の核心―プロセス技術―

　1990年代前半から半導体プロセスは徐々に変質し始め，アメリカの装置メーカーの進出が著しくなった．しかも"プロセス技術"をハードウェアに盛り込んで提供する考え方は日本の装置メーカーにはできないわざであったため，日本のデバイスメーカーのアメリカ装置メーカー依存が強まる結果となった．ここにおいて日本の装置メーカーはプロセス技術と直接関係のない領域の装置分野を除いてやはり衰退の一途をたどることとなってしまった．実は半導体立国日本の落日を加速させたのは"プロセス技術","製造技術"の衰退あるいは欠如でもあったと考えざるを得ない．振り返って日本において全世界の半導体産業分野で標準化されるような独自技術，独創技術がどのぐらいあっただろうか．

　半導体プロセス，製造装置の分野で日本がアメリカに支配されてしまえば半導体生産高のシェア維持も利益の確保もおぼつかなくなってしまう．DRAMの大量需要に支えられて利益が大幅に拡大することがあるがそれもシリコンサイクルの枠内での現象である．そして，もし日本が半導体プロセスをもっと別の見方で重視し，独創的な技術，独創的な装置を開発し，育てるという方向性を継続的にもっていたなら，そして日本発進の世界標準技術，世界標準装置というものを打ち出せていたならば様相はかなり変ったものになっていたかもしれない．先に述べたようにアメリカがprocess innovationにも力を入れていたこと，そして現在でも強力に進めていることからも日本は進むべき方向を見誤ったとしか考えられない．

　新しいアイデアのプロセスを盛り込んだ装置を商品化した，わずか数人の社員しかいないアメリカのベンチャー企業に対して強い関心を示す反面，自国の既存装置メーカーの提案に関しては冷淡な日本のデバイスメーカー技術者の姿勢も問題なしとはいえない．ただし，日本のデバイスメーカーが装置メーカーと共同でプロセス開発，装置改良を行った例では成功例が多い．そこに解決のための鍵の一つがある．

ともかくプロセス技術，装置に関して人まかせにしてしまうことは技術の核心を失うことであり，あってはならないことである。process innovationがなければproduct innovationもないと考えていいだろう。そこでプロセス技術による差別化をもう一度考え直してみたいわけである。新プロセス・新材料の開発が不可欠な現状はちょうど絶好のチャンスでもある。

9.3 プロセス技術と量産装置技術のバランス

図7-1に示したように半導体デバイス製造における半導体製造装置メーカーの支配領域は基本プロセス技術を越えてプロセスインテグレーションにまで及ぼうとしている。そうなるとプロセス開発力，プロセスインテグレーション能力をもたない装置メーカーの将来は暗いということになってしまう。単一の装置分野において，非常に独創的で高性能の装置を開発したり単独で製品化することに意味はなくなってしまうのだろうか。また，半導体プロセスは，デバイスの量産において装置に従属してしまうものなのだろうか。ある日本の大学教授の"プロセス開発やインテグレーションは今は装置メーカーがやってくれるから楽だ"との発言を聞いたことがある。そこまで装置メーカーの役割変化，デバイスメーカーや研究者への侵食が進んでいるということかもしれない。確かにプロセス開発は装置開発によって完結するが，これではデバイスメーカーのプロセス開発，ひいてはデバイス開発における自律性と主体性が失われ，process innovationあるいは差別化は困難になってしまう。

半導体プロセスは，基本プロセスであれ複合プロセスであれ，その結果は最終製品である半導体デバイスの信頼性や歩留りを決定する。最終製品の性能やスペックが同一でもその製造過程が重要であり，さらに重要なことは"コスト－原価"を決定する。製品としては同一でもその製造のために要するコストが安い方が勝利者である。デバイスを製造する立場ではプロセスを合理化し，シンプル化し，信頼性や歩留りを犠牲にすることなくコスト低減を意識しなければならないのは当然である。装置メーカーはデバイスメーカーの"コスト低

減"においてどのような貢献ができるのだろうか。

　製造コストという点にフォーカスして考えるとプロセス技術と量産装置技術のバランスをよく考えてみる必要があるのではないだろうか。高級な装置，高価な装置，そしてそれが不可避の設備投資としてプロセス技術の見直しを拒絶しているように思われる。しかし実際にアメリカでは半導体デバイス生産においてはプロセス，装置面で大手デバイスメーカーはその主体性と自律性を保っている。その一方で，日本のある大手デバイスメーカーのプロセス技術者が最近筆者に語ったことがある。

「装置メーカーの提供するプロセスインテグレーションは，しょせんは装置メーカーの技術。デバイスメーカーとしてはまったく別に開発しなければならないのだ」

9.4 プロセス技術における地域差

　日本とアメリカのプロセス技術に対する考え方の相違はこれまで述べた通りだが他の地域ではどうだろうか。

　韓国は日本と非常に似たところがあり，プロセスによる差別化をめざしてきた。そのためにDRAMにおいて多大な成果を上げ，生産量において日本を越え，また高い利益を得るまでになった。プロセスに関しては基本的には出発点において日本をモデルとしながらも今や独自の道を歩んでいるように思える。新しい技術を果敢に量産し導入する点では量産工場における保守性の維持を美徳とする日本の伝統とは異なるものがある。また，デバイスメーカーは装置ユーザーの立場としてベンダーである装置メーカーに生産や技術をコントロールされることを好まないという風潮がある。あくまでもデバイスメーカーとして納得し，己れの独自性を傷つけない形で装置導入を行うという文化をもっている。

　一方，台湾ではデバイスメーカーの台頭は著しく，設備投資金額において日本を追い越す勢いで伸長している。台湾のデバイスメーカーはファウンドリー

（委託生産）を主体とするビジネスを行い，DRAMの受託生産もこなして成功している。プロセスに関しては基本的にはアメリカ，日本から標準的な装置を導入し，プロセスの提供と協力も装置メーカーから得て，まず立上げを強力に進めている。したがってそこから各デバイスメーカーが独自性のある技術を生み出すところまで至っていない。しかし伝統とか蓄積された技術などとは異なるパワーをベースに坂をかけ上ってきている。

台湾の半導体技術は基本的にはアメリカが発信地といわれるがおそらく21世紀にはアメリカの影は薄れてくることだろう。なぜなら，たとえば台北近くの新竹には半導体関連企業が密集しているが，そこに隣接して2つの大学があり，毎年技術系の卒業生を多数送り出して地域内の企業に人材として供給しているからである。そこでは半導体技術に密着した教育を受け，実務経験豊富なプロフェッサーが最先端かつ実務的内容の教科書を用いて指導を行っている。日本，アメリカとのギャップを埋めるのにそれほど時間はかからないだろう。プロセス関連の最近の学会などでは台湾企業からの技術発表が急速に数を増し，数の上では日本や韓国を追い抜いてしまった。内容的にはまだプロセスや装置の評価的なものが多く，質的向上はこれから始まる。

ECでのプロセス開発はアメリカをベースとしていて最先端領域ではまだアメリカの技術や装置の評価に留まっている。

9.5 プロセス技術における独創性

プロセス技術開発には独創性が必要である。しかし独創性といってもそれをめざせば可能というものでもない。ではどうするのか。独創と判断する基準は何か。筆者自らのことを棚に上げていえば，多くの失敗の体験のなかから何かをひろいだすことではないだろうか。一つの目標を達成するには成功する例よりも失敗の例の方がはるかに多いからである。2000年ノーベル化学賞の白川氏や，ノーベル物理学賞の江崎氏らもその実験の失敗を新しい発見と結びつけている。独創性は技術者の好奇心の中にあるというべきだろうか。

アメリカの電気化学協会（Electrochemical Society）の何年か前の季刊誌に掲載されていたある教授のエッセイのなかに"最近，知的好奇心に根ざした研究が少なくなり，マーケティング指向の研究が多くなって残念だ"との発言があった。アメリカで，われわれ以外の領域でも同じことが起きているのだろうか。"marketing-drivenの研究よりcuriosity-drivenの研究を"ということである。

新プロセス・新材料の21世紀の半導体プロセス技術-多くの試行錯誤を繰り返し，独創的といえる何かをみつけたいものである。技術ロードマップの示すものは単に方向論であって，方法論ではない。

9.6 プロセス技術者の役割

デバイスメーカーのプロセス技術者にとっては，プロセスは製造装置に組み込まれたものであり，開発の対象ではないというような状況にある。プロセスインテグレーションがデバイスメーカーにとって最重要な開発テーマと考えればその傾向は避けられないかもしれない。社内のリソースは有効に使わなければならないからである。しかしプロセス技術はデバイス技術と密接に関連しており，プロセス技術者はそれを理解して装置と向き合うべきだろう。

デバイスメーカーのプロセス技術者の主要な仕事は装置のスムーズな運用と盛り込まれたプロセスのレシピどおりの適用になってしまったということをよく聞くようになった。時代の推移といえばそれまでだが，このようななかからはプロセス技術上の独創などでるはずもない。

9.7 半導体プロセスの原点—あとがきにかえて—

本書では半導体プロセスに関する著者の考え方を繰返し述べてきた。半導体プロセスは半導体産業のなかでは華やかではないが水面下ですべてを支える基

本技術である．また，プロセスの面白さは装置や材料と密接に関連しあっているところにもあると思う．その意味では奥が深い技術といえるかもしれない．これからの新プロセス・新材料といった領域はまさに好奇心をそそられながら開発の仕事ができそうである．

　われわれは過去50年の半導体プロセスの歴史の積み上げの上で今仕事をしている．今でてきたような新しい発見・知見も考えてみると過去に誰かがすでに見い出していることかもしれない．身近な例として銅配線におけるダマシン技術をとりあげてみよう．IBMによる日本の特許出願は1986年，公開は1987年である．富士通がポリシリコンの埋込みアイソレーション技術としてダマシンの考え方を用いた技術の特許出願をしたのは1973年で公開は1975年である．図9-3は特許公報の図面の抜粋であり，埋込み平坦化法として基本的技術概念は両者とも同じである．後の祭りではあってもこのような発想がすでに過去に存在していることを自信としてもいいかもしれない．

　いま，プロセス技術関連の教科書や雑誌での情報は多く，海外の最新技術や学会情報などもすぐに伝達される．われわれは居ながらにしてあらゆる技術の

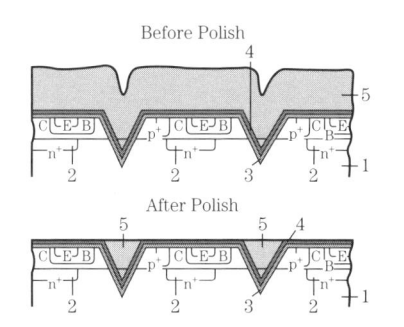

3：Silicon dioxide
4：Silicon nitride
5：Polysilicon

公告：1980-10-16　公開：1975-8-7
出願：1973-12-29

　　(a) 半導体装置の製造方法
　　　　(S55-39902，富士通)

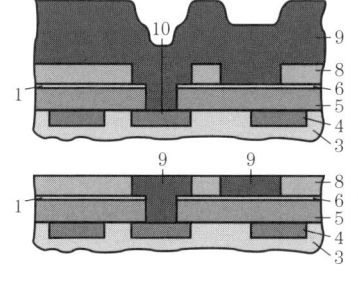

2：基板，3：誘電体の第1平坦化層，
4：第1レベルの導電体，5：絶縁体の第1平坦化層，
6：エッチング停止材，7：窓，
8：絶縁体の第2平坦化層，9：メタライゼーション

公告：1993-7-15　公開：1987-5-13
出願：1986-9-19　優先権主張：1985-10-28

　　(b) 多層金属絶縁体構造の形成方法
　　　　(H5-469830，IBM)

図9-3　CMP特許の比較

9.7　半導体プロセスの原点―あとがきにかえて―　273

サマリーを読むことができる。業界誌などでは，まだアイデアだけのような技術をこれで方向が決まったかのように紹介する。しかしプロセスやデバイスの専門家の立場でみればその素性やすじのいい技術かどうかはすぐわかってしまう。まだ経験や蓄積が十分でない技術者はこのようなサマリーでなく，原典をみて学習すべきである。サマリーでなく原典（原著論文）を読むということは，技術研究の背景や過去の技術のリファレンス，論文の著者の考え方などを正確に知ることができ，非常に有益なことである。逆にサマリーのみで雑誌の紹介をうのみにしてしまうことは危険でもある。別のいい方ではそれによって間違った方向にミスリードされてしまうことになるかもしれない。

『はじめての半導体プロセス』は本シリーズの『はじめての半導体製造装置』と対をなす内容となっている。本書でもプロセス技術の視点から装置について言及してきた。本書の読者がこれによって半導体プロセスに対する関心を深め，あるいは最先端プロセスの状況を把握し，また今後も技術開発テーマやビジネスチャンスがほぼ無限に存在することを認識してもらえるなら，著者にとって本書執筆の目的は達せられたことになる。

技術的な推移について述べると同時に，現在の最先端プロセスについてもかなりの紙数を割いたつもりである。また，基本プロセス，複合プロセス，プロセスインテグレーション，モジュール技術，配線工程等々…，くどいくらいに繰り返し述べてしまった。半導体プロセスの現状と今後を語るうえでは，それほどこれらのキーワードの理解が重要ということで諒解いただきたい。

半導体クロスワード

SPECIAL
OPT
TOTAL
NOISE

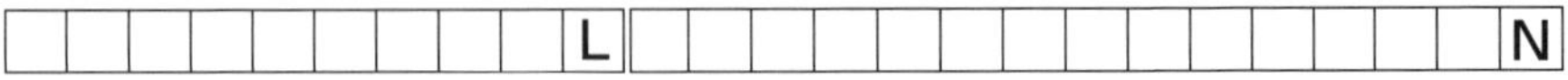
L
N

半導体クロスワード・ヒント

半導体プロセス関連の語句でつくった英文クロスワードです。本文中に登場した英文（略語を含む），元素名などを中心につくられています。2重枠のアルファベットを並べると，半導体プロセスのキーワードになります。
（注）元素記号において小文字と大文字の区別はしない一例：Ag＝AG

〈タテのかぎ〉
1. 配線と配線あるいは基板との間の接続部分の呼称
2. これがあるとデバイス歩留りは低下する
3. "＿＿＿ジャンクション"と使う
5. オリンピックでは禁止事項，メダルを剥奪される
6. リソグラフィの別の呼び方
8. ステッパで使用するマスク基板の別称
9. 温度測定用のツールの略称
10. 化学反応
11. 内部を真空状態にすること
13. 電気的分離，隔離
14. 工程終了までの時間を短縮させること
16. ゲートの両側に設けられる拡散領域
17. POSIの反対
19. プロセスにとって重要なこと
24. 真空中で放電させると発生する
27. 単結晶上にそれと結晶軸を揃えて膜を積層すること
29. 超純水の製造工程の一つ，逆浸透法
30. アニールの一種で，下地と金属とをなじませること
32. クラーク数2番目の元素
33. 化学薬品（有機溶剤）の一種，洗浄に用いる
35. 平坦化技術の一つで，CMPと比較される
36. 物理的現象を用いた薄膜形成法
37. 金属薄膜コーティングで使われる最古の技術
38. ホトレジストの方言
40. 多層配線構造において必須技術，DOF対応
41. プラグ形成に用いられる技術
42. シリコンとカーボンの化合物
44. ゲームのソフトなどを盛り込むのに使われているデバイス
45. これが高いか低いかで実力が問われる
47. 予防保全措置の略称

48. Depositionの反対語
50. 等方的という意味
52. 寸法単位の一つ
57. 二次イオンを用いた質量分析装置の略称
59. 水質を示す言葉で，有機炭素濃度のこと
61. Wの仲間の金属
62. これがないとデバイス高性能化はむずかしい
64. 合成語。$TiSi_2$が用いられる
65. 配線工程の中で，メタル層形成のことをいう
67. 最先端の表示デバイスの略称
70. Siと金属との接続部分
71. 半導体基板材料のことではない
72. 拡がり抵抗の略称
74. "わな"，という意味。Si-SiO_2界面特性でいえば"準位"
76. 無定形（アモルファス），多結晶（ポリクリスタル），そして…
77. 有毒元素の代表とされるが，実はこの酸化物が最も危険
80. 象眼細工として古来装飾品に用いられてきた加工法
85. LOCOSに次ぐアイソレーション技術の革命
86. COO（Cost Of Ownership）に近い言葉
88. チップの入れ物
89. これを行って生産移行できるかどうかを検証する
90. 平坦化技術の一つ
91. 薄膜等の物性評価のツールとして用いる光
92. CMOSゲート構造における基本技術の略称
95. この中でデバイスや薄膜の加速寿命試験を行う。
97. 瞬間加熱を用いる酸化技術の略称
99. 周波数帯の一つでエッチングやCVDのチャンバ内放電に用いる
100. ヘテロエピキタシーの代表格の膜
102. 基板のことをこう呼んでいる
103. 平坦化のためのリフローに用いられる材料
104. 光学顕微鏡でみえない世界をこれで見る
105. ICの製品形態の一つ
107. キャパシタをメモリビットラインの上部空間に形成した構造
109. DRAMのキャパシタに用いられる誘電体膜の構成
111. 超清浄化を表す言葉
112. しきい値電圧

〈ヨコのかぎ〉

4. 絶縁膜の耐圧評価の重要なポイント
6. 金属の中で最も高価なものの一つで，半導体にも使われている
7. 半導体50年の歴史の始まり
12. 半導体プロセスの原点の技術，ここからまずすべてが始まる
15. 0.1μm以降のステッパ光源
16. ホトレジストを塗布する方法
18. ここにキャパシタを作ったり，アイソレーションエリアを作る
20. MOSデバイスの心臓部，水門の役割を果たす
21. このまま続けて読んではいけない，一文字ずつ区切って読む
22. 光学系のこと
23. バイポーラトランジスタの構造
25. 高速昇降温アニール装置
26. 絶縁基板上にシリコン単結晶が接続される構造
28. 化学反応を制御する要素の一つで，温度，濃度，そして…
31. ウェハを検査すること
34. 不純物ドーピングプロセス装置の略称
39. 34を略称で呼ばないと…
42. ドライエッチングやCMPではこれのコントロールがキーポイント
43. CMP用の消耗品の一つ
46. 半導体デバイスにおいて最も多く使われている金属
49. 下地パターンとマスクパターンの位置合せ
51. VLSIで用いられるデバイス構造
53. 半導体プロセスではこの洗礼を受けないと一人前ではない？
54. 強誘電体を用いた不揮発性メモリ
55. 透過型電子顕微鏡
56. 導電性窒化物の代表
58. パーティクルと同様，歩留り低下の元凶の一つ
60. メタル前の平坦化層間絶縁膜の呼称
63. LDD構造やサリサイド構造に必要な膜
65. 単結晶引上げ法の特殊技術の呼称
66. 半導体工場ではこれが多数必要で，台数は工場の規模を表す
68. シリコンウェハとこれが準備されてプロセスが始まる
69. ホールの寸法，形状を表現するのに用いる
73. この上にQがつく言葉も含めてよく用いられる
75. Al配線の不良モードの一つとして重要

78. デジタルカメラなどに用いられる固体撮像素子
79. すでに存在しないアメリカの電機会社，あるプロセスのみに名前が残っている
81. WETと対比する言葉
82. 信頼性評価に用いられる環境
83. これによりレジストレスのパターン形成可能か？
84. パターン形状の一つ
87. これが起きるとチャンバ内はパニックとなる
88. 寄生容量のこと
93. 分析ツールの一つの略称
94. 高密度プラズマのこと
96. 明と暗のバランス
98. CMP用の消耗品の一つで，43と組み合わせて用いる
101. エピタキシャルシリコン形成に用いられる原料の一つ
104. これがあるので，CMOSが高精度で製造できる
106. 指向性をもつこと
108. HFの緩衝溶液
110. Logic LSIでは現在でも6～7層用いられている
113. 欠陥のこと
114. 何も入っていない酸化膜の呼称
115. 有機シリコンソースとして最も多く用いられる材料

（解答はp. 286）

参考資料

1章 はじめての半導体プロセス
R. M. Warner Jr. : "Integrated Circuits Design Principles and Fabrication", McGraw-Hill Book Company (1965)
前田和夫：『最新LSIプロセス技術』，工業調査会 (1983)
ITRS：International Technology Roadmap for Semiconductor (Nov., 1999)
武田行松：科学，p. 1 (1960.10)

2章 半導体デバイスの種類と構造
前田和夫：『最新LSIプロセス技術』，工業調査会 (1983)
前田和夫：『VLSIプロセス装置ハンドブック』，工業調査会 (1990)

3章 半導体プロセスの技術史
前田和夫：『最新LSIプロセス技術』，工業調査会 (1983)
前田和夫：『VLSIプロセス装置ハンドブック』，工業調査会 (1990)
F. R. Biondi : "Transistor Technology Vol. 3", Bell Telephone Laboratories (1958)
前田和夫：電子材料，1987～2000年各3月号（"半導体装置特集"における総論・解説記事）
K. P. Lee et al. : Technical Digest of IEDM 95, p. 907 (Dec., 1995)
K. Awanuma et al. : Technical Digest of IEDM 98, p. 363 (Dec., 1998)
P. Singer : Semiconductor International, p. 52 (Nov., 1994)

4章 半導体プロセスの概要
前田和夫：『最新LSIプロセス技術』工業調査会 (1983)
S. A. Campbell : "The Science and Engineering of Microelectronic Fabrication", Oxford University Press (1996)
C. Y. Chang and S. M. Sze : "VLSI Technology", McGraw Hill Book Company (1983)
S. Wolf and R. N. Tauber : "Silicon Processing for VLSI era", Lattice Press.
    Vol. 1 : Process Technology (1986)
    Vol. 2 : Process Integration (1990)
J. D. Plummer, M. D. Deal and P. B. Griffin : "Silicon VLSI Technology", Prentice Hall (2000)

C. Y. Chang and S. M. Sze：" USLI Technology", McGrawHill Book Company (1996)

5章　基本プロセス技術
5.1　洗浄プロセス
服部，柏木編：『シリコン表面のクリーン化技術』，リアライズ (1995)
前田和夫：『VLSIプロセス装置ハンドブック』，工業調査会 (1990)
前田和夫：『最新LSIプロセス技術』，工業調査会 (1983)
W. Kern and D. A. Puotinen：RCA Review, 31, p. 187, p. 207 and p. 234 (1970)
伊藤：セミコンダクターワールド，(1997.9)

5.2　熱処理プロセス
前田和夫：『はじめての半導体製造装置』，工業調査会 (1999)
前田和夫：『最新LSIプロセス技術』，工業調査会 (1983)
原央　編：『USLIプロセス技術』，培風館 (1997)
R. M. Burger and R. P. Donovan：" Foundamentals of Silicon Integrated Device Technology", Prentice Hall, (1967)
W. S. Yoo et al.：Solid State Technology, p. 223 (Jul. 2000)

5.3　不純物導入プロセス
前田和夫：『最新LSIプロセス技術』，工業調査会 (1983)
R. M. Burger：" Foundamentals of Silicon Integrated Device Technology", Prentice Hall (1967)
H. M. Wolf：" Silicon Semiconductor Date", Pergamon Press (1969)
桐田：セミコンダクターワールド，p. 39 (1982.2)
高瀬：セミコンダクターワールド，p. 84 (1997.5)
伊藤：セミコンダクターワールド，p. 30 (1982.8)
J. F. Gibbons：Proc. of the IEEE, Vol. 56, No. 3, (1968)
青木，徳山：『電子材料工学』，電気学会 (1981)

5.4　薄膜形成プロセス
前田和夫：『VLSIとCVD』，槇書店 (1997)
原央　編：『ULSIプロセス技術』，培風館 (1997)
山口，武藤：電子材料，(1978.11)
早川，和佐：『薄膜化技術』，共立出版 (1983)

5.5　リソグラフィプロセスI　―ホトレジストプロセス―
前田和夫：『最新LSIプロセス技術』，工業調査会 (1983)
前田和夫：『VLSIプロセス装置ハンドブック』，工業調査会 (1990)
原央　編：『ULSIプロセス技術』，培風館 (1997)

G. Saucer and J. Trilche：Proc. IFIP WG 10.5, Workshop on Wafer Scale Integration（May17〜19, 1986）
垂井康夫編：『半導体プロセスハンドブック』，プレスジャーナル（1996）
ITRS：International Technology Roadmap for Semiconductor,（Nov., 1999）
笠間：『電子材料別冊　1993年版超LSI生産試験装置ハンドブック』，工業調査会（1992）

5.6　リソグラフィプロセスⅡ　―エッチングプロセス―
前田和夫：『最新LSIプロセス技術』，工業調査会（1983）
前田和夫：『VLSIプロセス装置ハンドブック』，工業調査会（1990）
垂井康夫：『半導体プロセスハンドブック』，プレスジャーナル（1996）
原央　編：『ULSIプロセス技術』，培風館（1997）
C. Y. Chang and S. M. Sze："ULSI Technology", McGraw Hill Book Company（1996）
米田：『電子材料別冊　1994年版　超LSI生産・試験装置ガイドブック』，工業調査会（1993）
坂田，法元，堀尾：セミコンダクターワールド，p. 124（1989.3）

5.7　平坦化プロセス
前田和夫：「CMPの歴史的経緯」，『CMPのサイエンス』サイエンスフォーラム編，サイエンスフォーラム，p. 26（1997）
前田和夫：『はじめての半導体製造装置』工業調査会（1999）
前田和夫：「CMP技術実用化における課題と展望」，電子材料，p. 22（1993.6）
前田和夫：「CMP実用化とその課題」，電子材料，p. 41（1996.5）

6章　複合プロセス技術―プロセスインテグレーション
6.1　アイソレーション技術
前田和夫：『最新LSIプロセス技術』，工業調査会（1983）
S. Wolf："Silicon Processing in VLSI era", Vol. 2, Process Integration, Lattice Press（1990）
S. Wolf："Silicon Processing in VLSI era", Vol. 3, The Submicron MOSFET, Lattice Press（1995）
E. Kooi et al.："Phillips Reaearch Review", 26, p. 166（1971）
L. Peters：Semiconductor International, p. 69（Apr., 1999）

6.2　ウェル形成
S. Wolf："Silicon Processing in VLSI era", Vol. 2, Process Integration, Lattice Press（1990）
S. Wolf："Silicon Processing in VLSI era", Vol. 3, The Submicron

MOSFET, Lattice Press（1995）
S. Y. Chang and S. M. Sze："ULSI Technology", McGrawHill Book Company（1996）
6.3　ゲート酸化膜
ITRS：International Technology Roadmap for Semiconductors（Nov., 1999）
原央編：『ULSIプロセス技術』，培風館（1997）
堀：セミコンダクターワールド，p. 80（1995.7）
山ая：セミコンダクターワールド，p. 85（1995.7）
6.4　ゲート電極形成技術
前田和夫：『最新LSIプロセス技術』，工業調査会（1983）
原央編：『ULSIプロセス技術』，培風館（1997）
K. Matsuo et al.：2000 Symposium on VLSI Technology, Digest of Papers, p. 70（Jul., 2000）
R. C. Weast："CRC Handbook of Chemistry and Physics", CRC Press Inc.（1987）
6.5　ソース／ドレイン形成技術
ITRS：International Technology Roadmap for Semiconductors（Nov., 1999）
2000 Symposium on VLSI Technology, Digest of Papers（Jul., 2000）
6.6　コンタクト形成技術
前田和夫：『最新LSIプロセス技術』，工業調査会（1983）
原央編：『ULSIプロセス技術』，培風館（1997）
S. Wolf："Silicon Processing in VLSI era", Vol. 2, Process Integration, Lattice Press（1990）
R. C. Weast："CRC Handbook of Chemistry and Physiscs, CRC Press Inc.（1987）
6.7　メタル前層間絶縁膜形成技術
前田和夫：『VLSIプロセス装置ハンドブック』，工業調査会（1990）
前田和夫：『VLSIとCVD』，槇書店（1997）
6.8　プラグ形成技術
土本，山脇：セミコンダクターワールド，p. 82（1988.9）
前田和夫：『VLSIとCVD』，槇書店（1997）
S. Wolf："Silicon Processing in VLSI era", Vol. 2, Process Integration, Lattice Press（1990）
6.9　キャパシタ形成技術-1（DRAM）
前田和夫：『VLSIプロセス装置ハンドブック』，工業調査会（1990）
S. Y. Chang and S. M. Sze："ULSI Technology", McGrawHill Book Company

（1996）
　　S. Wolf："Silicon Processing in VLSI era", Vol. 2, Process Integration, Lattice Press（1990）
　　T. Ema et al.：Technical Digest of IEDM, p. 592（Dec., 1988）
　　土本，山脇：セミコンダクターワールド，p. 82（1998.9）
　　犬石：セミコンダクターワールド，p. 71（2000.4）
　　堀井他：セミコンダクターワールド，p. 60（2000.4）
6.10　キャパシタ形成技術-2（FRAM）
　　山崎：セミコンダクターワールド，p. 85（1998.7）
　　工藤：セミコンダクターワールド，p. 102（1998.7）
　　原央編：『ULSIプロセス技術』，培風館（1997）
6.11　Al電極形成技術
　　H. F. Wolf："Silicon Semiconductor Data", Pergamon Press（1969）
　　G. L. Schnable and R. S. Keen：Proc. IEEE, Vol. 57, No. 9（Sep., 1969）
　　M. Hansen and A. Anderko："Constitution of Binary Alloys", McGraw Hill Book Company（1958）
　　前田和夫：『最新LSIプロセス技術』，工業調査会（1983）
6.12　多層配線技術
　　ITRS：International Technology Roadmap for Semiconductors, （Nov., 1999）
　　P. Singer：Semiconductor International, p. 57（Aug., 1994）
　　柴田："1999年国際固体素子コンファレンス・ショートコーステキスト",（1999.6）
　　前田和夫：『最新LSIプロセス技術』，工業調査会（1983）
　　S. Wolf："Silicon Processing in VLSI era", Vol. 2, Process Integration, Lattice Press（1990）
6.13　低比誘電率（low k）膜形成技術
　　ITRS：International Technology Roadmap for Semiconductors, （Nov., 1999）
　　前田和夫：電子材料，p. 23（1998.3）
　　前田和夫：電子材料，p. 6（1999.3）
6.14　Cuダマシン構造形成技術
　　L. Peters：Semiconductor International, p. 52（Jan., 2000）
　　R. C. Weast："CRC Handbook of Chemistry and Physics", CRC Press Inc.（1987）
　　前田和夫：『CMPのサイエンス』サイエンスフォーラム編，サイエンスフォーラム（1997）
　　C. W. Kaanta et al.：Proceedings of VMIC Conference, p. 20（Jun., 1991）

6.15 パッシベーション技術
　　前田和夫：『最新LSIプロセス技術』，工業調査会（1983）
　　本多：電子材料，p. 22（1993.9）

7章　プロセス技術開発と装置・材料
　　前田和夫：電子材料，p. 2（2000.3）

8章　新しいプロセス技術のニーズ
　　ITRS：International Technology Roadmap for Semiconductors，（Nov., 1999）

9章　これからの半導体プロセス
　　朝日新聞2000年8月7日付記事等
　　R. McIvor："Managing for Profit in the Semiconductor Industry"，Prentice Hall（1989）
　　特許公報：S55-39902（富士通）
　　特許公報：H5-469830（IBM）

<半導体クロスワード解答>

索 引

あ

RFダウンフローアッシャ …………… 134
RCA洗浄 ……………………………… 65
RC積 …………………………………… 231
RC遅延 ………………………………… 231
アイソレーション …………………… 149
アイソレーション領域 ……………… 17
アッシング装置 ……………………… 130
後工程 ………………………… 23, 50, 222
アニール ……………………………… 68
アノードカップリング ……………… 128
アモルファスシリコン ……………… 94
イオン打込み法 ……………………… 79
イオン化スパッタ …………………… 106
イオンシース …………………… 125, 127
イオン性汚染 ………………………… 55
イオンドーピング …………………… 90
イオンの衝突 ………………………… 127
イオンビーム投影露光 ……………… 119
イオンプレーティング ……………… 102
位相シフトマスク …………………… 118
異方性エッチング …………………… 122
陰極結合配置 ………………………… 127
ウェット洗浄法 ……………………… 63
ウェットプロセス …………………… 38
ウェハトラック ……………………… 111
ウェハプロセス ……………………… 3
ウェハプロセスの流れ ……………… 25
ウェル ………………………………… 156
ウォーターマーク …………………… 62
埋込みアイソレーション法 ………… 144
エアアイソレーション構造 ………… 151
Al電極 ………………………………… 214
エキゾチックマテリアル …………… 177
エクステンション ……………… 90, 180
SOI構造 ……………………………… 155
SOG補助平坦化 ……………………… 193
エッチバック平坦化 ………………… 193
エッチバック法 ……………………… 144
nウェル ……………………………… 20
nチャンネル型MOS構造 …………… 19
エピタキシャル ……………………… 94
LDD構造 ……………………………… 179
エレクトロマイグレーション ……… 219
エレベイテッドソース／ドレイン … 182
オゾンアッシャ ……………………… 134
オゾン水 ……………………………… 64

か

解像度 ………………………………… 116
界面保護膜 …………………………… 247
化学気相成長 ………………………… 96
化学増幅型ホトレジスト …………… 113
化学的ファクター …………………… 126
化学量論比 …………………………… 213
拡散係数 ……………………………… 82
拡散抵抗 ……………………………… 79
カソードカップリング ……………… 128
活性種 ………………………………… 125
カバー膜 ……………………………… 246
還化ゴム系 …………………………… 112
機械的洗浄法 ………………………… 63
基礎拡散方程式 ……………………… 82
機能的分類 …………………………… 15
キノンジアジド系化合物 …………… 112
基本プロセス ………………………… 45
逆傾斜イオン打込み ………………… 159
キャップ層 …………………………… 194
キャリア易動度 ……………………… 86
キュア ………………………………… 68
強誘電体膜 …………………………… 211
強誘電体メモリ ……………………… 210
極短波長紫外線露光 ………………… 119
金属・導体膜 ………………………… 94
空間電荷層 …………………………… 125
クラウン型 …………………………… 206
グレインサイズ ……………………… 219
グレインバウンダリー ……………… 219
グローバル平坦化 …………………… 143
ゲートアレイ ………………………… 16
ゲート絶縁膜 ………………………… 164
ゲルマニウム ………………………… 31
研磨液 ………………………………… 144
研磨布 ………………………………… 144
構造的分類 …………………………… 15
工程技術 ……………………………… 3
高比誘電率膜 ………………………… 205
高融点金属 …………………………… 173
国際半導体技術ロードマップ ……… 261
極薄酸化膜 …………………………… 164
固定砥粒パッド方式 ………………… 146
固定砥粒方式 ………………………… 147
コリメートスパッタ ………………… 105
コロージョン ………………………… 219
コンタクト …………………………… 183
コンタクトプラグ …………………… 198

287

さ
コンタミネーション ……………………… 56
サーマルバジェット ………… 69, 76, 192
サファイア基板 …………………………… 23
さまざまな熱処理 ………………………… 68
サリサイド ………………………… 178, 180
酸化膜エッチング ……………………… 123
酸窒化膜 ………………………………… 166
CMP 平坦化 …………………………… 193
シード層 ………………………………… 240
CVD 法 ……………………… 96, 97, 99
シーム …………………………………… 192
自己平坦化 ……………………………… 143
ジャンクションシール ………………… 247
縮小投影露光装置 ……………………… 108
蒸着 ……………………………………… 102
焦点深度 ………………………… 116, 138
焼鈍 ………………………………… 72, 76
処理温度制限 …………………………… 191
シリコンエッチング …………………… 123
シリコンゲート nMOS デバイスの製造工程
　　………………………………………… 27
シリコンゲート CMOS デバイスの製造工程
　　………………………………………… 28
シリサイド ……………………………… 242
シンタリング …………………………… 68
スキャナ ………………………………… 118
ステッパ ………………………………… 108
ステップアンドレピート ……………… 114
ストイキオメトリ ………………… 210, 213
ストレージノード ……………………… 205
ストレスマイグレーション …………… 219
スパイク ………………………………… 218
スパッタリング ………………………… 103
スラリー ………………………………… 144
絶縁膜 …………………………………… 93
セルフアニール効果 …………………… 244
セルフアライン ………………………… 178
セルフアラインゲート構造 …………… 19
セルフアラインコンタクト …… 187, 188
洗浄工程の種類 ………………………… 58
洗浄のシーケンス ……………………… 60
洗浄方法の分類 ………………………… 62
選択酸化膜用マスク …………………… 123
選択 W プロセス ……………………… 200
象眼細工 ………………………………… 239
相補型 MOS …………………………… 19
ソース／ドレイン ……………………… 178
素子分離 ………………………………… 149
粗面ポリシリコン ……………………… 206
ゾル・ゲル法 …………………………… 96

た
ターゲット材 …………………………… 104
多層配線 ………………………………… 222
多層配線構造 …………………………… 23
縦型バレルプラズマアッシャ ………… 134
タブ ……………………………………… 157
ダマシン ………………… 121, 136, 240
ダマシントランジスタ ………………… 177
ダマシン配線構造 ……………………… 229
ダメージ ………………………………… 57
単元製程 ………………………………… 3
断面形状 ………………………………… 122
蓄積電極 ………………………………… 205
窒化膜エッチング ……………………… 123
チップスケールパッケージング ……… 220
チャネリング …………………………… 87
チャネルストップ ……………………… 80
チャネルドープ ………………………… 80
超薄酸化膜 ……………………………… 164
長距離スパッタ ………………………… 105
ツインウェル構造 …………… 20, 88, 157
低比誘電率膜 …………………………… 231
テフロン系 ……………………………… 236
デュアルダマシン ………………… 198, 240
電子ビーム直接描画 …………………… 119
電子ビーム投影露光 …………………… 119
電子ビーム露光法 ……………………… 110
銅二重ダマシン ………………………… 240
等方性エッチング ……………………… 122
ドーズ量 ………………………………… 81
塗布・コーティング法 ………………… 96
ドライエッチング装置 ………………… 130
ドライ洗浄法 …………………………… 63
トリプルウェル ………………………… 158

な
ナイトライド …………………………… 242
二重ダマシン法 ………………………… 141
2 段階拡散法 …………………………… 33
ネガ型 …………………………………… 112
熱拡散法 ………………………………… 79
熱酸化プロセス ………………………… 68
熱処理プロセス ………………………… 71

は
パーティクル ……………………… 56, 62
ハードマスク …………………………… 119
バイアススパッタ平坦化 ……………… 193
配線工程 ………………………………… 23
バイポーラデバイス …………………… 17
薄膜の種類 ……………………………… 93
薄膜の定義 ……………………………… 92
バックエンド …………………………… 222
パッシベーション ……………………… 246

パッド	145
バリア層	183
貼合せ	156
パリレン系	236
ハンダバンプ	249
半導体技術のロードマップ	4
半導体膜	93
反応性イオンエッチング	125, 127
バンプ	249
ビアプラグ	198
p ウェル	20
BST 膜	208
pn 接合分離型バイポーラデバイスの製造工程	26
PMD 平坦化	192
非イオン性汚染	55
p チャンネル型 MOS 構造	19
BPSG フロープロセス	194
BPSG リフロー	141
PVD 装置の分類	104
PVD 法	97, 102
ビスジアジド系化合物	112
標準方式	146
疲労	211
ヒロック	219
ファーネス	68, 75
ファーネス RTP	77
ファウンドリー	270
ファウンドリーメーカー	6
ファブリケーション	6
ファブレス	6
フィールドドープ	80
フィン型	206
フェノール系樹脂	112
複合プロセス	45
不純物	79
不純物導入の目的	79
物理的ファクター	126
プラズマドーピング	90, 181
ブランケット W プロセス	200
プレート電極	205
プレーナ法	33
プレーナ LOCOS	151
フロー	191
フローティング	128
プロセスインテグレーション	3, 40, 45
プロセス技術	40
プロセスモジュール	3, 40, 45
平衡状態	76
平行平板型プラズマアッシャ	134
ヘリコン波	130
ベルト方式	146, 147

ボイド	192
ポーラス	236
ポーラスシリカ膜	236
補誤差関数	84
ポジ型	112
ホットウォール LPCVD	170
ホトマスク基板	109
ポリイミド系	236
ポリサイド	174
ポリシリコン	94, 172
ポリシリコン・シリサイドエッチング	124
ポリシリコンアイソレーション	150
ポリシリコンサポート方式	155
ま	
マイクロアロイ・トランジスタ	252
マイクロウェーブアッシャ	134
マイクロウェーブダウンフローアッシャ	134
マイクロローディング効果	128
前工程	50
ムーアの法則	4
無機絶縁膜	235
無機物汚染	55
無電界メッキ	99
無電気メッキ	99
メガボルトインプランター	89
メタルエッチング	123
メタルバリア層	240
メッキ法	99
モジュール化	12
MOS 型キャパシタ	18
モビリティ	86
や	
有機シリカガラス	233
有機絶縁膜	235
有機物汚染	55
UV／オゾンアッシャ	134
U 溝アイソレーション	150
溶解度差	112
陽極酸化法	141
横型バレルプラズマアッシャ	134
ら	
ラッチアップ	159
リソグラフィ工程	107
リトログレードウェル	158
リフラクトリーメタル	173
リフロー	143, 191
レチクル	110
レンズ開口数	114
low k 層間絶縁膜構造	229
LOCOS 型	149

289

LOCOS 構造 ……………………… 151
LOCOS プレート ………………… 123
ロングスロースパッタ …………… 105

英字

ALCVD : Atomic Layer CVD ……… 101
an-isotropic etching ……………… 122
APM ……………………………… 64
ASIC : Application Specific IC ……… 52
as-deposited ……………………… 192
Back End …………………………… 222
BEOL : Back End Of the Line ……… 50
BiCMOS …………………………… 21
bird's beak ………………………… 151
bird's head ………………………… 151
BPSG ……………………………… 194
BSG ……………………………… 234
BST : Barium Strontium Titanate …… 208
CMOS : Complementary MOS ……… 18
CMP : Chemical and Mechanical Polishing
 ……………………………………… 143
COB ……………………………… 205
CSP ……………………………… 220
CVD : Chemical Vapor Deposition …… 96
Damascene ……………… 121, 136, 239
Damascene Transistor …………… 177
Deal-Grove の式 ………………… 73
Deep UV ………………………… 108
Digital CVD ……………………… 101
DOF ……………………………… 138
DRAM : Dynamic Random Access Memory
 ……………………………………… 203
Dry-in/dry-out …………………… 58
Dual Damascene ………… 141, 198, 240
EB ………………………………… 119
EBDW : Electron Beam Direct Writing
 ……………………………………… 119
ECD : Electrochemical Deposition …… 97
ECP : Electrochemical Plating ……… 97
ECR : Electron Cyclotron Resonance
 ……………………………………… 130
EHS : Environment Health and Safety
 ……………………………………… 261
Electrochemical Society …………… 272
elevated source drain ……………… 182
EPL : Electron Projection Lithography
 ……………………………………… 119
equivalent silicon oxide thickness …… 168
EUV : Extreme UltraViolet Lithography
 ……………………………………… 119
exotic material …………………… 177
fatigue …………………………… 211

FEOL : Front End Of the Line …… 50, 222
Fick の第一法則 …………………… 82
Fick の第二法則 …………………… 82
fine chemistry …………………… 109
FRAM : Ferro-electric RAM ……… 210
FSG ……………………………… 231
Furnace RTP ……………………… 77
G. Moore ………………………… 4
gap-fill …………………………… 157
global planarization ……………… 139
hard mask ………………………… 119
Helicom …………………………… 130
high k …………………………… 205
Hot Process ……………………… 72
HSQ ……………………………… 235
ICP : Inductive Coupled Plasma
 …………………………………… 106, 130
I-PVD …………………………… 106
ILD : Inter-level Dielectrics ……… 191
IMD : Inter-metal Dielectrics ……… 191
impurity doping …………………… 79
in-situ clean ……………………… 60
in-situ dopedpolysilicon …………… 169
ion bombardment ………………… 127
ion sheath ………………………… 125
IPD ……………………………… 106
IPL : Ion Projection Lithography …… 119
isothermal ………………………… 76
Isotropic etching ………………… 122
ITRS ……………………………… 261
latch-up ………………………… 158
Layer-by-layer …………………… 101
LDD : Lightly Doped Drain ……… 179
LOCOS : Local Oxidation of Silicon
 ……………………………………… 17, 37
MIS : Metal Insulator Semiconductor
 ……………………………………… 210
MO ……………………………… 213
MOS : Metal Oxide Semiconductor
 ……………………………………… 18, 72
MSQ ……………………………… 235
NA ……………………………… 116
native oxide ……………………… 62
non-isothermal …………………… 76
ONO ……………………………… 205
OSG : Organo Silica Glass ………… 233
Passivation ……………………… 246
passive isolation ………………… 150
PLZT ……………………………… 210
PMD : Pre-metal Dieleitrics ……… 191
Post-metallization Coating ……… 246
process innovation ………………… 267

process integration 3, 47
process module 3
product innovation 267
PSM：Phase Shift Mask 118
PVD：Physical Vapor Deposition 96
PZT 210
QTAT：QuickTurn Around Time 176
RCA 65
retrograde well 158
RIE 125, 127
RTN 167
RTO 167
RTP：Rapid Thermal Process
.... 68, 75, 176
SAC：Self Align Contact 188
Salicide：Self-align Silicide 178
SBT 210
SEAJ 261
SEMATEC 261
SEMI 261
SIA 261
SIMOX：Separation by Implanted Oxygen

.... 23, 69, 156
SiOC 233
SiOF 231
Siゲート技術 34
SOD：Spin on Dielectrics 97, 233
SOG:Spin on Glass 96, 143, 194
SOI：Silicon on Insulating substrate
.... 15, 22
Sol-Gel 96
SOS：Silicon on Sapphire 23
Source/Drain Engineering 178
Species 125
SPM 64
STI：Shallow Trench Isolation
.... 149, 153
TDDB：Time Dependent Dielectric
　　　　Breakdown 165
tub 157
Unit Process 47
wafer process 3
well 157
XRL：X-Ray Lithography 119

291

■著者紹介
前田和夫（まえだかずお）
1959年横浜国立大学工学部化学工学科卒業。1959～1978年富士通（株）勤務。1977年東京大学より工学博士号授与。1978～1982年パイオニア（株）勤務。1979年米国SEMI（半導体装置材料協会）よりSEMMY賞授与。1982～1988年アプライドマテリアルジャパン（株）勤務。1988年（株）半導体プロセス研究所設立。2008年9月逝去。
主な著書に，『LSI技術』（電気通信学会）共著，『超LSIプロセスデータハンドブック』（サイエンスフォーラム）共編，『VLSIとCVD』（槇書店）共編，『VLSIプロセス装置ハンドブック』，『最新LSIプロセス技術』，『はじめての半導体製造装置』，『はじめての半導体ナノプロセス』（以上，工業調査会）。

現場の即戦力
はじめての半導体プロセス

2011年8月25日 初版 第1刷発行
2024年3月7日 初版 第5刷発行

著　者	前田和夫
発行者	片岡　巌
発行所	株式会社 技術評論社
	東京都新宿区市谷左内町21-13
	電話 03-3513-6150 販売促進部
	03-3267-2270 書籍編集部
印刷／製本	美研プリンティング㈱

●装丁　　田中　望
●組版　　美研プリンティング㈱
●編集　　㈱エディトリアルハウス

定価はカバーに表示してあります。

本書の一部または全部を著作権法の定める範囲を超え，無断で複写，複製，転載，テープ化，ファイル化することを禁じます。

©2011 前田和夫

造本には細心の注意を払っておりますが，万一，乱丁（ページの乱れ）や落丁（ページの抜け）がございましたら，小社販売促進部までお送りください。送料小社負担にてお取り替えいたします。

ISBN978-4-7741-4749-9 C3055
Printed in Japan

■お願い
　本書に関するご質問については，本書に記載されている内容に関するもののみとさせていただきます。本書の内容と関係のないご質問につきましては，一切お答えできませんので，あらかじめご了承ください。また，電話でのご質問は受け付けておりませんので，FAXか書面にて下記までお送りください。
　なお，ご質問の際には，書名と該当ページ，返信先を明記してくださいますよう，お願いいたします。

宛先：〒162-0846
　　　株式会社技術評論社　書籍編集部
　　　「はじめての半導体プロセス」質問係
　　　FAX：03-3267-2271

　ご質問の際に記載いただいた個人情報は質問の返答以外の目的には使用いたしません。また，質問の返答後は速やかに削除させていただきます。